Java程序设计基础（第7版）实验指导与习题解答

陈国君 陈　磊 主　编
李梅生 刘秋莲 副主编

清华大学出版社
北　京

内容简介

本书是《Java程序设计基础(第7版)》一书的配套实验指导与习题解答用书。全书共分为两部分。第一部分是实验指导,共有18章,基本与《Java程序设计基础(第7版)》中的18章一一对应。每章中都有相关内容的知识点,并包含若干上机实验,每个实验基本上都由实验目的、实验要求、程序模板和实验指导等部分组成。实验内容由浅入深、循序渐进,知识点全面,并有目的地针对学习Java语言过程中遇到的重点和难点进行讲解与指导,强调实用性和易学性,可以帮助读者进一步熟悉和掌握Java语言的语法知识及程序设计的方法。第二部分是主教材《Java程序设计基础(第7版)》的习题解答,并对编程题给出了完整的程序代码。

本书既可以作为高等院校计算机及其相关专业的教学用书,也可作为各学校程序设计公共选修课用书,还可用作职业教育的培训用书和Java初学者的入门书。

图书在版编目(CIP)数据

Java程序设计基础(第7版)实验指导与习题解答/陈国君,陈磊主编. —北京:清华大学出版社,2021.7(2024.2重印)
ISBN 978-7-302-58563-3

Ⅰ. ①J… Ⅱ. ①陈… ②陈… Ⅲ. ①JAVA语言－程序设计－高等学校－教学参考资料
Ⅳ. ①TP312.8

中国版本图书馆CIP数据核字(2021)第132325号

责任编辑:刘向威　张爱华
封面设计:文　静
责任校对:徐俊伟
责任印制:曹婉颖

出版发行:清华大学出版社
网　　址:https://www.tup.com.cn,https://www.wqxuetang.com
地　　址:北京清华大学学研大厦A座　　**邮　　编**:100084
社 总 机:010-83470000　　**邮　　购**:010-62786544
投稿与读者服务:010-62776969,c-service@tup.tsinghua.edu.cn
质量反馈:010-62772015,zhiliang@tup.tsinghua.edu.cn
课件下载:https://www.tup.com.cn,010-83470236
印 装 者:三河市天利华印刷装订有限公司
经　　销:全国新华书店
开　　本:185mm×260mm　　**印　　张**:16.5　　**字　　数**:415千字
版　　次:2021年8月第1版　　**印　　次**:2024年2月第5次印刷
印　　数:9501～10500
定　　价:49.00元

产品编号:093028-01

前言

本书是清华大学出版社出版的《Java 程序设计基础(第 7 版)》一书的配套用书。全书共分为两部分:第一部分是实验指导;第二部分是主教材《Java 程序设计基础(第 7 版)》的习题解答,并对编程题给出了完整的程序代码。

实验指导部分共有 18 章,基本与《Java 程序设计基础(第 7 版)》中的 18 章一一对应。每章的开头都给出相关内容的知识点,每一章都包含若干实验,每个实验基本都由实验目的、实验要求、程序模板和实验指导等部分组成。实验内容由浅入深、循序渐进,知识点全面,并有目的地针对学习 Java 语言过程中遇到的重点和难点进行讲解与指导,强调实用性和易学性,可以帮助读者进一步熟悉和掌握 Java 语言的语法知识及程序设计的技巧。

Java 程序设计是实践性很强的课程,学习的一个有效方法就是多上机实践。本书从实际教学出发,加强了对 Java 语言的重点和难点的指导,在实践过程中,强化学生对理论知识的认识,使学生掌握 Java 语言的基本语法和程序设计的基本方法,让学生基本具备使用 Java 语言开发实际系统的能力,并培养学生解决实际问题的能力。

为了使学生在上机实验时目标明确,本书针对课程内容编写相对应的实验。为了方便不同背景和实验学时的学生使用,大部分实验都是独立性的实验,在教学过程中,教师可以根据实际情况进行适当的选择。由于 Java 语言的知识点众多,因此本书将实验着重放在 Java 语言的重点和难点上,对学习过程中容易混淆的概念、容易忽视的要点进行详细指导。

在长期的 Java 语言教学过程中,我们发现学生总是不能将课堂上学到的知识有效地应用于实际编程中,对于遇到的许多问题无从下手,学习效果不佳。针对这些问题,本书中的每个实验后面都给出了详细的实验指导,可以加深学生对所学知识的理解和掌握,从而激发学生学习的兴趣,并为以后更深入地学习 Java 程序设计打下扎实的基础。

习题解答部分对《Java 程序设计基础(第 7 版)》中的习题进行了详细的解答,并对编程题给出了完整的程序代码,这样可以使学生在掌握 Java 编程技巧上少走弯路。

希望读者在使用、调试本书程序的同时,能加深对 Java 语言的理解,提高程序设计的能力,并在此过程中不断发现问题、思考问题、解决问题。

本书由陈国君、陈磊、李梅生、刘秋莲共同编写。

本书的再版得到了清华大学出版社的大力支持,在此本书全体作者对清华大学出版社的大力支持,尤其是对编辑刘向威博士、张爱华和常晓敏老师的热心关注、建议与指导表示衷心的感谢!

由于作者水平有限,书中难免有疏漏之处,望广大读者批评指正。

编　者

2021 年 6 月

目录

第一部分　实验指导

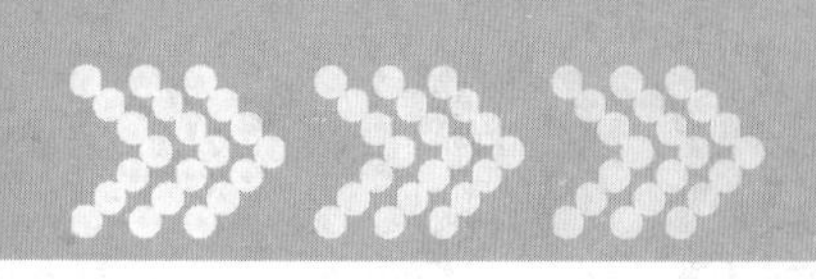

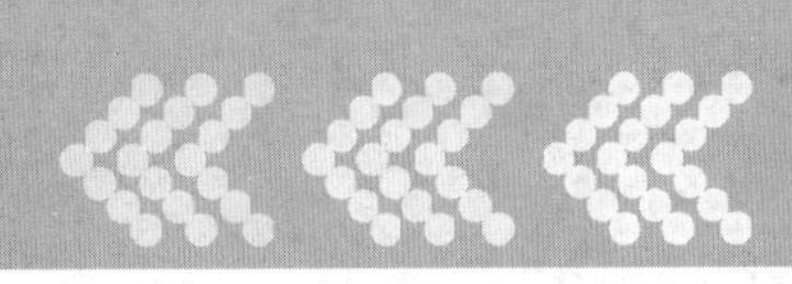

第二部分　习题解答

第一部分　实验指导

第1章　Java语言概述

本章知识点：Java语言是一种跨平台、适合于分布式计算环境的面向对象编程语言。Java开发工具(Java Development Kit,JDK)是SUN公司所开发的一套Java程序开发软件,SUN公司后来被Oracle公司收购。JDK现在可由Oracle公司的网站免费取得,它与JDK的参考文件(Java docs)同样是编写Java程序必备的工具。

本章将指导读者在计算机上安装和配置JDK的运行环境,了解Java应用程序的编辑和运行过程。

实验1.1　Java语言开发环境的配置

1. 实验目的

(1) 学习下载并安装JDK。

(2) 学习设置系统变量Path和ClassPath。

(3) 解决JDK开发环境配置中的常见问题。

2. 实验指导

步骤1：下载JDK安装文件。进入Oracle公司Java SE的下载页面http://www.oracle.com/technetwork/java/javase/downloads/jdk10-downloads-4416644.html,下载JDK安装文件,这里下载得到的JDK安装文件是jdk-10_windows-x64_bin.exe,如图1.1所示。

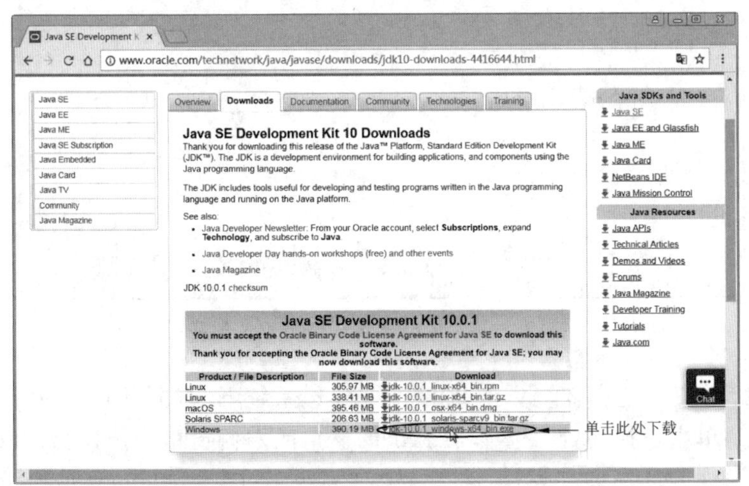

图1.1　下载JDK

步骤 2：安装 JDK。在 C 盘的根目录下新建一个文件夹，命名为 jdk。双击下载的 JDK 安装文件，将 JDK 安装在 C:\jdk 目录下(称 C:\jdk 为安装路径)，如图 1.2 所示；JRE 可安装在默认路径，这里是 C:\Program Files\Java\jre-10，如图 1.3 所示。安装完 JDK 后会发现在 JDK 10 安装目录中不包含 JRE，JRE 被安装到其他文件夹中。

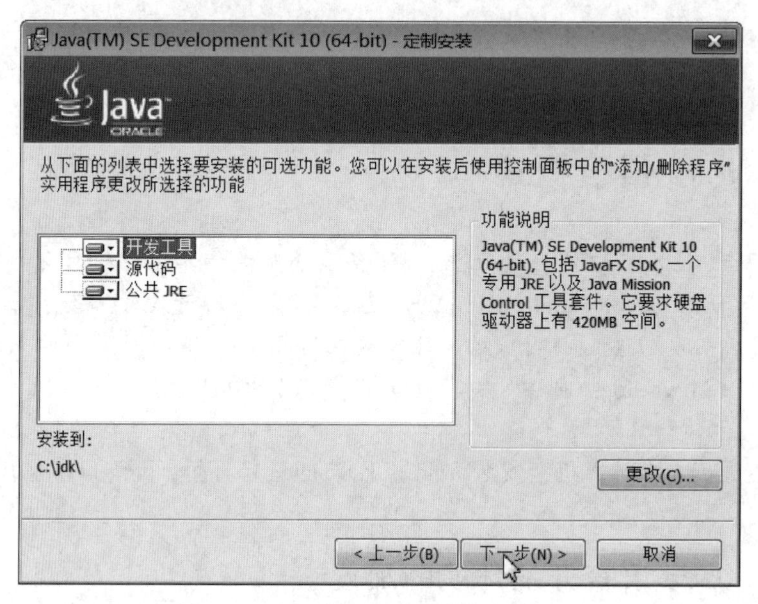

图 1.2　设置 JDK 的安装路径为 C:\jdk

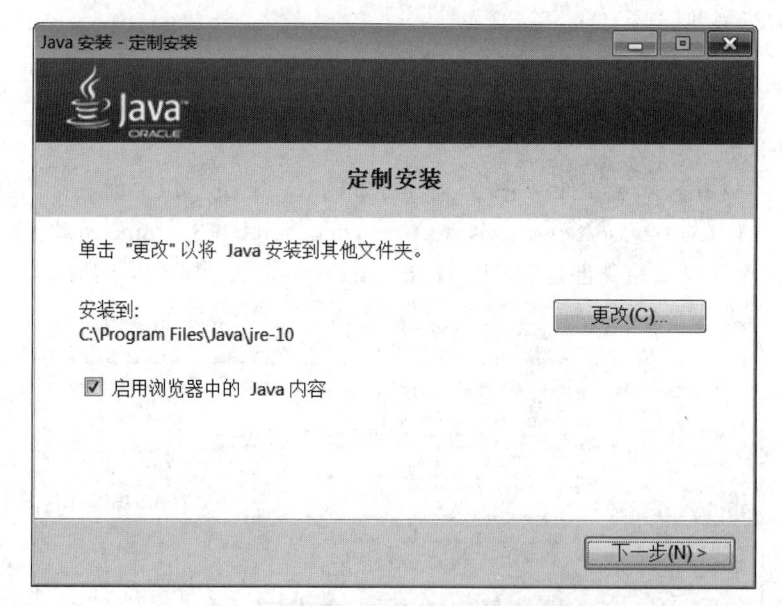

图 1.3　JRE 安装路径设置为默认路径

步骤 3：配置 JDK 运行环境。在 Windows 操作系统下，右击桌面上的"计算机"图标，在弹出的快捷菜单中选择"属性"选项，在弹出的窗口的左侧窗格中选择"高级系统设置"选项，弹出"系统属性"对话框，在该对话框中选择"高级"选项卡，单击"环境变量"按钮，出现

“环境变量”对话框，在该对话框中单击“系统变量”区域下面的“新建”按钮添加系统变量 Java_Home，在弹出的“新建系统变量”对话框中的“变量名”文本框中输入 Java_Home，在“变量值”文本框输入 C:\jdk，该值就是 JDK 的安装路径，单击“确定”按钮返回“环境变量”对话框，然后在该对话框的“系统变量”区域中选择 Path 选项，单击“编辑”按钮(由于系统变量 Path 在 Windows 安装后就已经生成，因此不需要新建 Path，只需编辑为其添加新值即可)，弹出“编辑系统变量”对话框，在“变量值”文本框中，将“%Java_Home%\bin;”添加在已有值的最前面，单击“确定”按钮，如图 1.4 所示。由于系统变量 Java_Home 的值设置为 C:\jdk，因此可以用%Java_Home%代替 C:\jdk，所以为 Path 添加的新值就是 C:\jdk\bin。

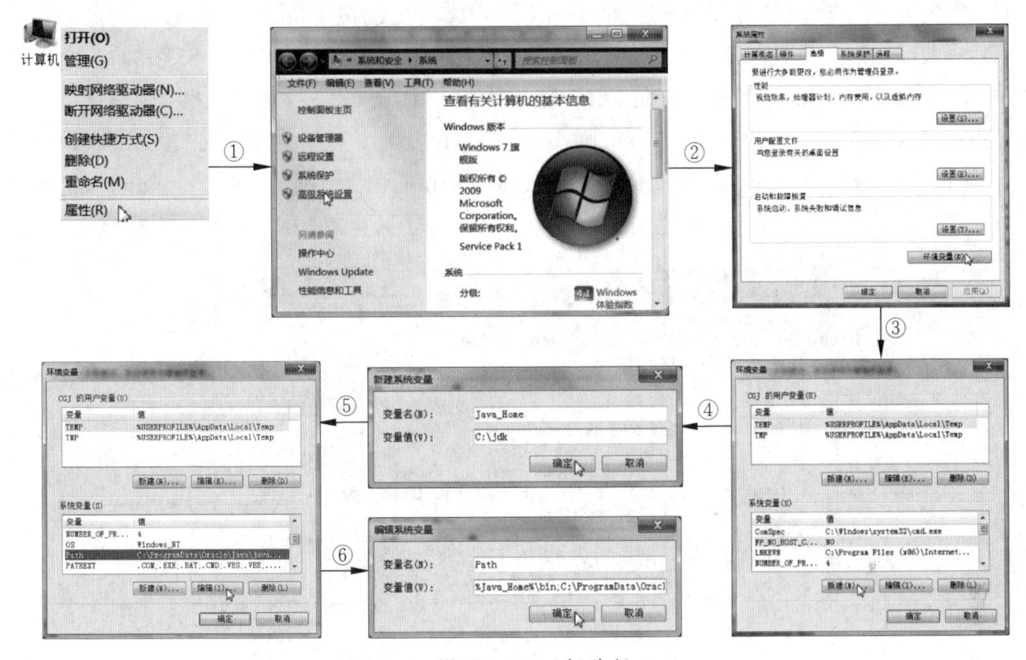

图 1.4 设置 JDK 运行路径 Path

说明：如果不想创建系统变量 Java_Home，则必须将“C:\jdk\bin;”添加到已存在的 Path 路径值的最前面。设置系统变量 Java_Home 的好处是便于维护系统变量 Path。

到官方网站上下载 JavaFX 15，然后将 JavaFX 15 的压缩文件 openjfx-15.0.1_windows-x64_bin-sdk.zip 解压在 C:\Program Files\javafx-sdk-15.0.1 文件夹下。之后需将 JavaFX 15 库文件设置在类路径 ClassPath 中。在“系统变量”对话框中，单击“新建”按钮，弹出“新建系统变量”对话框，在“变量名”文本框中输入 ClassPath，在“变量值”文本框中输入“.; C:\Program Files\javafx-sdk-15.0.1\lib\javafx.base.jar; C:\Program Files\javafx-sdk-15.0.1\lib\javafx.controls.jar”，如图 1.5 所示。由于该文件夹下包含的.jar 文件采用的是.zip 压缩格式的文件，其中包含着 Java 程序运行时所需的类(即.class 字节码文件)，使用时 Java 虚拟机能自动对其进行解压，因此可以把.jar 文件当作一个文件夹使用。为了保证程序能正确运行，可将 C:\Program Files\javafx-sdk-15.0.1\lib 文件夹下的所有.jar 文件都添加到类路径 ClassPath 中。每个.jar 文件用分号“;”分隔，然后单击“确定”按钮即可。

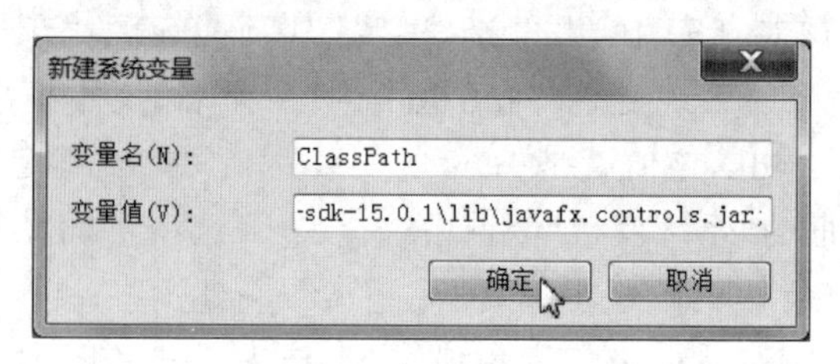

图 1.5 设置类路径系统变量 ClassPath

步骤 4：检验 JDK 设置是否成功。单击桌面上的“开始”菜单，在最下面的“搜索程序和文件”命令框中(或选择“开始”→“附件”→“运行”选项又或按 Win+R 快捷键打开“运行”对话框)输入命令 cmd 并按 Enter 键，弹出“命令提示符”窗口(也称为 DOS 窗口)，在该窗口中输入 javac 并按 Enter 键后，若在 DOS 窗口中输出如图 1.6 所示的内容，则表示 JDK 设置成功；若输出如图 1.7 所示的内容，则表示 JDK 设置不成功，这时，首先检查 JDK 是不是安装在 C 盘的 jdk 目录下，再检查路径系统变量 Path 的值是不是包含有“%Java_Home%\bin;”。Path 路径修改后，需要把“命令提示符”窗口关闭后再打开，Path 路径修改才生效。

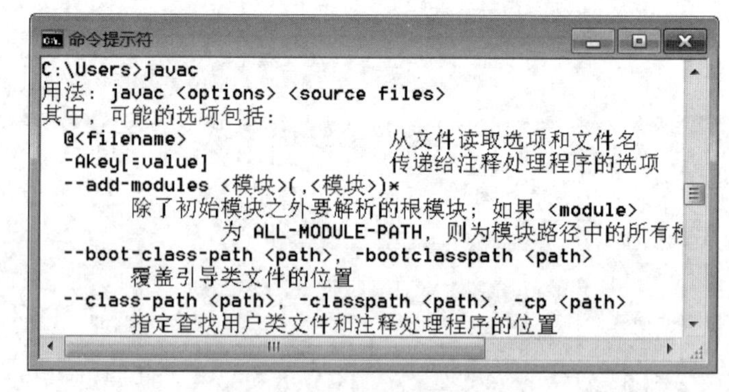

图 1.6 JDK 设置成功

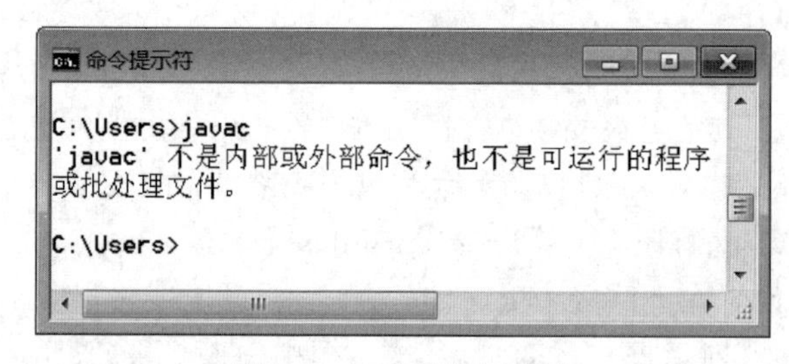

图 1.7 JDK 设置不成功

若想在 DOS 窗口查看、删除或设置系统变量 Path 和 ClassPath 的值，可使用如下方法。需说明的是，在 DOS 窗口下删除与设置的值是临时性的，只在本次打开的 DOS 窗口中有效，关闭 DOS 窗口后则设置失效，下次打开 DOS 窗口时可以重新设置。

(1) 设置 Path 和 ClassPath 的值。

```
set path= C:\jdk\bin 或 set path= C:\jdk\bin; %path%
set classpath=.; C:\Program Files\javafx-sdk-15.0.1\lib\javafx.controls.jar; C:\Program
Files\javafx-sdk-15.0.1\lib\javafx.base.jar
```

(2) 删除 Path 和 ClassPath 的值。

```
set path =
set classpath =
```

(3) 查看 Path 和 ClassPath 的值。

```
set path 或 echo %path%
set classpat 或 echo %classpath%
```

实验 1.2 编译与运行 Java 应用程序

1. 实验目的

(1) 了解 Java 应用程序的结构。

(2) 学习 Java 应用程序源文件的编辑。

(3) 学习 Java 源文件的编译与运行。

(4) 学习解决 Java 源文件编译过程中的常见问题。

2. 实验要求

编写一个 Java 应用程序,该程序将会在 DOS 窗口下输出一句话:“Java 世界欢迎你!”。程序运行结果如图 1.8 所示。

图 1.8 程序 Hello 运行结果

3. 程序模板

```
//FileName:Hello.java
public class Hello{
  public static void main(String[ ] args){
    System.out.println("Java 世界欢迎你!");
  }
}
```

4. 实验指导

从实验 1.1 中可以知道,安装好 JDK,也同时安装了 Java 的运行环境,所以就可以编辑、编译与运行 Java 程序了。

步骤 1:在 D 盘(其他盘也可以)的根目录下新建一个文件夹 java,在 java 文件夹下新建一个文件夹 d1。

步骤 2:打开文件夹 d1,选择“工具”→“文件夹选项”选项,在弹出的“文件夹选项”对话框中,选择“查看”选项卡,在“高级设置”区域中取消选中“隐藏已知文件类型的扩展名”复选框,单击“确定”按钮,关闭“文件夹选项”对话框,如图 1.9 所示。

步骤 3:在 d1 文件夹下,右击空白区域,在弹出的快捷菜单中选择“新建”→“文本文档”选项,新建一个文本文件,重命名为 Hello.java。这时操作系统会发出警告:“如果改变文件扩展名,可能会导致文件不可用,确实要更改吗?”,这里单击“是”按钮,如图 1.10 所示。

步骤 4:右击 Hello.java 文件,在弹出的快捷菜单中选择“打开方式”选项,在弹出的二级子菜单中选择“选择默认程序”选项,弹出“打开方式”对话框,在“推荐的程序”列表框中选

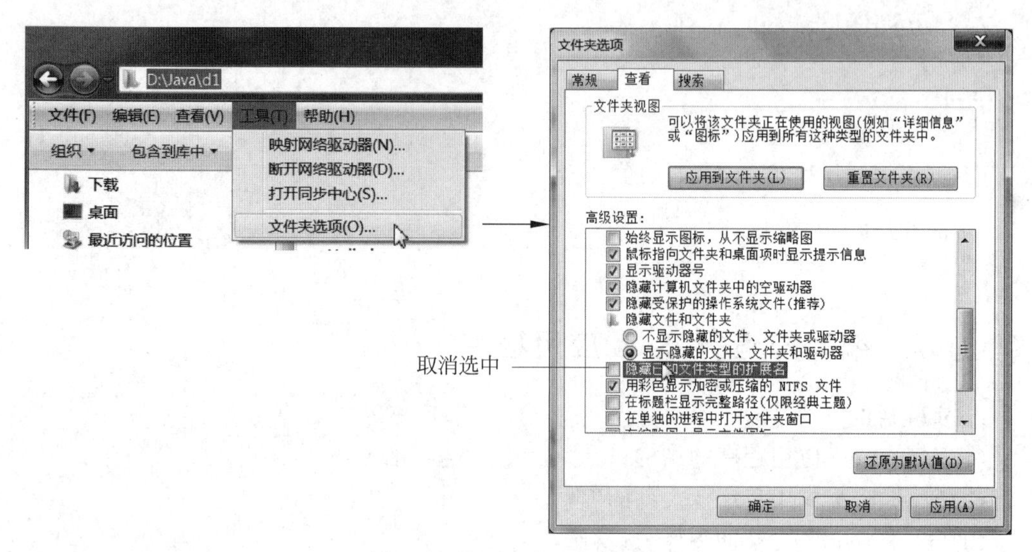

图 1.9 设置显示文件扩展名

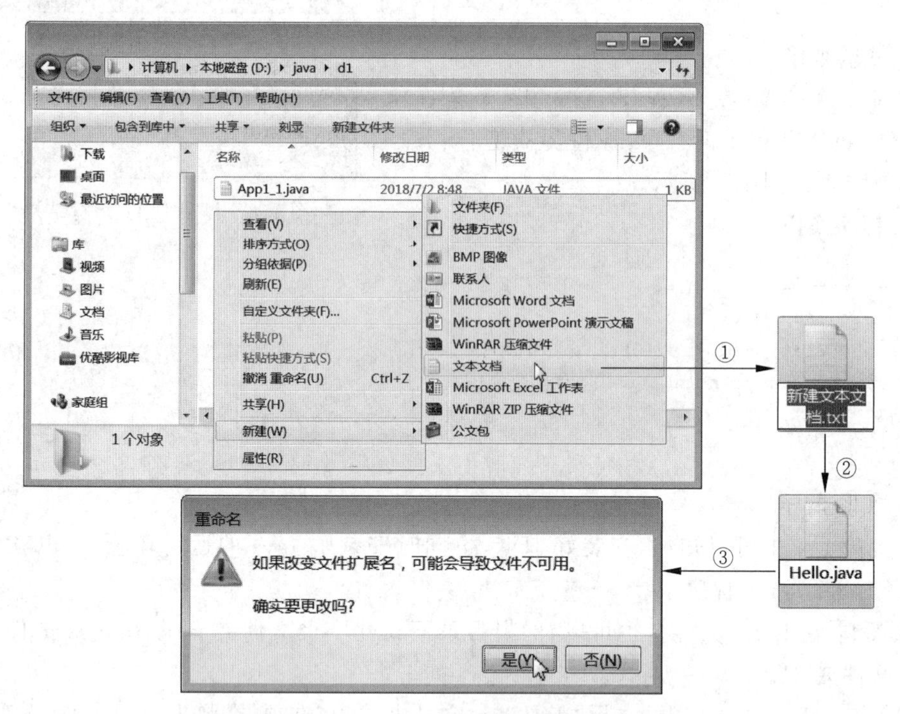

图 1.10 修改文件扩展名

中“记事本”选项，然后选中下面的“始终使用选择的程序打开这种文件”复选框，如图 1.11 所示，最后单击“确定”按钮。注意，在“打开方式”对话框中要确保“始终使用选择的程序打开这种文件”复选框被选中，这样以后用鼠标双击扩展名为.java 的文件时，操作系统就会自动用记事本程序打开。

步骤 5：在 Hello.java 文件中输入“程序模板”下的程序代码，注意字符的大小写，Java 区分字符的大小写，所以大写 A 和小写 a 是两个不同的字符。输入后，选择“文件”→“保

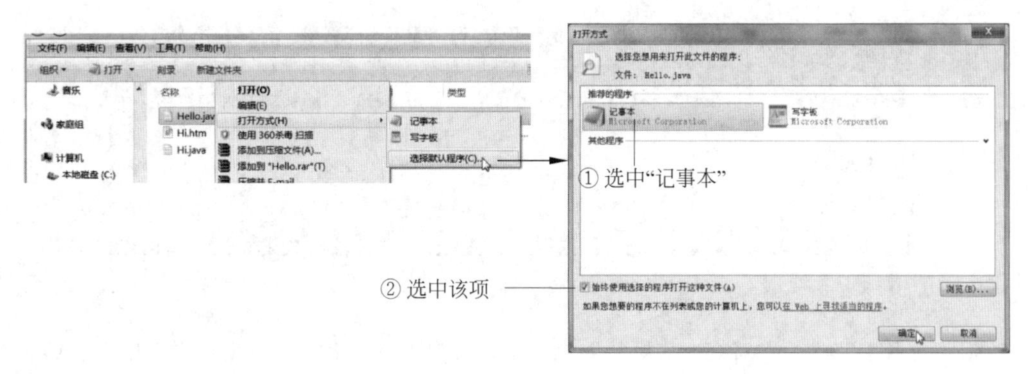

图 1.11　设定打开方式

存”选项，或者按键盘中的快捷键 Ctrl＋S 保存文件。注意，源文件每次修改后，都需要保存。

步骤 6：单击桌面上的“开始”菜单，在其下面的“搜索程序与文件”文本框中（或按 Win＋R 快捷键打开“运行”对话框）输入命令 cmd 后按 Enter 键，打开“命令提示符”窗口，在“命令提示符”窗口下输入“d：”后按 Enter 键，切换到 D 盘下，接着输入 cd java\d1 后按 Enter 键，切换到 D:\java\d1 路径下，如图 1.12 所示。

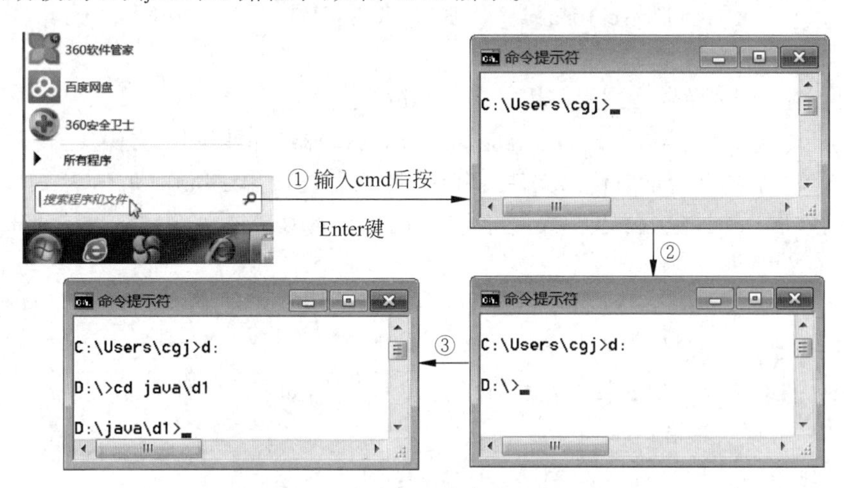

图 1.12　在命令提示符模式下修改路径

步骤 7：输入命令 javac Hello.java 后按 Enter 键，如果程序输入没有错误，则显示如图 1.13 所示，同时在 d1 文件夹下生成一个 Hello.class 的字节码文件；如果程序输入有错误，“命令提示符”窗口将会给出错误信息，例如，如果这里将程序中的 Hello 写成了 hello，则会给出如图 1.14 所示的错误信息，这时，需要根据错误提示信息进行修改，修改后必须重新保存文件再进行编译。

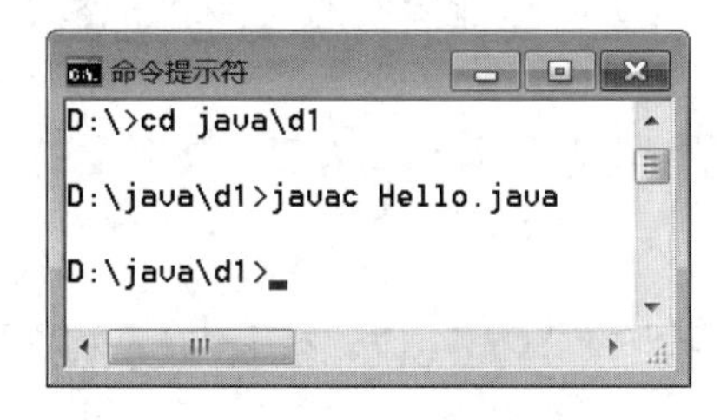

图 1.13　编译成功

步骤 8：在“命令提示符”窗口中的 D:\java\d1 路径下输入命令 Java Hello 后按 Enter 键，可以看到如图 1.8 所示的运行结果，显示了一条语句“Java 世界欢迎你！”

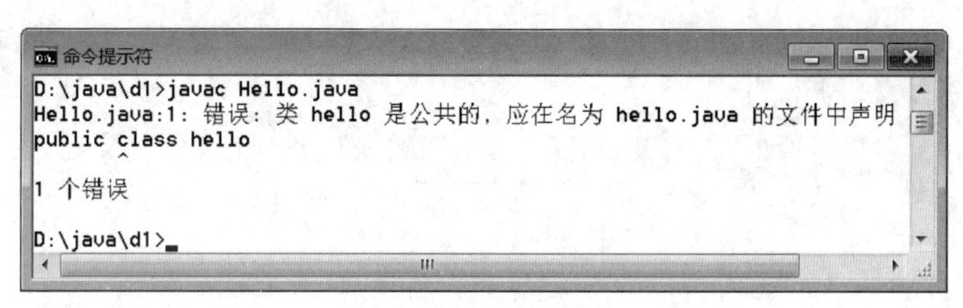

图 1.14 没能通过编译

现在家用计算机的操作系统大多是 Windows,但在 Windows 推出以前,占统治地位的操作系统是 DOS(Disk Operation System,磁盘操作系统)。在 DOS 环境下,开机后我们面对的不是桌面和图标,而是计算机屏幕。

下面列出几个常用的 DOS 命令,以方便读者使用。

说明:DOS 命令不区分大小写。在对文件进行操作过程中,? 代表一个合法字符;* 代表一串合法字符;\代表根目录或目录分隔符;. 表示当前目录;.. 表示上级目录。

(1) 改变盘符。格式为:盘符:,如 d:。

(2) DIR:显示目录或文件。格式:DIR [/?] [drive:][path][filename] [/A[[:]attributes]] [/B] [/O[[:]sortorder]] [/P] [/S] [/W]

参数介绍:

- /?:查看 dir 命令格式及使用方法,如 dir /?。
- [drive:][path][filename]:指定要列出的驱动器、目录和/或文件。
- /A:显示具有指定属性的文件。其中,属性可选项 attributes 取值为:D,目录;R,只读文件;H,隐藏文件;A,准备存档的文件;S,系统文件;若没有可选项则表示所有文件。
- /B:只显示文件名。
- /P:在每个信息屏幕后暂停。
- /S:搜索并显示指定目录及所有子目录中文件,如查找文件 dir /a/s javac.exe。
- /W:用宽列表格式。

(3) MD:创建目录。格式:MD [drive:] path。

(4) CD:改变当前目录。格式:CD [drive:] [path] 如 cd \ 或 cd ..。

(5) RD:删除空的子目录。格式:RD [drive:] path。

(6) Path:设置搜索路径。格式:set path= [[drive:] path [; …]]。若不带等号和参数,则只显示路径,若只带等号"=",则只清除搜索路径

(7) CLS:清屏。

实验 1.3 Eclipse 集成开发环境

1. 实验目的

(1) 学习下载并安装 Eclipse。

(2) 学习使用 Eclipse 创建项目。

(3) 学习使用 Eclipse 环境创建 Java 应用程序。

(4) 学习在 Eclipse 环境下调试 Java 应用程序。

2. 实验说明

Eclipse IDE 虽是一个很优秀的集成开发工具,但还是建议初学者直接使用 Java SE 提供的 JDK,因为无论哪种集成开发环境都将 JDK 作为其核心,而且 IDE 界面操作复杂,主要是它会屏蔽掉一些知识点,不利于初学者掌握基础知识。本实验之所以介绍 Eclipse IDE,是应某些已经掌握了 Java 基础知识的读者的要求介绍 Eclipse IDE 的用法。

3. 实验指导

Eclipse 是 IBM 公司“日食计划”的产物。2001 年 6 月,IBM 公司将价值 4000 万美元的 Eclipse 捐给了开源组织。Eclipse 是一个免费的、开放源代码的、著名的跨平台的 IDE 集成开发环境。经过发展,Eclipse 已经成为目前最流行的 Java IDE,现已成为业界的工业标准。要想取得 Eclipse,进入 Eclipse 官方网站 http://www.eclipse.org 可以下载最新版本的 Eclipse 安装文件。本书下载得到的安装文件为 eclipse-inst-win64.exe。

1) 安装并启动 Eclipse 开发环境

(1) 安装 Eclipse 开发环境。

双击 Eclipse 安装文件 eclipse-inst-win64.exe,进入如图 1.15 所示的安装界面。在该界面中根据需要进行选择安装,这里选择第一项,然后开始安装。

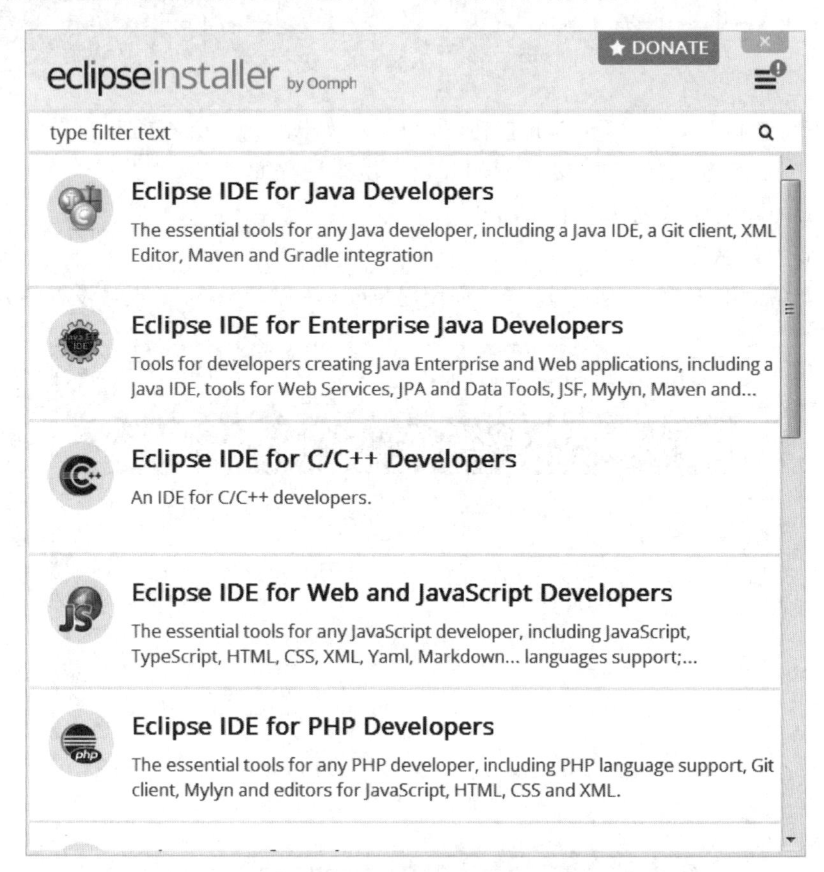

图 1.15 Eclipse 安装界面

(2) 启动 Eclipse 开发环境。

安装完后,启动 Eclipse 开发环境。第一次运行 Eclipse,启动向导会弹出如图 1.16 所示的让用户选择 Workspace(工作区)的界面。所谓 Workspace 就是所有 Eclipse 项目的工作目录,表示接下来的代码和项目设置都将保存到该工作目录下。这里输入的是 D:\CgjWS,若该目录不存在则系统会自动生成,当然也可以单击 Browse 按钮,然后在弹出的对话框中选择已存在的目录。

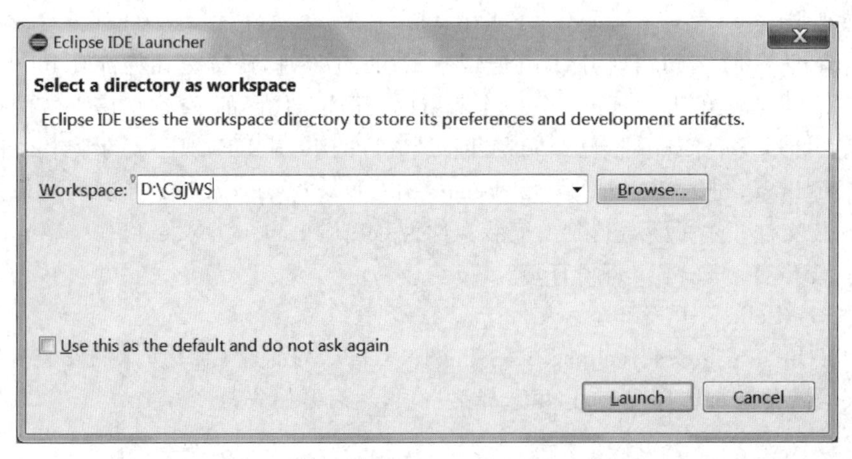

图 1.16 工作区目录设置

设置完工作区后,单击 Launch 按钮,即可进入如图 1.17 所示的欢迎界面。关闭欢迎界面的选项卡后就进入如图 1.18 所示的开发环境布局界面。

Eclipse 的开发环境包含如下几部分:

- 顶部为菜单栏、工具栏。
- 右上角为 IDE 的透视图,Java 透视图是 Eclipse 专门为 Java 项目设置的开发环境布

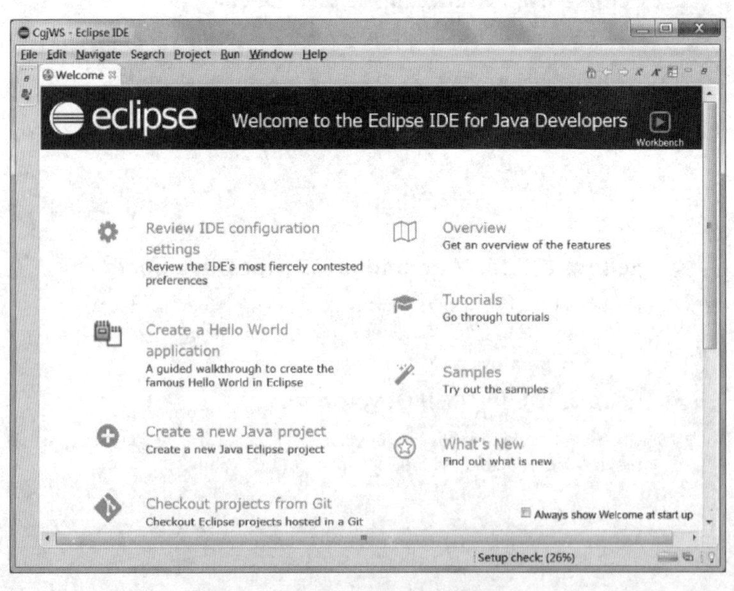

图 1.17 Eclipse 的欢迎界面

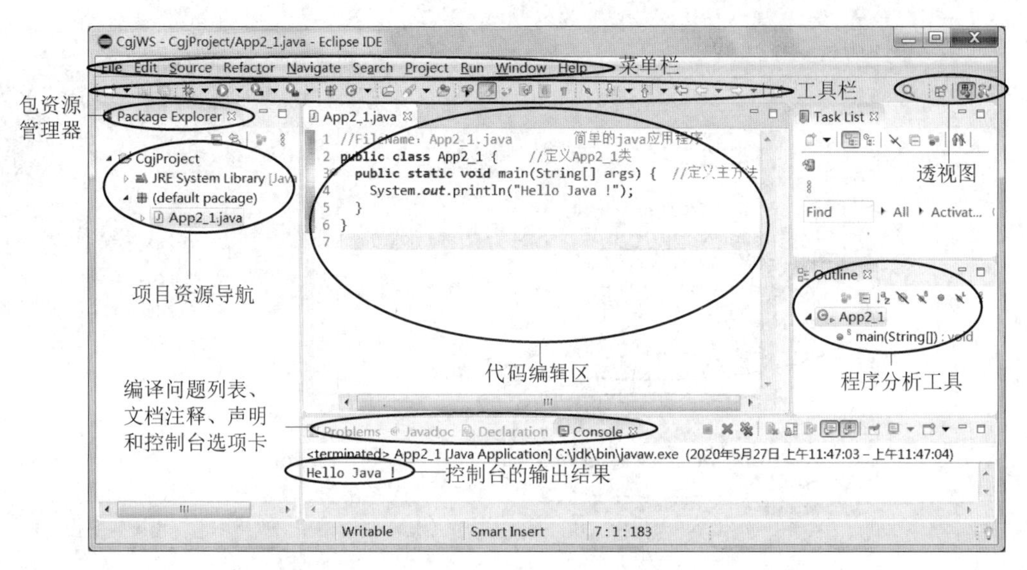

图 1.18 Eclipse 开发环境布局界面

局,用于切换 Eclipse 不同的外观。通常根据开发项目的需要可切换不同的视图。

- 左侧窗格为项目资源导航,主要有包资源管理器。
- 右侧窗格为程序分析工具,主要有大纲、任务列表等。
- 底部为显示区域,主要有编译问题列表、文档注释、声明和控制台选项卡。
- 中间区域为代码编辑区。

2) 使用 Eclipse 开发环境常用的操作

使用 Eclipse 开发环境常用的操作集中在新建项目、创建类、编写代码、运行、查看结果和程序调试这几个方面,下面针对这些常用操作进行简单介绍。

(1) 新建 Java 项目。

创建 Java 程序前,首先需要创建一个项目。项目类似一个文件夹,用于包含 Java 程序以及所有支持的文件,即项目是开发特定应用软件所需的源文件、库文件等多个文件的集合。只需创建项目一次。

选择 File→New→Java Project 选项,弹出如图 1.19 所示的新建 Java 项目对话框。

在 Project name 文本框中输入项目名称,本例输入的项目名是 CgjProject。Location 文本框自动设置为默认。也可以单击 Browse 按钮为项目自定义位置。

在选择 Java 运行环境区域中,选择第一项 Use an execution environment JRE(使用执行环境)即可。

在项目布局区域中,若选择第一项,则将.java 文件和.class 文件均放在项目文件夹 CgjProject 下,方便访问。若选择第二项,则会在项目文件夹 CgjProject 下生成两个子文件夹:一个是 scr,用于存放.java 源文件;另一个是 bin,用于存放.class 类文件。这里选择第二项。

单击 Next 按钮后,进入如图 1.20 所示的 Java 构建设置对话框。该对话框中的设置都取默认值即可,其中在源码选项卡 Source 下可以看到源文件程序保存在 CgjProject/scr 文件夹下,默认输出的.class 类文件保存在 CgjProject/bin 文件夹下。在该对话框中单 Finish

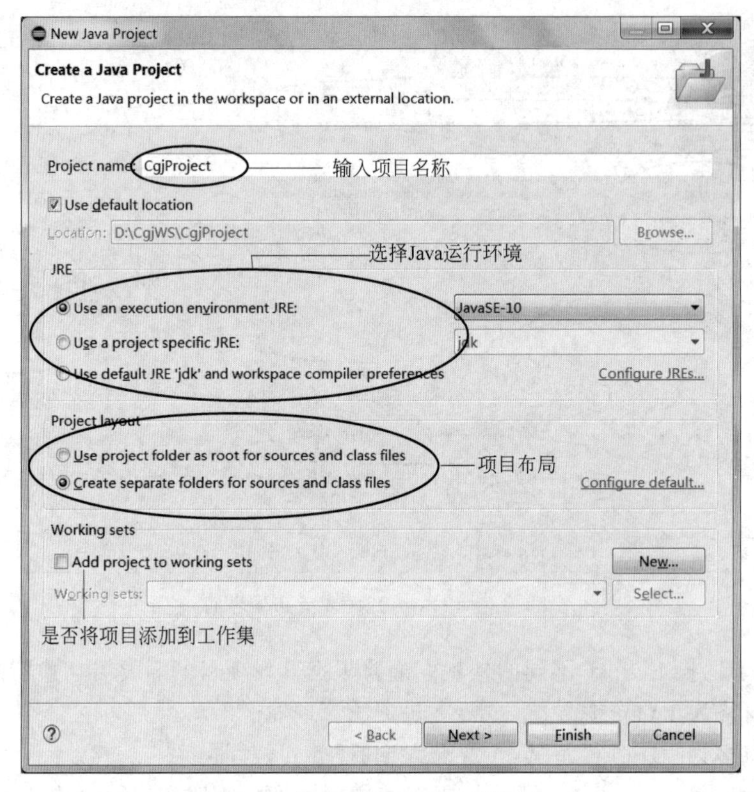

图 1.19　新建 Java 项目对话框

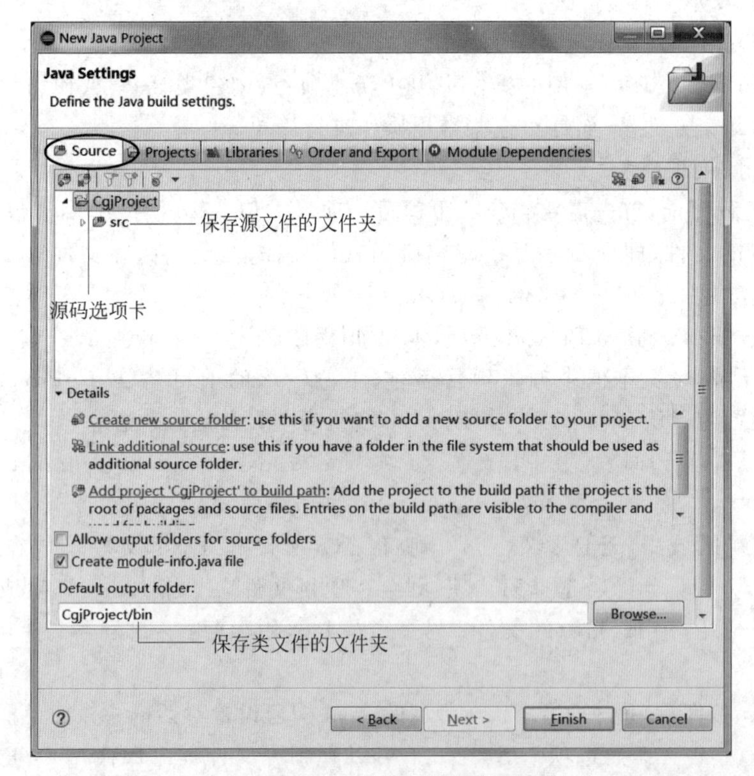

图 1.20　Java 构建设置对话框

按钮,弹出如图 1.21 所示的询问是否创建模块对话框,可以根据需要进行选择,这里选择不创建,所以单击 Don't Create 按钮,完成项目的创建,返回如图 1.18 所示的开发环境窗口中。

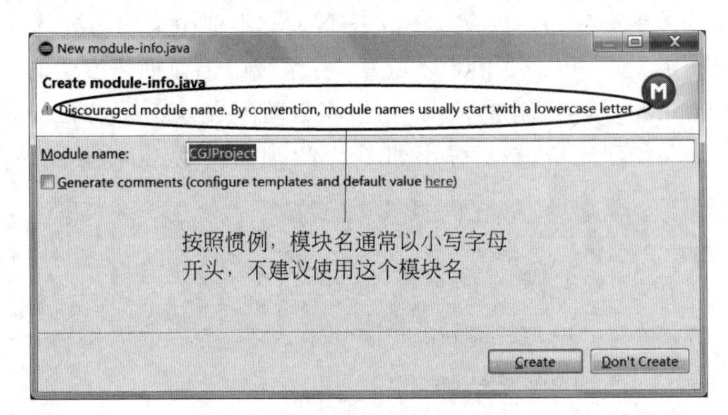

图 1.21 询问是否创建模块对话框

(2) 新建类。

创建完成项目后,就可以创建类文件。选择 File→New→Class 选项,弹出如图 1.22 所示的新建 Java 类对话框。

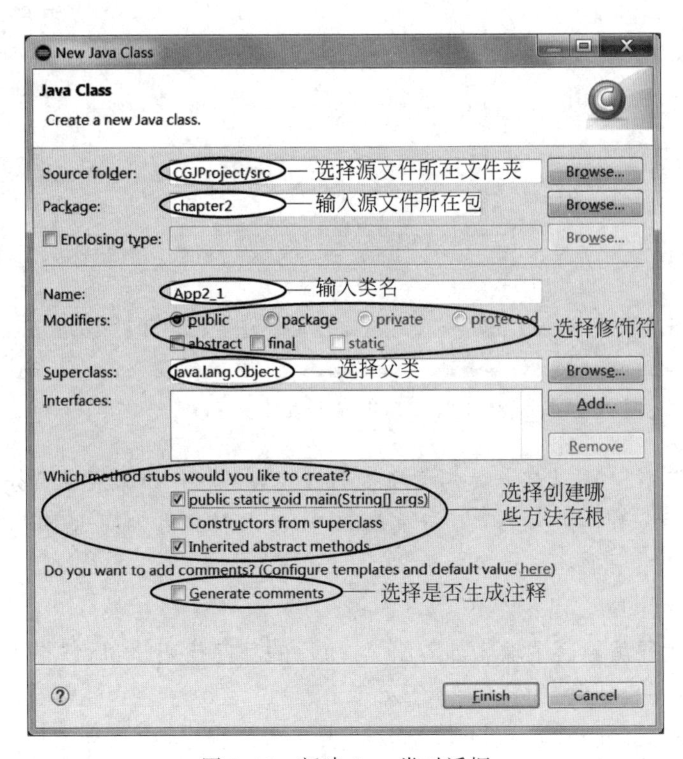

图 1.22 新建 Java 类对话框

在该对话框的源文件夹项 Source folder 文本框中输入保存源文件的文件夹,这里取默认值 CgjProject/scr 即可。在源文件所在包 Package 文本框中输入 chapter2,即第 2 章程序所在的包名。在类名 Name 文本框中输入 App2_1。修饰符 Modifiers 区域中根据需要进行选择,这里选择 public 单选按钮。在父类 Superclass 文本框中根据需要选择或输入其父类。在 Which method stubs would you like to create? 区域中选择创建方法的存根,选中 public static void main(String[] args)复选框,Eclipse 将自动生成 main()方法。单击 Finish 按钮后,新类 App2_1. java 创建完毕,然后弹出如图 1.23 所示的 Eclipse 开发环境窗口。

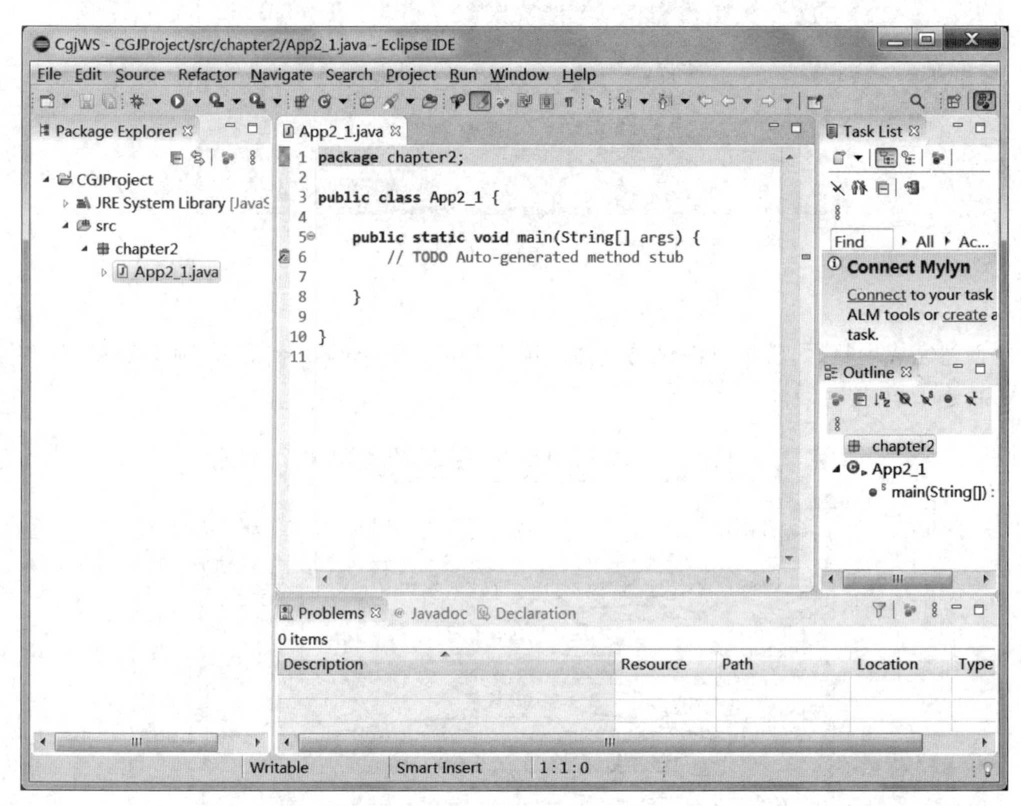

图 1.23 Eclipse 开发环境窗口

说明:存根程序 Stub 其实就是通常所说的桩模块。软件的集成方式分为两种:自顶向下和自底向上。第一种集成方式需要开发桩程序,第二种集成方式需要开发驱动程序。桩程序就是用来给调用它们的模块传递数据。

(3) 编辑与运行 Java 程序。

在该窗口的代码编辑区中输入如图 1.24 所示的程序代码,然后选择 Run→Run As 选项即可编译、运行一步到位,如图 1.24 所示。

如果在 Eclipse 开发环境中运行主方法需要参数的程序,如 App2_1. java,则 main()方法的参数需要运行前在界面中设置。方法如下,首先选中 App2_1. java 文件,然后选择 Run→Run Configurations 选项,弹出如图 1.25 所示的 Run Configurations 窗口。选择 Arguments 选项卡,然后在 Program arguments 区域中输入参数,这里输入的是“欢欢 乐乐 你们好!”三个参数,然后单击 Run 按钮,即可在如图 1.24 所示控制台中看到输出结果。

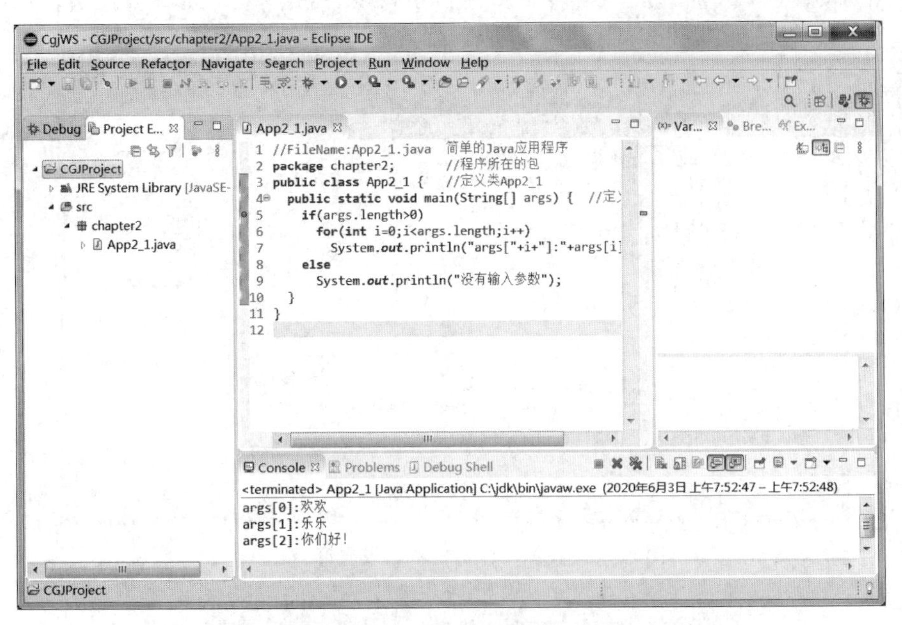

图 1.24　编辑与运行 App2_1.java 程序

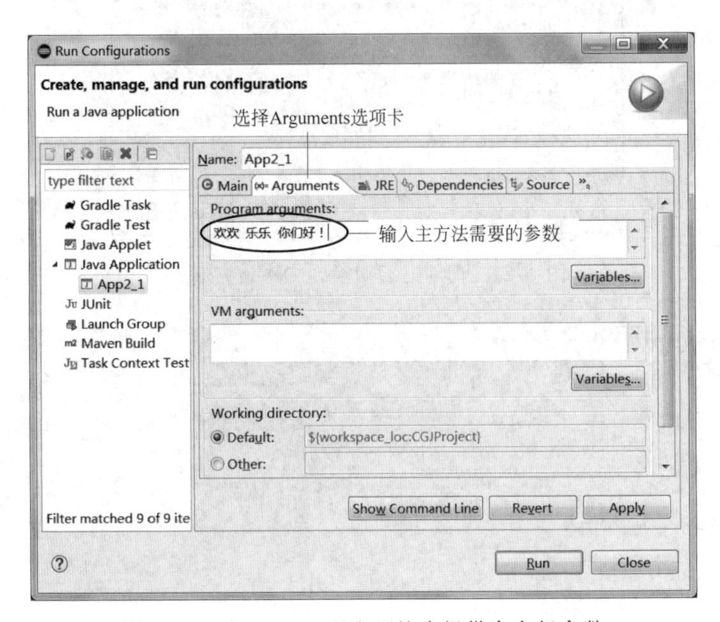

图 1.25　在 Eclipse 开发环境中提供命令行参数

（4）调试 Java 程序。

在 Eclipse 的代码编辑区双击需要设置断点的行的左侧边框，会出现一个蓝色的断点标识，如图 1.26 所示。

单击工具栏上的"调试"按钮，然后在下拉菜单中选择 Debug As，选择要调试的程序，则弹出如图 1.27 所示的询问是否切换到 Debug 透视图对话框，单击 Switch 按钮，进入如图 1.28 所示的程序调试界面。单击工具栏中的或按钮，观察 Variables 窗格中的局部变量的变化，以及输出的变化，对代码进行调试并运行。

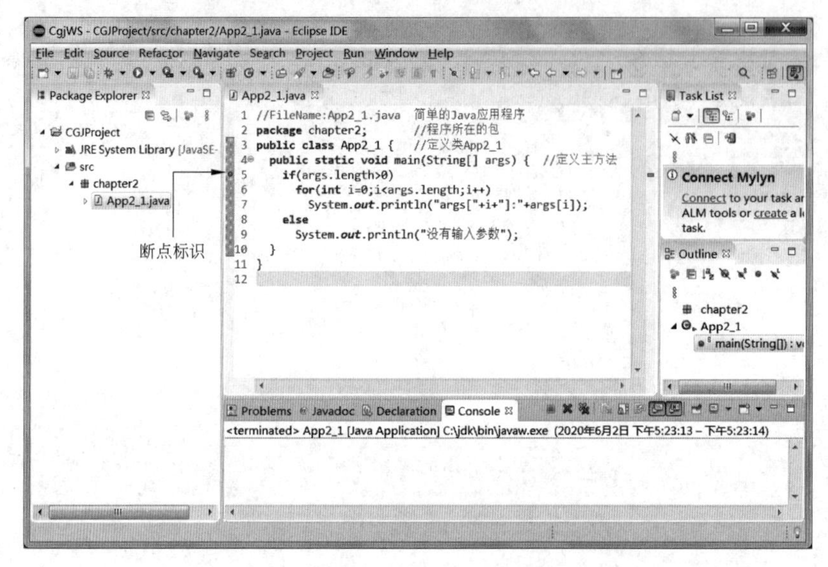

图 1.26　在编辑区边框双击设置断点标识

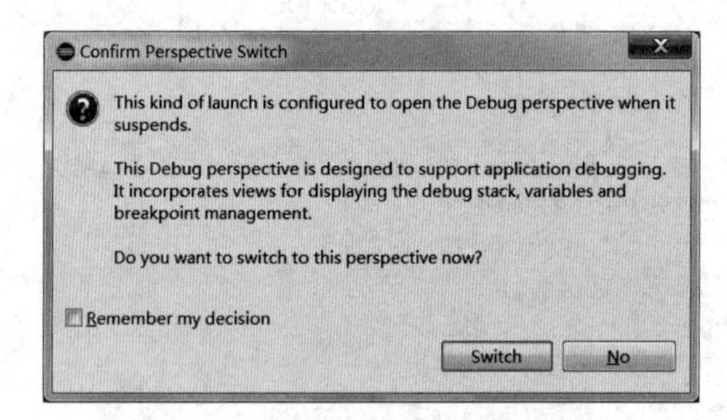

图 1.27　询问是否切换到 Debug 透视图

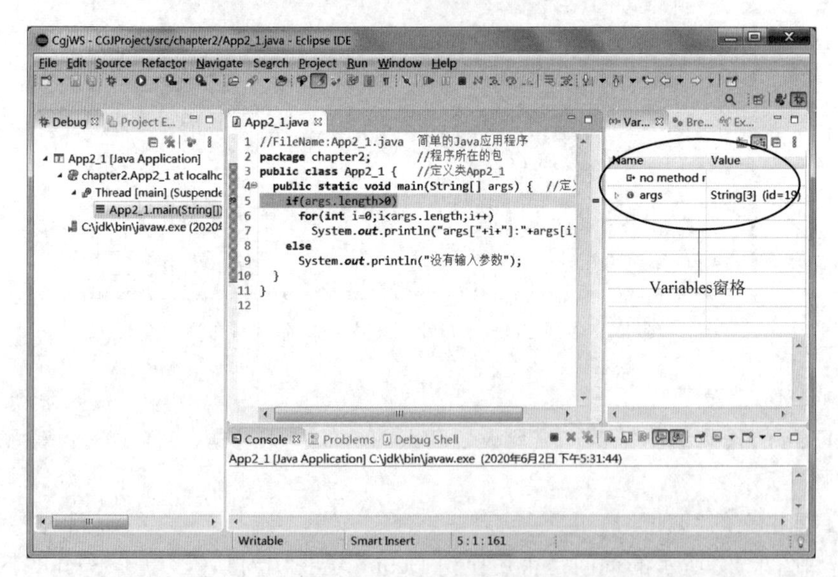

图 1.28　Eclipse 的程序调试界面

第 2 章 基本数据类型

本章知识点：在程序设计中，数据是程序的必要组成部分，也是程序处理的对象。不同的数据有不同的数据类型，Java 语言中的数据类型分为两大类：一类是基本数据类型(primitive types)；另一类是引用类型(reference types)。每一种计算机语言都使用变量(variable)来存储数据，变量的值在程序运行过程中是可以改变的，使用变量的原则是"先声明后使用"，即变量在使用前必须先声明。程序设计中经常要进行各种运算，从而达到改变变量值的目的。要实现运算，就要使用运算符。运算符是用来表示某一种运算的符号，它指明了对操作数所进行的运算。

本章将指导读者认识 Java 语言中基本数据类型、基本运算符的使用，还将指导读者如何从键盘中读取数据。

实验 2.1 基本数据类型的使用

1. 实验目的

(1) 学习标识符的命名规则。

(2) 学习基本数据类型变量的声明和初始化。

(3) 明确局部变量使用前初始化的意义。

(4) 学习常量的使用。

2. 实验要求

编写一个 Java 程序，在程序中声明基本数据类型的变量，对它们进行初始化，再显示它们各自的值；定义一个双精度数据类型的常量，并显示它的值，使程序运行结果如图 2.1 所示。

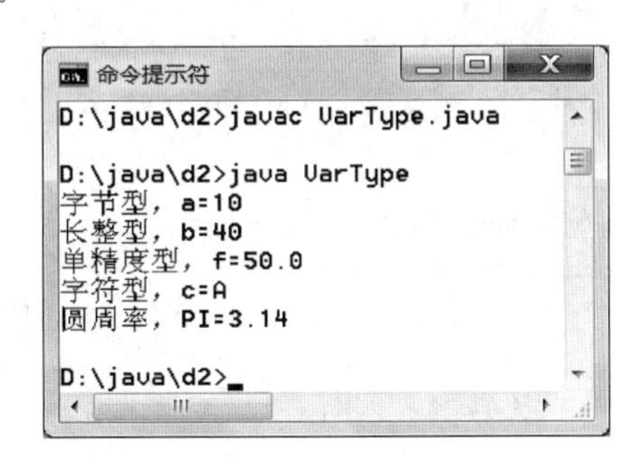

图 2.1 程序 VarType 运行结果

3. 程序模板

按模板要求，将【代码 1】～【代码 3】替换为相应的 Java 程序代码，使之输出如图 2.1 所示的结果。

```
//FileName:VarType.java
public class VarType{
  public static void main(String[ ] args){
    byte a = 10;
    longb = 40L;
```

```
        【代码 1】          //声明一个单精度型变量 f,初始化为 50
        【代码 2】          //声明一个字符型变量 c,初始化为'A'
        【代码 3】          //声明一个双精度型常量 PI,值为 3.14
        System.out.println("字节型,a = " + a);
        System.out.println("长整型,b = " + b);
        System.out.println("单精度型,f = " + f);
        System.out.println("字符型,c = " + c);
        System.out.println("圆周率,PI = " + PI);
    }
}
```

4. 实验指导

变量是一个数据存储空间的表示,也即变量是某内存空间的文字地址,将数据赋值给变量,就是将数据存储到对应的内存空间;而调用变量,就是将对应内存空间的数据取出。变量定义后,会有相应的内存空间分配,这块空间中可能含有以前留下的数据,因此变量在定义后的值是不可预期的。Java 出于安全性的考虑,定义变量后,不允许在未指定任何值之前就使用变量,否则编译器在编译时会报告"可能尚未初始化变量"错误。

实验 2.2 取模运算与自增、自减运算

1. 实验目的

(1) 学习算术运算符中的求模运算。

(2) 学习算术运算符中的自增和自减运算。

2. 实验要求

编写一个 Java 程序,在程序中进行求模运算、自增和自减运算,使程序运行结果如图 2.2 所示。

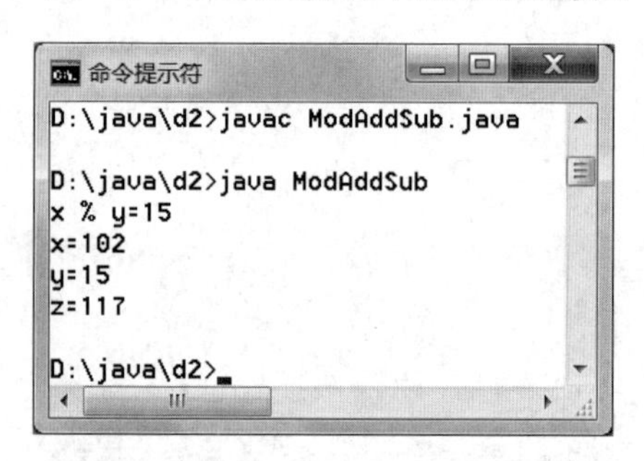

图 2.2 程序 ModAddSub 运行结果

3. 程序模板

按模板要求,将【代码 1】~【代码 3】替换为相应的 Java 程序代码,使之输出如图 2.2 所示的结果。

```
//FileName:ModAddSub.java
public class ModAddSub{
    public static void main(String args[]){
        int x = 100,y = 17,z = 0;
        【代码 1】          //变量 x 对变量 y 求模,并把结果赋值给 z
        System.out.println("x % y = " + z);
        【代码 2】          //变量 x 后自增运算
        【代码 3】          //变量 y 前自减运算
        z = ++x + --y;
        System.out.println("x = " + x);
        System.out.println("y = " + y);
        System.out.println("z = " + z);
    }
}
```

4. 实验指导

对取模运算符“%”来说，其操作数可以是整型数也可以是浮点数。若是浮点数，则 x % y 的结果是除完后剩下的浮点数部分。自增和自减运算都是一元运算，可以放在操作数之前(如++i 或--i)，也可以放在操作数之后(如 i++或 i--)，两者的运算方式不同。

实验 2.3 整数与浮点数的除法与强制类型转换

1. 实验目的

(1) 学习算术运算符中的整数除法和浮点数除法。

(2) 学习算术运算符中的整数与浮点数混合除法。

(3) 学习数据的强制类型转换。

2. 实验要求

编写一个 Java 程序，在程序中进行整数除法、浮点数除法和整数与浮点数混合除法运算，使程序运行结果如图 2.3 所示。

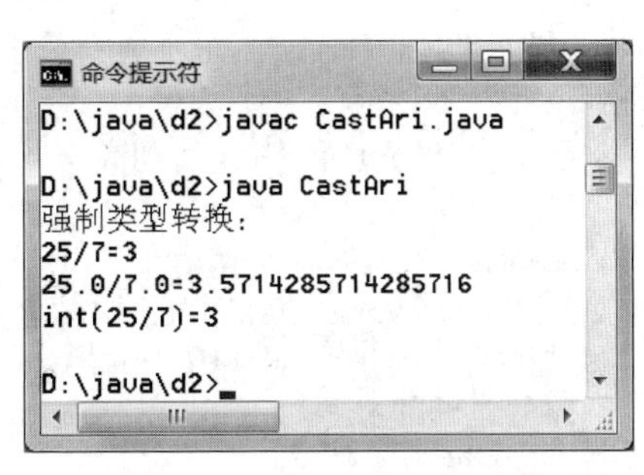

图 2.3 程序 CastAri 运行结果

3. 程序模板

按模板要求，将【代码 1】～【代码 3】替换为相应的 Java 程序代码，使之输出如图 2.3 所示的结果。

```
//FileName:CastAri.java
public class CastAri{
   public static void main(String args[ ]){
    System.out.println("强制类型转换: ");
    int a,b,m = 25,n = 7;
    double x = 25.0,y = 7.0,z;
    【代码 1】              //将 m 除以 n 的结果赋值给 a
    System.out.println(m + "/" + n + " = " + a);
    【代码 2】              //将 x 除以 y 的结果赋值给 z
    System.out.println(x + "/" + y + " = " + z);
    【代码 3】              //将 x/y 的结果强制转换为整数赋给 b
    System.out.println("int(" + m + "/" + n + ") = " + b);
   }
}
```

4. 实验指导

在 Java 语言中，进行除法运算时要注意，对于除法运算符“/”，分为整数除和浮点数除。如果除法运算中的两个操作数都是整数，运算结果只保留整数部分，舍弃小数部分，而且不会进行四舍五入操作，例如，1/2 的结果是 0；如果除法运算中的两个操作数至少有一个是浮点数，运算时先将操作数都转换为浮点数，运算结果会保留小数部分，例如，1.0/2 的结果是 0.5。对于不同数值型数据的运算，为了使其兼容，可以进行强制类型转换，将较长的数据类型转换为较短的数据类型，其转换格式是“(欲转换的数据类型)变量名”。

实验 2.4 逻辑运算符

1. 实验目的

学习逻辑运算符的与、或、非运算。

2. 实验要求

编写一个 Java 程序，在程序中进行与运算、或运算和非运算，使程序运行结果如图 2.4 所示。

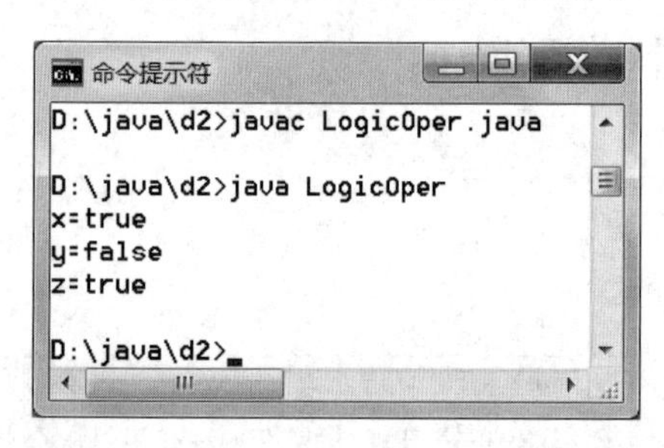

图 2.4 程序 LogicOper 运行结果

3. 程序模板

按模板要求，将【代码 1】~【代码 2】替换为相应的 Java 程序代码，使之输出如图 2.4 所示的结果。

```
//FileName:LogicOper.java
public class LogicOper{
  public static void main(String args[ ]){
    int a = 25,b = 7,c = 3;
    boolean x,y,z;
    x = a > b;
    【代码 1】          //a 整除 c 的结果是否小于 5,并将结果赋给 y
    【代码 2】          //将 x 和 y 进行与运算,然后再对结果进行非运算,并将结果赋给 z
    System.out.println("x = " + x);
    System.out.println("y = " + y);
    System.out.println("z = " + z);
  }
}
```

4. 实验指导

逻辑运算与关系运算的关系非常密切，关系运算是运算结果为布尔型量的运算，而逻辑运算是操作数与运算结果都是布尔型量的运算。! 为一元运算符，实现逻辑非。二元运算符&、|称为非简洁运算，&&、||称为简洁运算，这两组运算符均是实现逻辑与、逻辑或运算。但区别在于：非简洁运算在必须计算完运算符左右两个表达式之后，才取结果值；而简洁运算可能只计算运算符左边的表达式而不计算右边的表达式，即对于 &&，只要左边表达式为 false，就不计算右边表达式，则整个表达式为 false；对于||，只要左边表达式为 true，就不计算右边表达式，则整个表达式为 true。对于异或运算，若两个值相同，则值为假。

实验 2.5 字符串与数值型数据的转换

1. 实验目的

(1) 学习将字符串转换为数值型数据的方法。

(2) 学习将数值型数据转换为字符串的方法。

2. 实验要求

编写一个 Java 程序，在程序中进行字符串与数值型数据的相互转换，使程序运行结果

如图 2.5 所示。

3. 程序模板

按模板要求,将【代码 1】~【代码 3】替换为相应的 Java 程序代码,使之输出如图 2.5 所示的结果。

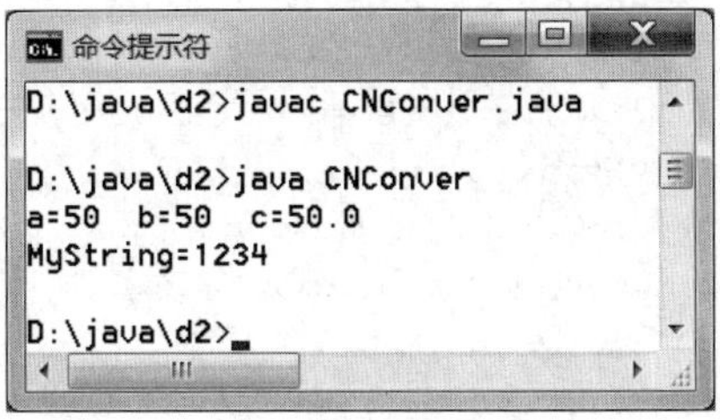

图 2.5　程序 CNConver 运行结果

```
//FileName:CNConver.java
public class CNConver{
  public static void main(String args[ ]){
    int a = 10;
    long b = 20L;
    float c = 30F;
    String s = "50";
    a = Integer.parseInt(s);
    【代码 1】              //将字符串 s 转换为长整型赋值给 b
    【代码 2】              //将字符串 s 转换为单精度浮点型赋值给 c
    System.out.println("a = " + a + "   b = " + b + "   c = " + c);
    int MyInt = 1234;
    【代码 3】              //将 MyInt 转换为字符串赋值给字符串变量 MyString
    System.out.println("MyString = " + MyString);
  }
}
```

4. 实验指导

字符串与数值型数据的相互转换在程序中会经常接触到,根据需要可用相应的方法将字符串转换为相应的数值型数据。

如果字符串中含有非数字格式的字符,则转换时会报告"数字格式异常"。

实验 2.6　从键盘输入数据

1. 实验目的

(1) 学习通过键盘向程序输入各种数据。

(2) 了解 Java 中对象的生成,以及类中方法的调用。

(3) 加深对 Java 应用程序结构的认识。

2. 实验要求

编写一个 Java 程序,在程序中通过键盘输入常用的数据,包括字符串和浮点数,使程序运行结果如图 2.6 所示。

3. 程序模板

按模板要求,将【代码】替换为相应的 Java 程序代码,使之输出如图 2.6 所示的结果。

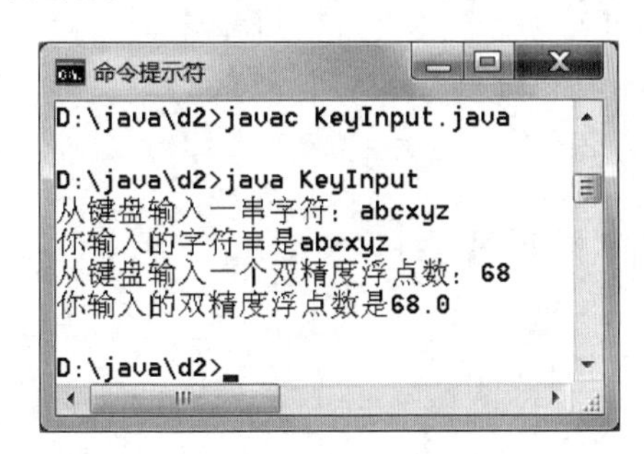

图 2.6　程序 KeyInput 运行结果

```
//FileName:KeyInput.java
import java.util.*;
public class KeyInput{
  public static void main(String args[ ]){
```

```
        double d = 0;
        String s = "";
        Scanner reader = new Scanner(System.in);
        System.out.print("从键盘输入一串字符: ");
        s = reader.nextLine();
        System.out.println("你输入的字符串是" + s);
        System.out.print("从键盘输入一个双精度浮点数: ");
        【代码】              //调用 reader 的 nextDouble()方法,并把读入的数据赋值给 d
        System.out.println("你输入的双精度浮点数是" + d);
    }
}
```

4. 实验指导

在 JDK 5.0 之前,要从“命令提示符”窗口读入数据不是一件容易的事情,从 JDK 5.0 开始,这一状况得到改变,在 java.util 包中,Java 提供了 Scanner 类可以方便地从“命令提示符”窗口输入数据。

要想通过“命令提示符”窗口进行数据输入,首先要在程序的头部用“import java.util.*;”语句导入 java.util 包,接着构造一个 Scanner 对象,它用标准输入流 System.in 作为参数用于从键盘上读取输入的数据。

下面语句生成 Scanner 的一个对象。

```
Scanner reader = new Scanner(System.in);
```

通过生成 Scanner 类的对象 reader 调用相应的方法,即可输入相应类型的数据。本实验中是调用 reader.nextDouble()方法,要求输入双精度浮点型数,但输入的是整数 68,输出的却是 68.0,这是因为系统会进行默认类型转换,把较短类型的数据赋值给较长类型的数据。

第 2 章实验参考答案

实验 2.1

【代码 1】: float f = 50F;

【代码 2】: char c = 'A';

【代码 3】: final double PI = 3.14;

实验 2.2

【代码 1】: z = x % y;

【代码 2】: x++;

【代码 3】: --y;

实验 2.3

【代码 1】: a = m/n;

【代码 2】: z = x/y;

【代码 3】: b = (int)(x/y);

实验 2.4

【代码 1】: y = a/c < 5;

【代码 2】：`z = !(x && y);`

实验 2.5

【代码 1】：`b = Long.parseLong(s);`

【代码 2】：`c = Float.parseFloat(s);`

【代码 3】：`String MyString = "" + MyInt;`

实验 2.6

【代码】：`d = reader.nextDouble();`

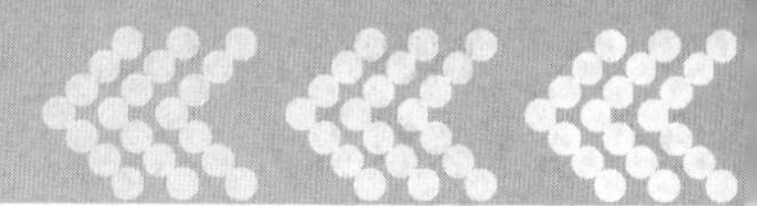

第3章　结构语句

本章知识点：流程控制语句是用来控制程序中各语句执行顺序的语句，是程序中基本却又非常关键的部分。流程控制语句可以把单个语句组合成有意义的、能完成一定功能的小逻辑模块。最主要的流程控制方式是结构化程序设计中规定的顺序结构、分支结构(选择结构)和循环结构三种基本流程结构。

本章将指导读者掌握Java程序中的流程控制语句，包括这些语句的语法结构、功能和使用中需注意的要点。

实验3.1　if条件语句与应用

1. 实验目的

(1) 复习从键盘中输入数据的方法。

(2) 学习流程控制中的if条件语句。

2. 实验要求

编写一个Java程序，在程序中从键盘输入三个整数，比较它们的大小，输出最小的数，使程序运行结果如图3.1所示。

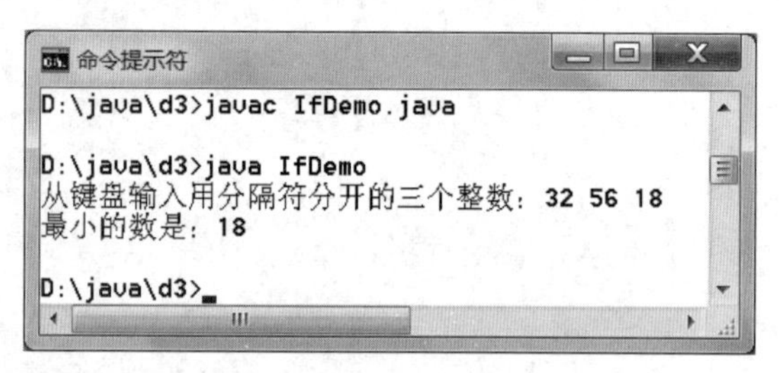

图3.1　程序IfDemo运行结果

3. 程序模板

按模板要求，将【代码1】～【代码2】替换为相应的Java程序代码，使之输出如图3.1所示的结果。

```
//FileName:IfDemo.java
import java.util.*;
public class IfDemo{
```

```
    public static void main(String args[ ]){
      int a = 0,b = 0,c = 0,min = 0;
      Scanner reader = new Scanner(System.in);
      System.out.print("从键盘输入用分隔符分开的三个整数：");
      a = reader.nextInt();
      b = reader.nextInt();
      c = reader.nextInt();
      【代码 1】            //如果 a 小于 b,则将 a 赋值给 min,否则,将 b 赋值给 min
      【代码 2】            //如果 c 小于 min,则将 c 赋值给 min
      System.out.println("最小的数是：" + min);
    }
}
```

4. 实验指导

if 语句是 Java 程序中最常见的分支结构,它是一种"二选一"的控制结构,即给出两种可能的执行路径供选择。if 语句主要有双路条件选择和单路条件选择。if 条件确定后,如果有多条语句要执行,要加上相应的花括号。其实,为了能更清晰地体现条件语句中的逻辑关系,即便只有一条语句,最好也要加上花括号。

实验 3.2　switch 语句与应用

1. 实验目的

(1) 学习流程控制中 switch 语句的基本使用格式。

(2) 掌握流程控制中 switch 语句的执行过程。

2. 实验要求

编写一个 Java 程序,从键盘输入 1～4 的整数表示季度,根据输入的数据来输出相应的季度,使程序运行结果如图 3.2 所示。

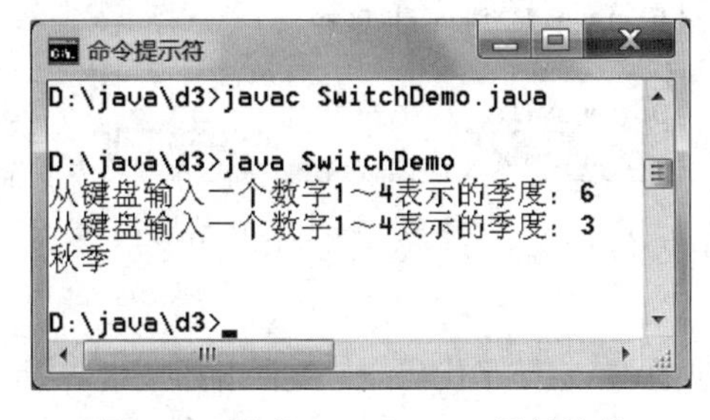

图 3.2　程序 SwitchDemo 运行结果

3. 程序模板

按模板要求,将【代码 1】～【代码 3】替换为相应的 Java 程序代码,使之输出如图 3.2 所示的结果。

```
//FileName:SwitchDemo.java
import java.util.*;
public class SwitchDemo{
  public static void main(String args[ ]){
    int n = -1;
    Scanner reader = new Scanner(System.in);
    【代码 1】            //输入 1～4 的整数,直到满足条件为止,并将其赋值给 n
    switch(n){
      【代码 2】          //当 n 为 1 时,输出春季
      case 2:
        System.out.println("夏季");
        break;
      case 3:
        System.out.println("秋季");
```

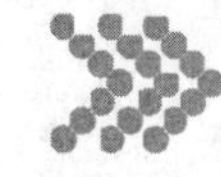


```
        break;
      【代码 3】          //否则,输出冬季
    }
  }
}
```

4. 实验指导

switch语句是多分支的开关语句,常用于多重条件选择。它将一个表达式的值同许多其他值比较,并按比较结果选择执行哪些语句。switch多分支选择语句在执行时,首先计算switch(表达式)圆括号中"表达式"的值,这个值必须是byte、short、int、char、String或枚举类型,同时应与各个case后面的常量表达式值的类型相一致。switch语句的每一个case判断,在一般情况下都有一条break语句,以指明这个分支执行完后就跳出该switch语句,如果要若干判断值共享一个分支,则可以不写break语句,但需保留这些判断值中的最后一个break语句,这样可以实现由不同的判断语句流入相同的分支。

实验3.3　for循环语句与应用

1. 实验目的

(1) 学习流程控制中for循环语句的基本使用格式。

(2) 掌握流程控制中for循环语句的执行过程。

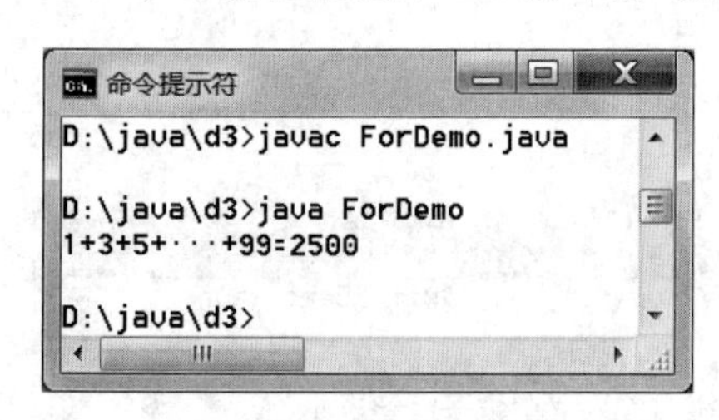

图3.3　程序ForDemo运行结果

2. 实验要求

编写一个Java程序,用for循环语句求1+3+5+…+99的值,使程序运行结果如图3.3所示。

3. 程序模板

按模板要求,将【代码1】~【代码2】替换为相应的Java程序代码,使之输出如图3.3所示的结果。

```
//FileName:ForDemo.java
public class ForDemo{
  public static void main(String args[ ]){
    int s = 0;
    for(【代码 1】){       //声明一个变量 i,i 从 1 到 99,每次递增 2
      【代码 2】          //将 i 累加到 s
    }
    System.out.println("1 + 3 + 5 + … + 99 = " + s);
  }
}
```

4. 实验指导

在Java语言的for循环中,如果在初始化表达式中定义了循环变量,那么这个变量的作用域范围是从循环开始到循环结束,如图3.4所示。超出for循环,局部变量i作用域就结束。

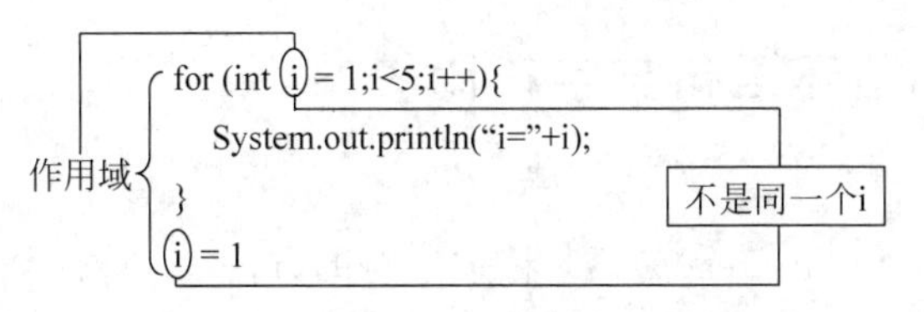

图 3.4 循环变量与局部变量的区别

实验 3.4 while 循环语句与数据累加

1. 实验目的

(1) 学习流程控制中 while 循环语句的基本使用格式。

(2) 掌握流程控制中 while 循环语句的执行过程。

2. 实验要求

编写一个 Java 程序,在程序中从键盘输入一个 30～80 的整数,如果不正确则提示重新输入;然后求 1 到用户所输入整数的累加和,使程序运行结果如图 3.5 所示。

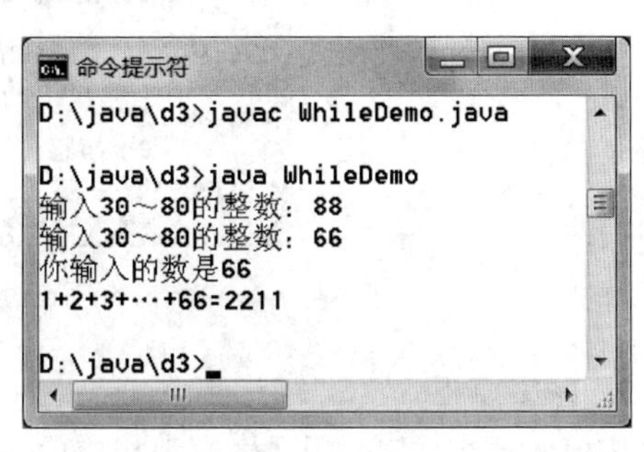

图 3.5 程序 WhileDemo 运行结果

3. 程序模板

按模板要求,将【代码 1】～【代码 3】替换为相应的 Java 程序代码,使之输出如图 3.5 所示的结果。

```
//FileName:WhileDemo.java
import java.util.*;
public class WhileDemo{
  public static void main(String args[]){
    int n=0,i=1,s=0;
    Scanner reader=new Scanner(System.in);
    【代码 1】           //用 while 语句容错,输入的整数 n 不在 30～80 范围内,重新输入
    System.out.println("你输入的数是"+n);
    while(【代码 2】){    //当 i 不大于 n 时执行
      【代码 3】          //将 i 累加到 s 上
      i++;
    }
    System.out.println("1+2+3+ … +"+n+"="+s);
  }
}
```

4. 实验指导

while 是前判断循环语句。while 语句的循环体可以是单个语句,也可以是复合语句块。while 语句的执行过程是先判断条件表达式的值,若为真,则执行循环体,循环体执行完之后,再转向条件表达式重新计算与判断条件表达式;直到当计算出的条件表达式值为假时,跳过循环体执行 while 语句后面的语句,循环终止。while 循环语句是在一定条件下,反复执行某段程序的控制结构。在实际使用中,应注意条件的改变,避免造成死循环。

实验 3.5 while 循环语句与字符比较

1. 实验目的

(1) 学习利用 System.in.read()语句读取字符的方法。

(2) 掌握字符之间是否相等的比较要使用"=="运算符而不是使用 equals()方法。

2. 实验要求

利用 while 语句和 System.in.read()语句统计从键盘上输入字符的个数,使程序运行结果如图 3.6 所示。

图 3.6 程序 WhileRead 运行结果

3. 程序模板

按模板要求,将【代码】替换为相应的 Java 程序代码,使之输出如图 3.6 所示的结果。

```
//FileName:WhileRead.java
import java.io.*;
public class WhileRead{
  public static void main(String[] args) throws IOException{
    int count = 0,b;
    System.out.print("请输入数据: ");
    while(【代码】){      //调用 read()方法,读的字符存入 b 中,按 Enter 键结束
      System.out.print((char)b);
      count++;
    }
    System.out.print("\n您输入了" + count + "个字符");
  }
}
```

4. 实验指导

利用 System.in.read()语句读取数据后,需要将其强制转换为 char 类型。还需注意的是,Enter 键包括回车符'\r'和换行符'\n'两个字符。字符的比较与字符串的比较是有区别的,比较字符是否相等使用"=="运算符,而不能使用 equals()方法。

实验 3.6 do-while 循环语句

1. 实验目的

(1) 学习流程控制中 do-while 循环语句的基本使用格式。

(2) 掌握流程控制中 do-while 循环语句的执行过程。

2. 实验要求

编写一个 Java 程序，用 do-while 语句求 1～100 的和，使程序运行结果如图 3.7 所示。

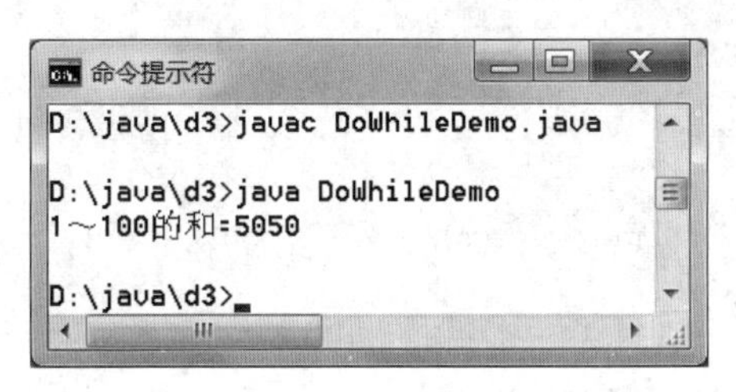

图 3.7 程序 DoWhileDemo 运行结果

3. 程序模板

按模板要求，将【代码 1】～【代码 2】替换为相应的 Java 程序代码，使之输出如图 3.7 所示的结果。

```
//FileName:DoWhileDemo.java
public class DoWhileDemo{
  public static void main(String args[ ]){
    int i = 100,s = 0;
    do{
      【代码 1】          //变量 s 为累加和
      【代码 2】          //i 自减 1
    }while(i>0);
    System.out.println("1～100 的和 = " + s);
  }
}
```

4. 实验指导

do-while 语句是后判断语句，它不像 while 语句先计算条件表达式的值，而是无条件地先执行一遍循环体，再来判断条件表达式的值，若条件表达式的值为真，则再执行循环体，否则跳出 do-while 循环去执行其后面的语句。do-while 语句的特点是它的循环体至少被执行一次。do-while 语句的一般语法结构如下：

```
do{
    循环体
}while (条件表达式);    ——这个分号"; "一定不要丢
```

实验 3.7 for 循环与 switch 语句的嵌套

1. 实验目的

(1) 掌握 for 循环与 switch 语句的嵌套用法。

(2) 学习阅读程序。

2. 实验要求

编写一个 for 循环与 switch 语句的嵌套程序，使程序运行结果如图 3.8 所示。

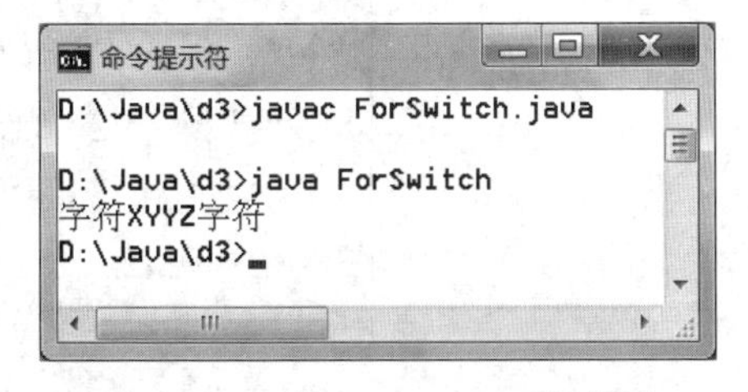

图 3.8 程序 ForSwitch 运行结果

3. 程序模板

按模板要求,将【代码 1】~【代码 2】替换为相应的 Java 程序代码,使之输出如图 3.8 所示的结果。

```
//FileName:ForSwitch.java
public class ForSwitch{
  public static void main(String[ ] args){
    char c = '\0';
    for(int i = 0;i <= 3;i++){
      switch(i){
        case 1:
          c = 'X';
          System.out.print(c);
        【代码 1】          //i = 2 时的 case 块
        case 3:
          c = 'Z';
          System.out.print(c);
        default:
          【代码 2】        //输出字符串"字符"
      }
    }
  }
}
```

4. 实验指导

该实验给出了 for 循环语句和 switch 语句的嵌套使用方法。实验中 switch 语句的表达式是整型量。同时为了满足实验的输出结果,需要在 switch 语句中的适当位置书写 break 语句和 default 语句。一定要根据输出结果编写代码。

实验 3.8 跳转语句

1. 实验目的

(1) 学习流程控制中的 break 语句。

(2) 学习流程控制中的 continue 语句。

2. 实验要求

编写一个 Java 程序,先显示 1~5 的所有整数;然后显示 1~10 的所有奇数,使程序运行结果如图 3.9 所示。

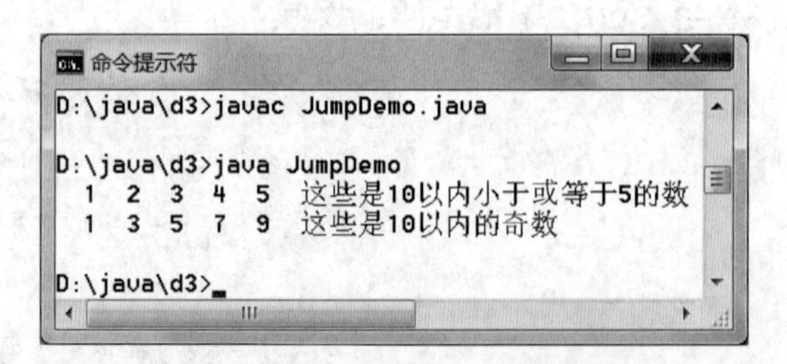

图 3.9 程序 JumpDemo 运行结果

3. 程序模板

按模板要求,将【代码 1】~【代码 2】替换为相应的 Java 程序代码,使之输出如图 3.9 所示的结果。

```
//FileName:JumpDemo.java
public class JumpDemo{
  public static void main(String[] args){
    for(int i = 1;i < 10;i++){
      if(i > 5)
        【代码 1】        //跳出 for 循环
      System.out.print("  " + i);
    }
    System.out.println(" 这些是 10 以内小于或等于 5 的数");
    for(int i = 1;i < 10;i++){
      if(i % 2 == 0)
        【代码 2】        //返回到 for 循环的头
      System.out.print("  " + i);
    }
    System.out.println(" 这些是 10 以内的奇数");
  }
}
```

4. 实验指导

break 语句将中断整个循环体,跳出循环,执行后续语句。continue 语句将结束本次循环,返回到循环开始处,开始新的一次循环。

实验 3.9 递归方法

1. 实验目的

(1) 学习递归方法的程序设计。

(2) 学习递归终止条件的使用。

2. 实验要求

编写程序,从键盘上输入正整数 n,利用递归算法求斐波那契数列中的第 n 个数,使程序运行结果如图 3.10 所示。

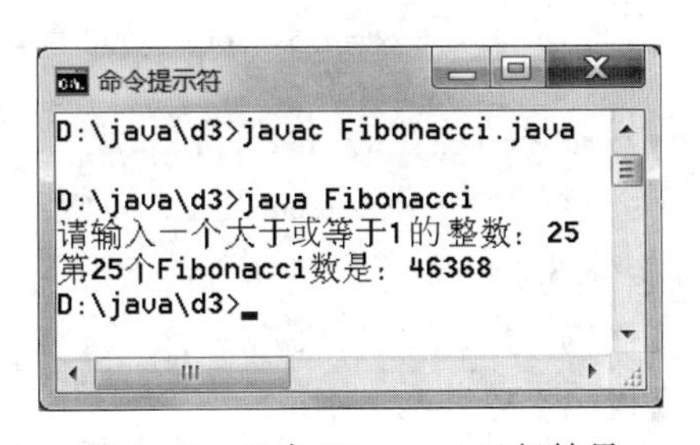

图 3.10 程序 Fibonacci 运行结果

3. 程序模板

按模板要求,将【代码 1】~【代码 2】替换为相应的 Java 程序代码,使之输出如图 3.10 所示的结果。

```
//FileName:Fibonacci.java
import java.util.Scanner;
public class Fibonacci{
  public static void main(String[] args){
    Scanner inp = new Scanner(System.in);
    System.out.print("请输入一个大于或等于 1 的整数: ");
    int n = inp.nextInt();
```

```
    System.out.print("第" + n + "个 Fibonacci 数是: " + fibonacci(n));
  }
  public static long fibonacci(int n){
    if(n == 1)
      return 0;
    else if(n == 2)
      【代码 1】          //终止条件
    else
      return【代码 2】  //递归调用
  }
}
```

4. 实验指导

递归方法的返回条件有时不止一个,可能有多个。根据主教材例 4.6 中对 Fibonacci 数列的定义可知,本例的返回条件有两个:一个是 n=1 时;另一个则是 n=2 时。而当 n>2 时,fibonacci(n)=fibonacci(n-1)+fibonacci(n-2)。

第 3 章实验参考答案

实验 3.1

【代码 1】:
```
if (a < b) min = a;
else min = b;
```
【代码 2】:
```
if (c < min) min = c;
```
实验 3.2

【代码 1】:
```
while(n < 1||n > 4){
  System.out.print("从键盘输入一个数字 1～4 表示的季度: ");
  n = reader.nextInt();
}
```
【代码 2】:
```
case 1:
  System.out.println("春季");
  break;
```
【代码 3】:
```
default:
  System.out.println("冬季");
```
实验 3.3

【代码 1】: `int i = 1;i <= 99;i = i + 2`

【代码 2】: `s = s + i;`

实验 3.4

【代码 1】:
```
while(n < 30||n > 80){
  System.out.print("输入 30～80 的整数: ");
  n = reader.nextInt();
}
```
【代码 2】: `!(i > n)`

【代码 3】: `s = s + i;`

实验 3.5

【代码】: `(char)(b = System.in.read())!= '\r'    //将'\r'改为'\n'试一下`

实验 3.6

【代码 1】：`s = s + i;`

【代码 2】：`i--;`

实验 3.7

【代码 1】：

```
case 2:
     c = 'Y';
     System.out.print(c);
     break;
```

【代码 2】：`System.out.print("字符");`

实验 3.8

【代码 1】：`break;`

【代码 2】：`continue;`

实验 3.9

【代码 1】：`return 1;`

【代码 2】：`fibonacci(n - 1) + fibonacci(n - 2);`

第 4 章　数组、字符串与正则表达式

本章知识点：在程序设计中，数组是经常使用的数据结构。数组从构成形式上可以分为一维数组和多维数组。字符串也是编程中经常要使用的数据结构，它是字符的序列，从某种意义上说有些类似于字符数组。在 Java 语言中，字符串无论是常量还是变量，都是用类来实现的。正则表达式是一个强大的字符串处理工具。

本章将指导读者掌握一维数组、二维数组、字符串的声明和使用；利用正则表达式对字符串进行查找、匹配、分割和替换等操作。

实验 4.1　数组元素的访问与数组长度属性

1. 实验目的

(1) 学习一维数组的定义与初始化。

(2) 学习对一维数组元素的访问。

(3) 数组长度属性 length 的用法。

2. 实验要求

编写一个 Java 程序，定义一个长度为 6 的一维整型数组，给每个数组元素赋值一个 1～100 的随机整数，然后逆序输出元素，使程序运行结果如图 4.1 所示。

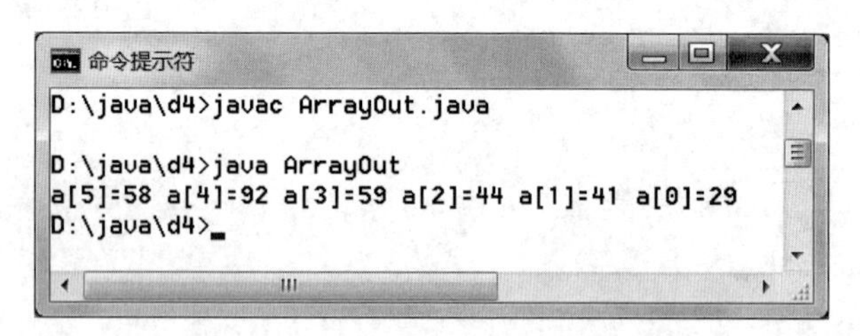

图 4.1　程序 ArrayOut 运行结果

3. 程序模板

按模板要求，将【代码 1】～【代码 2】替换为相应的 Java 程序代码，使之输出如图 4.1 所示的结果。

```
//FileName:ArrayOut.java
public class ArrayOut{
  public static void main(String[ ] args){
```

```
    int[] a = new int[6];
    for(int i = 0;i<a.length;i++)
      【代码 1】          //生成 1~100 的随机整数并赋值给数组元素
    for(【代码 2】){      //逆序输出元素的内容
      System.out.print("a[" + i + "] = " + a[i] + " ");
    }
  }
}
```

4. 实验指导

数组的数据类型被声明后,则表示数组中的每一个元素都是这种数据类型,不能再更改。如果数组元素的数据类型是基本数据类型,则数组元素的默认初始值是这种基本数据类型的默认值;如果数组元素的数据类型是引用数据类型,则数组元素的默认初始值是null。每个数组都有一个长度属性 length 表示数组元素的个数,所以数组元素的个数可表示为"数组名.length"。生成 1~100 的整数的表达式为:

```
(int)(Math.random() * 100) + 1;
```

实验 4.2 从键盘输入数据给数组元素赋值

1. 实验目的

(1) 从键盘输入数据给一维数组元素赋值。

(2) 访问数组元素时下标不能越界。

2. 实验要求

编写一个 Java 程序,定义一个长度为 6 的一维整型数组,要求用户从键盘为每个元素输入一个整数,然后输出每个数组元素的内容,再输出数组中最大的整数值和最小的整数值,使程序运行结果如图 4.2 所示。

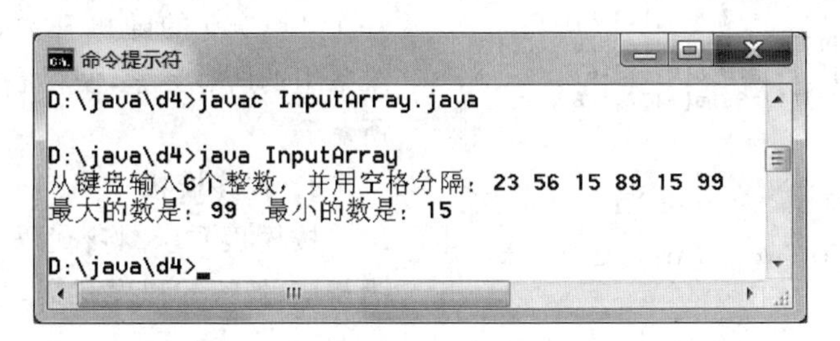

图 4.2 程序 InputArray 运行结果

3. 程序模板

按模板要求,将【代码 1】~【代码 2】替换为相应的 Java 程序代码,使之输出如图 4.2 所示的结果。

```
//FileName:InputArray.java
import java.util.*;
public class InputArray{
  public static void main(String[] args){
    int i,max,min;
```

```
        int[ ] a = new int[6];
        Scanner reader = new Scanner(System.in);
        System.out.print("从键盘输入 6 个整数,并用空格分隔: ");
        for(i = 0;i < a.length;i++)
          a[i] = reader.nextInt();
        max = Integer.MIN_VALUE;
        min = Integer.MAX_VALUE;
        for(i = 0;i < a.length;i++){
          【代码 1】          //如果 a[i]大于 max,则把 a[i]赋值给 max
          【代码 2】          //如果 a[i]小于 min,则把 a[i]赋值给 min
        }
        System.out.println("最大的数是: " + max + "   最小的数是: " + min);
    }
}
```

4. 实验指导

在存取数组元素时,必须注意数组的下标不能超出数组的下标范围。所以在涉及数组操作时,应特别注意数组下标的有效范围。数组下标越界在编译时能通过,而在运行时才出错。

实验 4.3 二维数组

1. 实验目的

(1) 学习二维数组的定义与访问数组元素。

(2) 学习数组方法的调用。

2. 实验要求

编写一个 Java 程序,定义一个 2 行 3 列的二维整型数组,对数组中的每个元素赋值一个 1～100 的随机整数,然后按行输出二维数组的所有元素,使程序运行结果如图 4.3 所示。

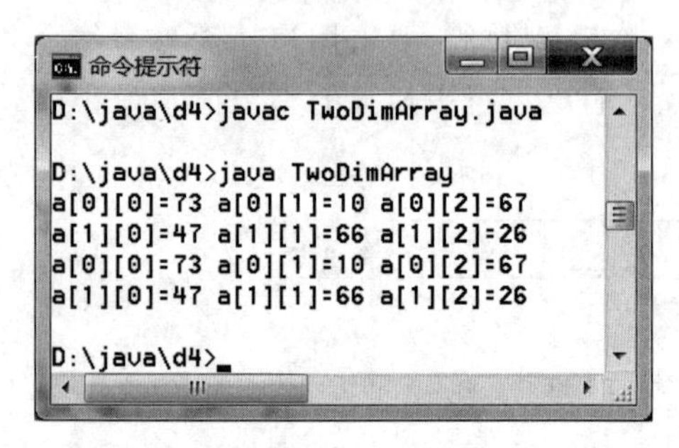

图 4.3 程序 TwoDimArray 运行结果

3. 程序模板

按模板要求,将【代码 1】～【代码 3】替换为相应的 Java 程序代码,使之输出如图 4.3 所示的结果。

```
//FileName:TwoDimArray.java
public class TwoDimArray{
  public static void main(String[ ] args){
    【代码 1】              //定义一个 2 * 3 的数组 a 并分配内存空间
    for(int i = 0;i < a.length;i++){
      for(int j = 0;j < a[1].length;j++){
        【代码 2】        //生成 1～100 的随机数并赋值给数组元素
        System.out.print("a[" + i + "]" + "[" + j + "] = " + a[i][j] + " ");
      }
      System.out.println();
```

```
      }
      【代码 3】                //按行输出二维数据元素
    }
  }
```

4. 实验指导

Math 类的 random()方法返回[0.0,1.0)的随机数(包括 0.0 但不包括 1.0),而要想得到 A～B(包括 A 和 B)的随机整数的代码应为(int)(Math.random() * (B－A＋1))＋A,因为 random()是静态方法,所以可直接用类名 Math 调用。

实验 4.4　字符串相等的比较

1. 实验目的

(1) 学习字符串的定义。

(2) 区别使用运算符"＝＝"与调用字符串 equals()方法比较字符串的不同。

(3) 领会字符串池的概念。

2. 实验要求

编写一个 Java 程序,分别按两种方式定义字符串,用运算符"＝＝"与字符串 equals()方法对这些字符串进行比较,使程序运行结果图 4.4 所示。

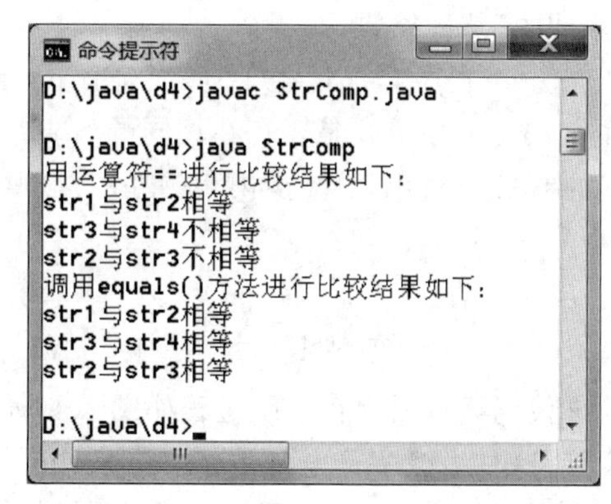

图 4.4　程序 StrComp 运行结果

3. 程序模板

按模板要求,将【代码 1】～【代码 6】替换为相应的 Java 程序代码,使之输出如图 4.4 所示的结果。

```
//FileName: StrComp.java
public class StrComp{
  public static void main(String[ ] args){
    String str1 = " Java";
    String str2 = "Java";
    String str3 = new String("Java");
    String str4 = new String("Java");
    System.out.println("用运算符 = = 进行比较结果如下: ");
    【代码 1】      //用 == 比较 str1 与 str2,然后显示它们是否相等
    【代码 2】      //用 == 比较 str3 与 str4,然后显示它们是否相等
    【代码 3】      //用 == 比较 str2 与 str3,然后显示它们是否相等
    System.out.println("调用 equals()方法进行比较结果如下: ");
    【代码 4】      //用 equals()方法比较 str1 与 str2,然后显示它们是否相等
    【代码 5】      //用 equals()方法比较 str3 与 str4,然后显示它们是否相等
    【代码 6】      //用 equals()方法比较 str2 与 str3,然后显示它们是否相等
  }
}
```

4. 实验指导

在 Java 中字符串对象一旦被赋值,它的内容是固定不变的,如果强行改变它的值,则会

产生一个新值的字符串,下面代码的赋值过程如图 4.5 所示。

```
String str = "Python";
str  =  "Java";
```

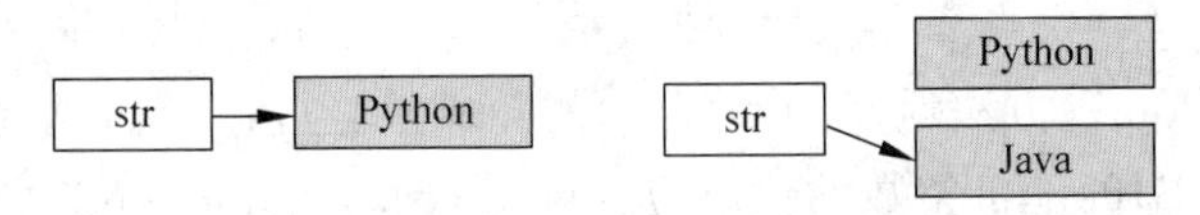

图 4.5　字符串型变量重新赋值

程序首先产生 str 的一个字符串对象,在内存中申请了一段空间,由于发现又需要重新赋值,在原来的空间已经不可能存放新的内容,因此系统将这个对象放弃,申请新的内存空间,再重新生成第二个新的对象,虽然变量是同一个,但所指向的对象已经不再是同一个。在 Java 中,使用"="将一个字符串对象赋值给一个引用名称,其意义为改变该名称所引用的对象,原来被引用的字符串对象若没有其他名称来引用它,就会在适当的时候被 Java 的"垃圾回收"线程回收。

在 Java 程序运行时会维护一个 String 池(pool),对于一些可以共享的字符串对象,会先在 String 池中查找是否存在相同的 String 内容。如果有就直接返回,而不是直接创建一个新的 String 对象,以减少内存的耗用。例如下面的代码段:

```
String str1 = "Java";
String str2 = "Java";
System.out.println(str1 == str2);           //输出结果为:true
```

该代码运行后内存分配过程如图 4.6 所示。因为当在程序中直接使用双引号"来定义一个字符串时,该字符串就会存放在 String 池中。在 Java 程序中如果运算符"=="被用于两个引用名称时,它是用于比较两个引用名称是否引用同一个对象,不可以用"=="来比较两个字符串的字符内容是否相等。如下代码运行后如图 4.7 所示。

```
String str1 =  new String("Java");
String str2 =  new String("Java");
System.out.println(str1 == str2);           //输出结果为:false
```

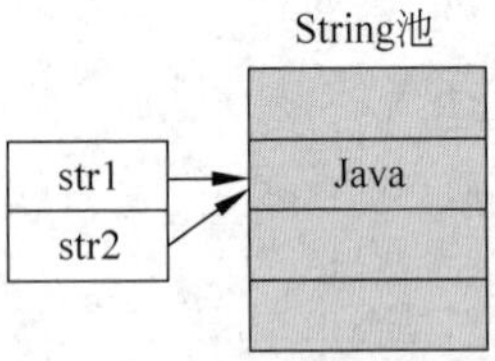

String池

str1　Java

str2

图 4.6　String 池示意图

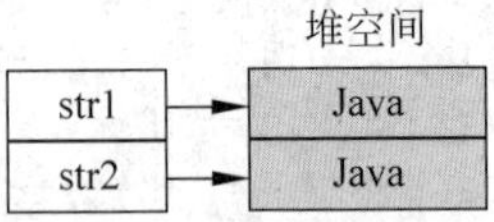

堆空间

str1　Java

str2　Java

图 4.7　堆空间示意图

虽然两个字符串对象的字符值完全相同,但实际上产生了两个 String 实例,str1 与 str2 分别引用各自不同的对象,如果要比较两个字符串对象的字符值是否相同,要使用 equals()方法。

```
String str1 =  new String("Java");
String str2 =  new String("Java");
```

```
System.out.println(str1.equals(str2));          //输出结果为:true
```

实验 4.5 字符串方法的调用

1. 实验目的

(1) 学习字符串方法的调用。

(2) 熟悉字符串的连接操作。

2. 实验要求

编写一个 Java 程序,对两个字符串进行连接、输出长度、截取子串、查找子串位置和对字符串进行大小写转换等操作,使程序运行结果如图 4.8 所示。

```
D:\java\d4>javac StrMethCall.java

D:\java\d4>java StrMethCall
str=我喜欢的编程语言Java!
str的长度是13
截取从下标4开始的子串: 编程语言Java!
Java在字符串中第一次出现的位置: 8
转换为小写后: 我喜欢的编程语言java!
转换为大写后: 我喜欢的编程语言JAVA!

D:\java\d4>_
```

图 4.8 程序 StrMethCall 运行结果

3. 程序模板

按模板要求,将【代码 1】~【代码 4】替换为相应的 Java 程序代码,使之输出如图 4.8 所示的结果。

```
//FileName:StrMethCall.java
public class StrMethCall{
  public static void main(String[] args){
    String str = "我喜欢的编程语言";
    str = str + "Java!";
    System.out.println("str = " + str);
    【代码 1】      //输出字符串 str 的长度
    【代码 2】      //截取从下标 4 开始的子串并输出
    【代码 3】      //输出子串"Java"第一次出现的位置
    【代码 4】      //将字符串 str 的字符转换为小写后输出
    System.out.println("转换为大写后: " + str.toUpperCase());
  }
}
```

4. 实验指导

字符串中字符的下标是从 0 开始的,即第一个字符的位置为 0。字符串在程序设计中的应用非常广泛并且非常重要,JDK 提供了许多方法操作字符串类,使得字符串的操作变得相当容易。

实验 4.6 随机生成字符

1. 实验目的

(1) 学习随机数的生成方法。

(2) 学习字符型数据与数值型数据之间的转换。

(3) 学习生成任意两个字符之间的随机字符。

2. 实验要求

编程实现从键盘上输入一个整数 n,再输入两个不同的字符 ch1 和 ch2。然后在这两个字符之间随机产生 n 个字符输出。图 4.9 是程序运行的一次结果，因为是随机生成字符，所以每次运行结果都可能不同。

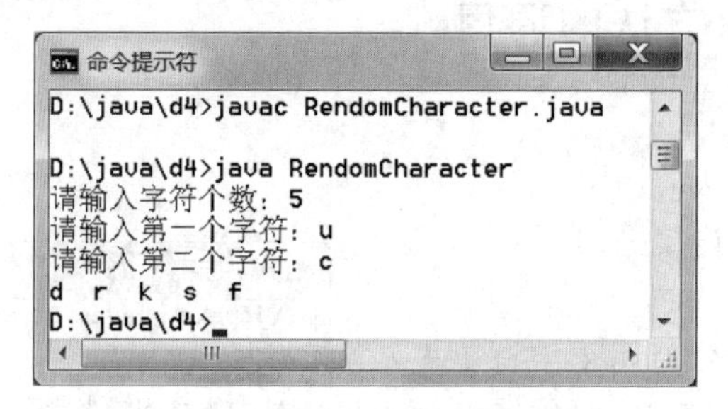

图 4.9 程序 RandomCharacter 运行结果

3. 程序模板

按模板要求，将【代码 1】～【代码 3】替换为相应的 Java 程序代码，图 4.9 是程序运行的一次结果。

```
//FileName:RandomCharacter.java
import java.util.*;
public class RandomCharacter{
  public static void main(String[] args){
    char sChar = ' ',eChar = ' ',ch = ' ';
    Scanner reader = new Scanner(System.in);
    System.out.print("请输入字符个数：");
    int n = reader.nextInt();
    System.out.print("请输入第一个字符：");
    【代码 1】      //从键盘上输入一个字符串赋值给字符串变量 s1
    【代码 2】      //截取 s1 的第一个字符并赋值给 sChar
    System.out.print("请输入第二个字符：");
    String s2 = reader.next();
    eChar = s2.charAt(0);
    【代码 3】      //如果开始字符 sChar 大于结束字符 eChar,则交换其值
    for(int i = 0;i < n;i++){
      ch = (char)(sChar + Math.random() * (eChar - sChar + 1));
      System.out.print(ch + "  ");
    }
  }
}
```

4. 实验指导

由于是随机产成字符，因此程序每次运行的结果可能都不同。

char 型数据可以转换为任意一种数值型数据，反之亦然。将一个浮点型值转换为 char 型时，首先将浮点型数值转换为 int，然后再将这个整型值转换为 char 型。如 char ch=(char)65.25，因为值为 65 的 Unicode 字符为'A'；而当将一个 char 型转换为数值型时，这个字符的 Unicode 码就被转换为某个特定的数值类型，如 int i=(int)'A'，因为字符'A'的 Unicode 码是 65，所以 i 的值即为 65。同理，要将十六进制数转换为 char 型时，只取其低 16 位，即低位的 2 字节，如 char ch=(char)0XAB0041，则 ch 的值为十六进制的 41，即十进制数 65，也就是字符'A'。

由于0<= Math.random()<1，因此为生成 m 和 n 之间的随机数[m,n]，其表达式为：

```
m + Math.random() * (n - m + 1).
```

由于所有数字操作符都可以应用到 char 操作数上，因此当另一个操作数是数字或字符时，则 char 型操作数就会被转换为数字。所以要想生成任意两个字符 ch1 和 ch2 之间的随机字符（ch1<ch2）的语句为：

```
(char)(ch1 + Math.random() * (ch2 - ch1 + 1))
```

实验 4.7　命令行参数

1. 实验目的

（1）学习在命令行窗口中运行带参数的程序。

（2）学习主方法 main()中 args 参数的使用。

2. 实验要求

编写一个 Java 程序，如果没有命令行参数，则显示“没有输入参数”；否则，显示用户共输入多少个参数，并显示各个参数的内容，使程序运行结果如图 4.10 所示。

图 4.10　程序 CommandPara 运行结果

3. 程序模板

按模板要求，将【代码 1】～【代码 3】替换为相应的 Java 程序代码，使之输出如图 4.10 所示的结果。

```
//FileName:CommandPara.java
public class CommandPara{
  public static void main(String[ ] args){
    if(【代码 1】) //判断 args 数组长度是否为 0
      System.out.println("没有输入参数");
    else{
      【代码 2】   //显示共输入了多少个参数
      【代码 3】   //显示数组 args 各个元素的内容
    }
  }
}
```

4. 实验指导

主方法 main()的参数是字符串数组 args，该数组中的内容是在运行程序时从命令行输入的，每个参数之间用空格分开。当程序调用主方法 main()时，Java 解释器会创建一个数组存储命令行参数,然后将该数组的引用传递给 args。例如,当程序运行时在命令行中提供 n 个参数,Java 解释器就会创建一个数组 String[] args=new String[n],然后 Java 解释器传递参数 args 去调用 main()方法。如果运行程序时没有提供命令行参数,即没有传递字符串给主方法,那么使用 String[] args=new String[0]创建数组。在这种情况下,该数组是长度为 0 的空数组。args 是对这个空数组的引用。因此,args 不是 null,但是 args.length 是 0。参数与 args 数组的对应关系如图 4.11 所示。

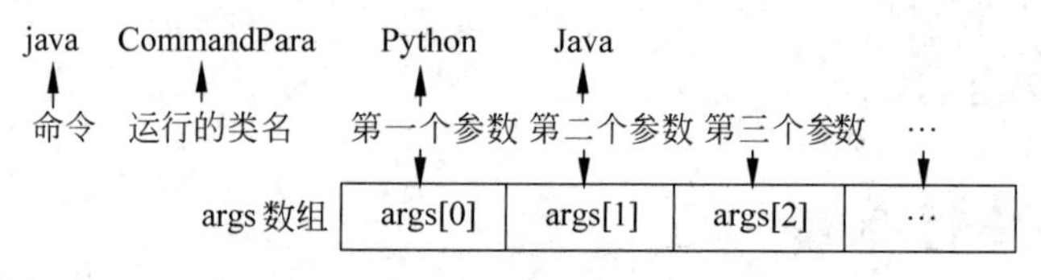

图 4.11 参数与 args 数组的对应关系

如果参数中有空格,则可以将这个参数用双引号引起来。例如:

```
java CommandPara "Hello Java! " "Hi Python"
```

在这行命令中,向 CommandPara 程序传入了两个参数,分别是"Hello Java!"和"Hi Python"。

实验 4.8 正则表达式

1. 实验目的

(1) 掌握元字符所表达的含义。

(2) 掌握方括号表达式和圆括号的含义。

(3) 掌握正则表达式中限定符的功能。

(4) 掌握正则表达式的应用。

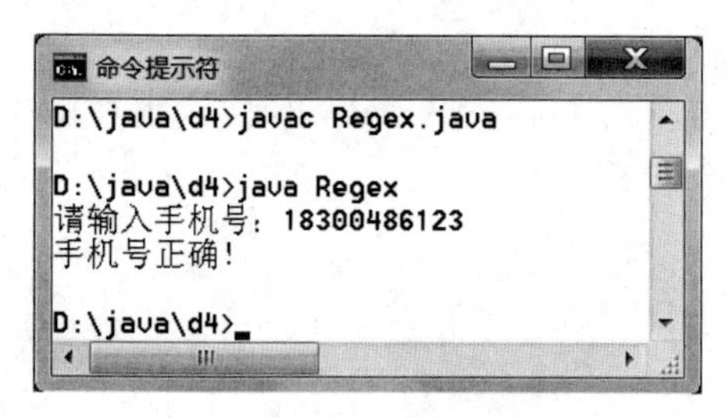

图 4.12 程序 Regex 运行结果

2. 实验要求

编写一个 Java 程序,使用正则表达式对输入的手机号进行合法性验证,使程序运行结果如图 4.12 所示。

3. 程序模板

按模板要求,将【代码 1】~【代码 3】替换为相应的 Java 程序代码,使之输出如图 4.12 所示的结果。

```
//FileName: Regex.java
import java.util.Scanner;
import java.util.regex.Pattern;
import java.util.regex.Matcher;
public class Regex{
  public static void main(String[ ] args){
    String regex = "1[358]\\d{9} $ ";          //定义手机号格式正则表达式
    Scanner scan = new Scanner(System.in);
    System.out.print("请输入手机号: ");
```

```
    String input = scan.next();
    【代码 1】                              //编译正则表达式并存放到对象 pa 中
    【代码 2】                              //创建给定输入模式的匹配器并保存到对象 ma 中
    if(【代码 3】)                          //判断是否匹配
      System.out.println("手机号正确!");
    else
      System.out.println("手机号格式错!");
  }
}
```

4. 实验指导

本程序中为 matcher()指定的正则表达式前两位是 13、15、18,后面 9 位是 0～9 中的任意数字,符合这个规则就是合法的手机号,否则就是非法手机号,正则表达式最后的"$"是字符串结尾匹配符。

第 4 章实验参考答案

实验 4.1

【代码 1】: `a[i] = (int)(Math.random() * 100) + 1;`

【代码 2】: `int i = a.length - 1;i > - 1;i --`

实验 4.2

【代码 1】: `if(a[i]> max) max = a[i];`

【代码 2】: `if(a[i]< min) min = a[i];`

实验 4.3

【代码 1】: `int a[][] = new int[2][3];`

【代码 2】: `a[i][j] = (int)(Math.random() * 100) + 1;`

【代码 3】:
```
for(int i = 0;i < a.length;i++){
  for(int j = 0;j < a[1].length;j++)
    System.out.print("a[" + i + "]" + "[" + j + "] = " + a[i][j] + " ");
  System.out.println();
}
```

实验 4.4

【代码 1】:
```
if(str1 == str2)
  System.out.println("str1 与 str2 相等");
else
  System.out.println("str1 与 str2 不相等");
```

【代码 2】～【代码 3】略。

【代码 4】:
```
if(str1.equals(str2))
  System.out.println("str1 与 str2 相等");
else
  System.out.println("str1 与 str2 不相等");
```

【代码 5】～【代码 6】略。

实验 4.5

【代码 1】: `System.out.println("str 的长度是" + str.length());`

【代码 2】：`System.out.println("截取从下标 4 开始的子串：" + str.substring(4));`

【代码 3】：`System.out.println("Java 在字符串中第一次出现的位置：" + str.indexOf("Java"));`

【代码 4】：`System.out.println("转换为小写后：" + str.toLowerCase());`

实验 4.6

【代码 1】：`String s1 = reader.next();`

【代码 2】：`sChar = s1.charAt(0);`

【代码 3】：

```
if(sChar > eChar){
    char t = sChar;
    sChar = eChar;
    eChar = t;
}
```

实验 4.7

【代码 1】：`args.length == 0`

【代码 2】：`System.out.println("共输入了" + args.length + "个参数");`

【代码 3】：

```
for(int i = 0; i < args.length; i++)
    System.out.print("args[" + i + "] = " + args[i] + ";    ");
```

实验 4.8

【代码 1】：`Pattern pa = Pattern.compile(regex);`

【代码 2】：`Matcher ma = pa.matcher(input);`

【代码 3】：`ma.matches()`

第5章　类与对象

本章知识点：面向对象的编程思想力图使在计算机语言中对事物的描述与现实世界中该事物的本来面目尽可能地一致。所以，在面向对象的程序设计中，类(class)和对象(object)是面向对象程序设计方法中最核心的概念。类的概念是为了让程序设计语言能更清楚地描述日常生活中的事物。类是对某一类事物的描述，是抽象的、概念上的定义，而对象则是实际存在的属该类事物的具体的个体，因而也称为实例(instance)。

本章将指导读者掌握定义类、创建对象以及方法间参数传递的语法。

实验5.1　类的定义

1. 实验目的

(1) 学习类的一般结构与类的定义。

(2) 学习类的成员变量和成员方法的声明格式。

2. 实验要求

编写一个Java程序，在程序中定义一个Person类，并且定义设置和返回姓名与年龄的方法。

3. 程序模板

按模板要求，将【代码1】～【代码4】替换为相应的Java程序代码。

```
//FileName:Person.java
public class Person{
  【代码1】            //定义表示姓名的私有成员变量 name
  【代码2】            //定义表示年龄的私有成员变量 age
  public String getName(){
    return name;
  }
  public void setName(String name){
    【代码3】          //用参数 name 给成员变量 name 赋值
  }
  public int getAge(){
    return age;
  }
  public void setAge(int age){
```

```
    【代码 4】        //用参数 age 给成员变量 age 赋值
  }
  public void display(){
    System.out.println("姓名：" + getgetName() + ",年龄：" + getAge());
  }
}
```

4. 实验指导

类是将数据和方法封装在一起的一种数据结构，其中数据表示类的属性(类的属性也称为类的数据成员或成员变量)，方法表示类的行为，所以定义类实际上就是定义类的属性与方法。在使用类之前，必须先定义它，然后才可利用所定义的类来声明相应的变量，并创建对象。

实验 5.2 对象的创建与使用

1. 实验目的

(1) 学习 Java 程序中对象的创建。

(2) 学习 Java 程序中调用对象的成员变量与成员方法。

2. 实验要求

编写一个 Java 程序，在程序中创建 Person 类的一个实例，并访问它们的属性和方法。此实验要用到 Person 类，所以必须保证实验 5.1 的 Person 类能编译通过，并且与当前实验的文件在同一个文件夹下，使程序运行结果如图 5.1 所示。

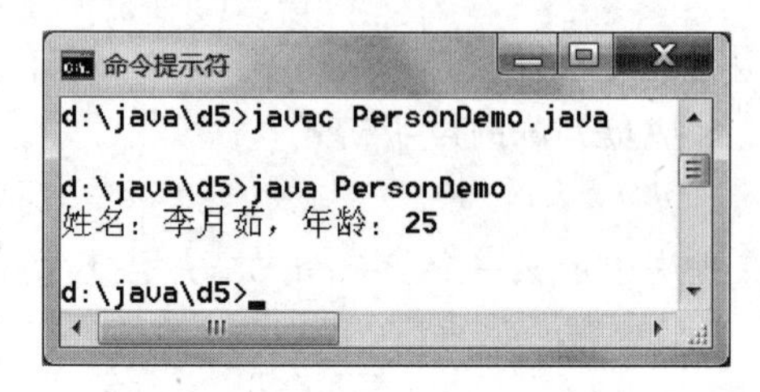

图 5.1 程序 PersonDemo 运行结果

3. 程序模板

按模板要求，将【代码 1】～【代码 2】替换为相应的 Java 程序代码，使之输出如图 5.1 所示的结果。

```
//FileName:PersonDemo.java
class PersonDemo{
  public static void main(String[ ] args){
    Person p = new Person();
    【代码 1】        //调用 p 的 setName()方法对 name 进行赋值
    【代码 2】        //调用 p 的 setAge()方法对 age 进行赋值
    p.display();
  }
}
```

4. 实验指导

要创建属于某类的对象，首先声明指向"由类所创建的对象"的变量，然后利用 new 运算符创建新的对象，并指派给前面所创建的变量。在对象名和对象成员之间用"."相连，通过这种引用可以访问对象的成员。如果对象成员是成员变量，则通过这种引用方式可以获取或修改类中成员变量的值。

实验 5.3 参数传递

1. 实验目的

学习方法调用时参数的传递。

2. 实验要求

编写一个 Java 程序，从键盘上输入整数并对一维数组赋值，然后以一维数组为参数进行方法调用，求数组元素的最大值，使程序运行结果如图 5.2 所示。

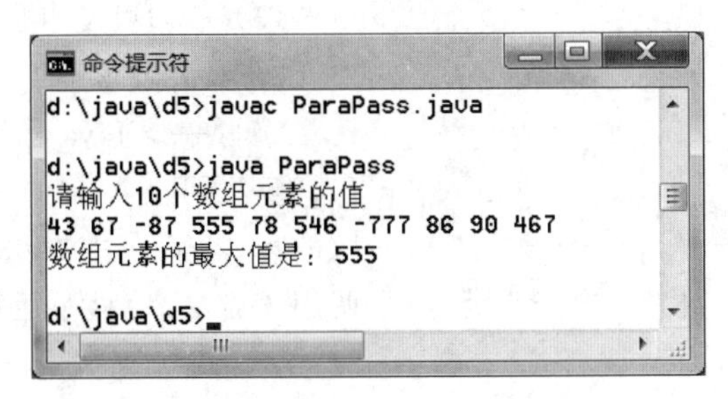

图 5.2 程序 ParaPass 运行结果

3. 程序模板

按模板要求，将【代码 1】～【代码 3】替换为相应的 Java 程序代码，使之输出如图 5.2 所示的结果。

```
//FileName:ParaPass.java
import java.util.*;
public class ParaPass{
  public static void main(String[] args){
    int[] a = new int[10];
    Scanner reader = new Scanner(System.in);
    System.out.println("请输入 10 个数组元素的值");
    for(int i = 0;i < a.length;i++)
      a[i] = reader.nextInt();
    【代码 1】        //创建 MaxNum 类的对象 nMax
    【代码 2】        //调用 nMax 对象的 max()方法并传入数组 a
  }
}
class MaxNum{
  public void max(int[] array){
    【代码 3】        //定义整型变量 temp 并赋值整数范围的最小值
    for(int i = 0;i < array.length;i++)
      if(temp < array[i])
        temp = array[i];
```

```
      System.out.println("数组元素的最大值是: " + temp);
    }
}
```

4. 实验指导

在方法定义中若参数接收的是数组,则在方法调用过程中,若传入实参数组时,则只需在方法后的括号内给出数组名即可,如代码2中的语句。

实验5.4　有返回值可变参数方法的应用

1. 实验目的

(1) 掌握一个方法中最多只能包含一个可变参数。

(2) 掌握可变参数只能处于参数列表的最后。

(3) 掌握可变参数的本质是一个数组。

2. 实验要求

编写一个Java程序,在程序中定义一个包含整型可变参数的方法,其功能是求各参数的和,然后在主方法中用不同的可变参数调用该方法,使程序运行结果如图5.3所示。

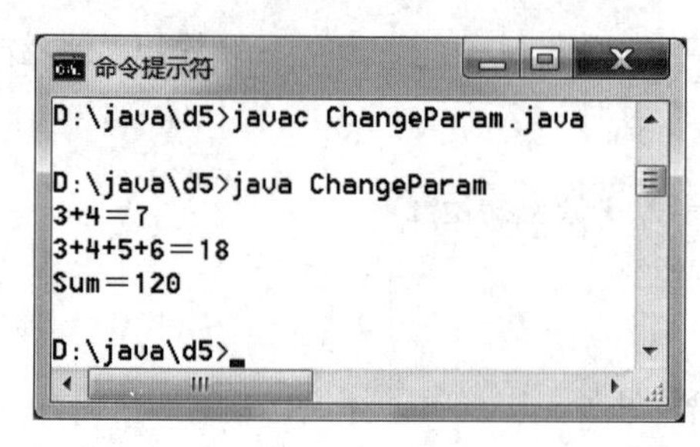

图5.3　程序ChangeParam的运行结果

3. 程序模板

按模板要求,将【代码1】~【代码3】替换为相应的Java程序代码,使之输出如图5.3所示的结果。

```
//FileName:ChangeParam.java
public class ChangeParam{
  public static int add(int a,int...b){
    int sum = a;
    for(int e:b)
      【代码1】        //求各参数的和赋值给sum
    return sum;
  }
  public static void main(String[] args){
    System.out.println("3 + 4 = " + add(3,4));
    System.out.println("3 + 4 + 5 + 6 = " +【代码2】);      //调用add()方法求3,4,5,6的和
    int[] array = {8,9,10,11,18,21,33};
    System.out.println("Sum = " +【代码3】);               //求10与数组array各元素之和
  }
}
```

4. 实验指导

在该程序模板中,add()方法中的参数b是一个可变参数,该参数可以接收多个参数值,多个参数值被当成数组传入。由于可变参数其实就是一个数组,因此在调用一个包含可变参数的方法时,既可以传入多个参数,也可以传入一个数组。在调用add()方法时,参数列表中除了第一个参数外,剩下的参数都以数组的形式传递给可变参数。

实验 5.5 无返回值可变参数方法的应用

1. 实验目的

(1) 学习可变参数方法的语法格式。

(2) 理解个数可变的形参实际是一个数组,可变参数名是保存可变实参的数组名,数组的长度由可变参数的个数决定。

2. 实验要求

编写一个 Java 程序,定义一个具有一个固定参数和具有可变参数的方法,用于计算不同个数数据的平均值,使程序运行结果如图 5.4 所示。

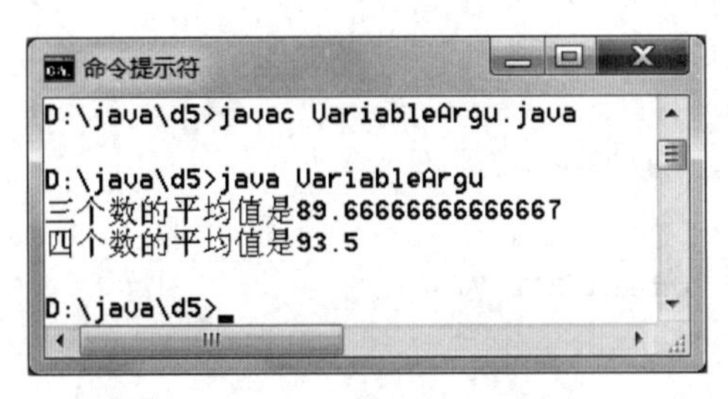

图 5.4 程序 VariableArgu 运行结果

3. 程序模板

按模板要求,将【代码 1】~【代码 2】替换为相应的 Java 程序代码,使之输出如图 5.4 所示的结果。

```
//FileName:VariableArgu.java
public class VariableArgu{
  public static void main(String[ ] args){
    VariableArgu av = new VariableArgu();
    【代码 1】    //用对象 av 调用可变参数方法,并传入 93,87,89 三个数
    【代码 2】    //用对象 av 调用可变参数方法,并传入 90,88,99,97 四个数
  }
  public static void average(String howMany,double...values){
    double sum = 0;
    for(double v:values)
      sum += v;
    double aver = sum/values.length;      //求可变数组的平均值并赋给变量 aver
    System.out.println(howMany + "的平均值是" + aver);
  }
}
```

4. 实验指导

在定义可变参数的方法时,可变参数只能放在参数列表的最后,且数据类型和可变参数名之间用…相连。在每次调用带可变参数的方法时,都可传入个数不同的数据。可变参数是可选的,如果没有给可变参数传递一个值,则编译器将生成一个长度为 0 的数组。如果传递的是一个 null 值,则产生异常。

第 5 章实验参考答案

实验 5.1

【代码 1】：private String name;

【代码 2】：private int age;

【代码 3】：this.name = name;

【代码 4】：this.age = age;

实验 5.2

【代码 1】：p.setName("李月茹");

【代码 2】：p.setAge(25);

实验 5.3

【代码 1】：MaxNum nMax = new MaxNum();

【代码 2】：nMax.max(a);

【代码 3】：int temp = - Integer.MAX_VALUE;

实验 5.4

【代码 1】：sum += e;

【代码 2】：add(3,4,5,6)

【代码 3】：add(10,array)

实验 5.5

【代码 1】：av.average("三个数",93,87,89);

【代码 2】：av.average("四个数",90,88,99,97);

第6章 Java语言类的特性

本章知识点：Java提供了成员访问控制修饰符来限制对成员的访问方式，从而在一定程度上保护了数据的安全。成员访问控制修饰符包括私有成员访问控制修饰符private和公共成员访问控制修饰符public。方法的重载是实现"多态"的一种方法。所谓重载(overloading)是指在同一个类内具有相同名字的多个方法，这些同名的方法如果参数的个数不同，或者参数个数相同但类型不同，则这些同名的方法就具有不同的功能。构造方法(constructor)是一种特殊的方法，它是在对象被创建时初始化对象的成员的方法。

本章将指导读者学习Java类的私有成员和公共成员、类的构造方法、类中方法的重载、类的静态成员的定义和使用。

实验6.1 类的私有成员与公共成员

1. 实验目的

(1) 学习类的私有成员和公共成员的定义。

(2) 学习类的私有成员的访问方法。

2. 实验要求

编写一个Java程序，在程序中定义一个IsGrade类，其中声明了字符串型变量name和私有成员变量grade。定义方法setGrade()判断grade的值是否为60和100之间，若是则用参数grade给成员变量grade赋值，并返回true，否则返回false。在主方法中输入姓名和成绩，然后调用setGrade()进行判断并输出相应结果，使程序运行结果如图6.1所示。

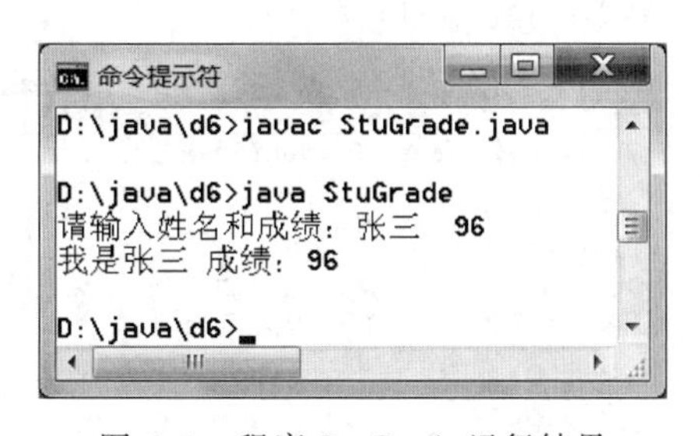

图6.1 程序StuGrade运行结果

3. 程序模板

按模板要求，将【代码1】~【代码3】替换为相应的Java程序代码，使之输出如图6.1所示的结果。

```
//FileName:StuGrade.java
import java.util.*;
class IsGrade{
```

```
    String name;
    private int grade;
    public boolean setGrade(int grade){
      【代码 1】    //如果 60≤grade≤100,则将将参数 grade 赋给成员变量 grade
                    //并返回 true,否则返回 false
    }
    public int getGrade(){
      【代码 2】    //返回成绩 grade
    }
  }
  public class StuGrade{
    public static void main(String[ ] args){
      IsGrade g = new IsGrade();
      Scanner r = new Scanner(System.in);
      System.out.print("请输入姓名和成绩：");
      g.name = r.next();
      int gra = r.nextInt();
      if(【代码 3】)//判断成绩是否在要求范围内
        System.out.println("我是" + g.name + " 成绩：" + g.getGrade());
      else
        System.out.println("成绩不及格");
    }
  }
```

4. 实验指导

类的私有成员只能被该类自身访问和修改,而不能被任何其他类(包括该类的子类)来获取或引用,从而达到了对数据最高级别保护的目的。在具体实践中,可以通过类的公共方法来访问类的私有成员。

实验 6.2 类构造方法重载与默认构造方法

1. 实验目的

(1) 理解类的构造方法的作用。

(2) 理解默认构造方法的执行过程。

2. 实验要求

编写一个 Java 程序,在程序中定义一个 Person 类,Person 类有三个具有不同参数的构造方法,分别对不同的属性进行初始化,使程序运行结果如图 6.2 所示。

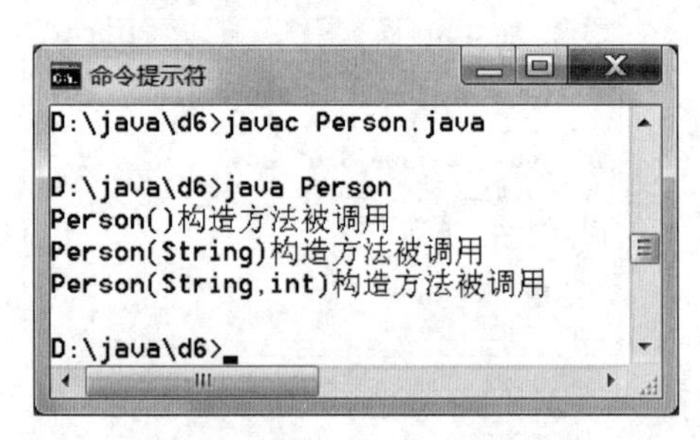

图 6.2 程序 Person 运行结果

3. 程序模板

按模板要求,将【代码 1】~【代码 4】替换为相应的 Java 程序代码,使之输出如图 6.2 所示的结果。

```
//FileName:Person.java
class Person{
  String name;
  int age;
  public Person(){
```

```
    System.out.println("Person()构造方法被调用");
  }
  public Person(String newName){
    name = newName;
    System.out.println("Person(String)构造方法被调用");
  }
  【代码 1】        //定义一个 Person 类构造方法,该方法接收一个字符串参数与一个
                    //整型参数,在方法体中,把该字符串参数赋值给 name 属性,把整型
                    //参数赋值给 age 属性,并且显示" Student(String,int)构造方法被调用"
  public static void main(String[ ] args){
    【代码 2】      //创建 Student 类的一个对象 p1,不传入参数
    【代码 3】      //创建 Student 类的一个对象 p2,传入参数"张冬"
    【代码 4】      //创建 Student 类的一个对象 p3,传入参数"李夏"和 28
  }
}
```

4. 实验指导

构造方法是一种特殊的方法,构造方法定义后,创建对象时就会自动调用它,因此构造方法不需要在程序中直接调用,而是在创建对象时自动执行。构造方法的名称必须与它所在的类名完全相同,构造方法没有返回值,但在定义构造方法时,构造方法名前不能用修饰符 void 来修饰,这是因为一个类的构造方法的返回值类型就是该类本身。

如果省略构造方法,Java 会自动调用默认的构造方法(default constructor)。默认的构造方法没有参数,在其方法体中也没有任何代码,即什么也不做。一旦用户为该类定义了构造方法,系统就不再提供默认的构造方法,这是 Java 的覆盖(overriding)所致。

实验 6.3 在构造方法内调用另一个构造方法

1. 实验目的

(1) 学习类的构造方法之间的调用。

(2) 学习关键字 this 的使用。

2. 实验要求

编写一个 Java 程序,在程序中定义一个 Student 类,在其内定义了四个构造方法,分别对不同的属性进行初始化,定义一个 setGrade()方法分别给局部变量和成员变量 grade 赋值,定义的 getGrade()方法用于返回 grade 值,使程序运行结果如图 6.3 所示。

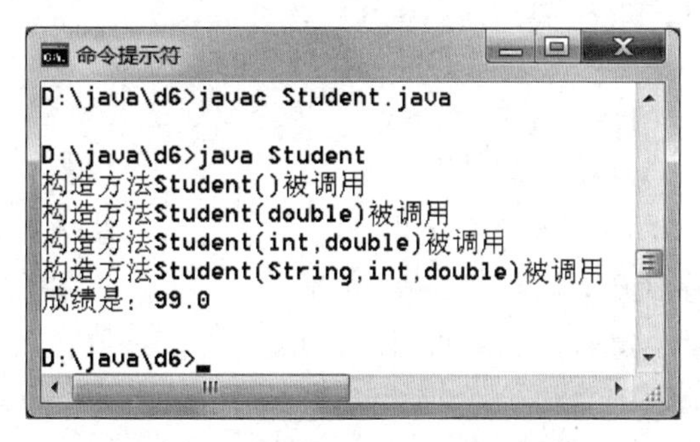

图 6.3 程序 Student 运行结果

3. 程序模板

按模板要求,将【代码1】~【代码4】替换为相应的Java程序代码,使之输出如图6.3所示的结果。

```
//FileName:Student.java
class Student{
  private String name;
  private int age;
  private double grade;
  public Student(String newName,int newAge,double newGrade){
    【代码1】      //调用类内两个参数的构造方法,并传入参数newAge和newGrade
    name = newName;
    System.out.println("构造方法Student(String,int,double)被调用");
  }
  public Student(int newAge,double newGrade){
    【代码2】      //调用类内一个参数的构造方法,并传入参数newGrade
    age = newAge;
    System.out.println("构造方法Student(int,double)被调用");
  }
  public Student(double newGrade){
    【代码3】      //调用类内没有参数的构造方法
    grade = newGrade;
    System.out.println("构造方法Student(double)被调用");
  }
  public Student(){
    System.out.println("构造方法Student()被调用");
  }
  void setGrade(double newGrade){
    double grade = 0;
    【代码4】      //用参数newGrade给成员变量grade赋值
  }
  double getGrade(){
    return grade;
  }
  public static void main(String[] args){
    Student s = new Student("李夏",25,86.5);
    s.setGrade(99);
    System.out.println("成绩是: " + s.getGrade());
  }
}
```

4. 实验指导

为了某些特定的运算,Java允许在类内从某一个构造方法内调用另一个构造方法。利用这种方式,可缩短程序代码,减少开发程序的时间。在同一类内的某一个构造方法内调用另一个构造方法是通过语句this()来调用的,this()语句必须写在构造方法内的第一行位置,否则,会出现编译错误。

this关键字的另一个用法是在方法内如果局部变量与类的成员变量同名,这时直接通过变量名访问的是局部变量,例如程序模板中的setGrade()方法中的【代码4】,如果输入的

是“grade=newGrade;”，则改变的是局部变量 grade 的值，而不是 Student 类的成员变量 grade 的值，如果需要改变类的成员变量 grade 的值，则必须通过关键词 this 来指定，这时，【代码 4】中应该输入“this.grade=newGrade;”。

实验 6.4 方法的重载

1. 实验目的

(1) 理解类的方法重载的作用。

(2) 掌握方法重载的关键点。

2. 实验要求

编写一个 Java 程序，在程序中定义一个 MethOver 类，在该类中定义了三个 add()方法，分别对不同的参数进行求和，使程序运行结果如图 6.4 所示。

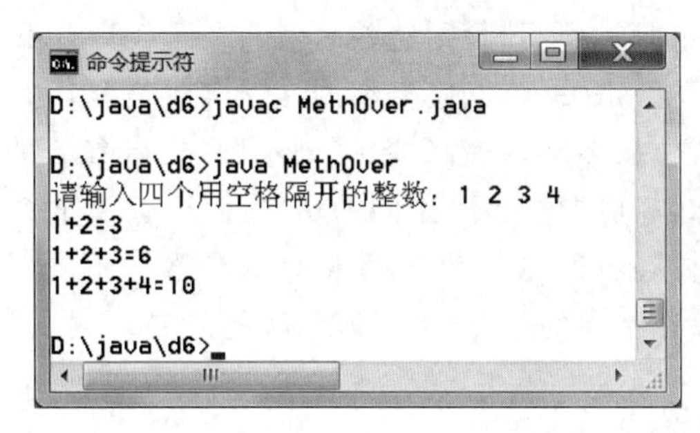

图 6.4 程序 MethOver 运行结果

3. 程序模板

按模板要求，将【代码 1】～【代码 4】替换为相应的 Java 程序代码，使之输出如图 6.4 所示的结果。

```
//FileName:MethOver.java
import java.util.*;
class MethOver{
  public int add(int a,int b){
    int s = a + b;
    return s;
  }
  public int add(int a,int b,int c){
   【代码 1】    //要求调用两个参数的 add()方法,将三个参数的和赋值给整数 s
    return s;
  }
  public int add(int a,int b,int c,int d){
   【代码 2】    //要求调用三个参数的 add()方法,将四个参数的和赋值给整数 s
    return s;
  }
  public static void main(String[] args){
    int x,y,z,t;
    MethOver p = new MethOver();
    Scanner r = new Scanner(System.in);
    System.out.print("请输入四个用空格隔开的整数：");
```

```
        x = r.nextInt();
        y = r.nextInt();
        z = r.nextInt();
        t = r.nextInt();
        System.out.println(x + " + " + y + " = " + p.add(x, y));
        【代码 3】    //调用 add()方法求 x + y + z 的和并显示
        【代码 4】    //调用 add()方法求 x + y + z + t 的和并显示
    }
}
```

4. 实验指导

方法的重载是实现“多态”的一种方法。在面向对象的程序设计语言中,有一些方法的含义相同,但带有不同的参数,这些方法使用相同的名字,这是方法的重载(overloading)。也就是说,重载是指在同一类内具有相同名称的多个方法,这些同名的方法如果参数个数不同,或者是参数个数相同,但类型不同,则这些同名的方法就具有不同的功能。

方法重载中参数的类型是关键,仅仅参数的变量名不同是不行的。也就是说参数的列表必须不同,即或者参数个数不同,或者参数类型不同,或者参数的顺序不同。通过方法的重载,只需一个方法名称,却可拥有多个不同的功能,使用起来非常方便。由此可以看出,利用方法的重载可以使用相同名称的方法,然后根据其参数的不同(可能是参数的个数不同,或参数的类型不同)来设计不同的功能,以适应编程的需要。

实验 6.5 类的静态成员

1. 实验目的

(1) 掌握 Java 语言中类的静态成员定义。

(2) 掌握静态成员和非静态成员的访问方式。

2. 实验要求

编写一个 Java 程序,在程序中定义一个 StaMem 类,在该类内定义静态成员和非静态成员。在该程序中再定义一个主类 MainClass,在主类中创建 StaMem 类的对象,使程序运行结果如图 6.5 所示。

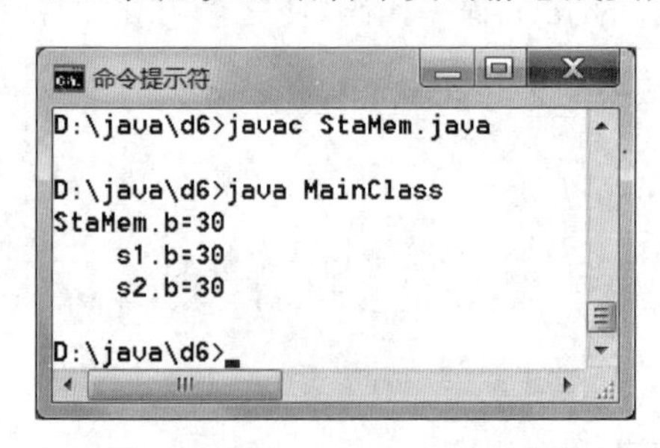

图 6.5 程序 StaMem 运行结果

3. 程序模板

按模板要求,将【代码 1】~【代码 6】替换为相应的 Java 程序代码,使之输出如图 6.5 所示的结果。

```
//FileName:StaMem.java
class StaMem{
  int a;
  static int b;
  public static void meth1(){
    【代码 1】    //把成员变量 a 赋值为 100
    【代码 2】    //把成员变量 b 赋值为 100
```

```
    }
    public void meth2(){
        a = 80;
        b = 80;
    }
    public static void meth3(){
        【代码 3】    //调用 meth1()方法
        【代码 4】    //调用 meth2()方法
    }
}
class MainClass{
    public static void main(String[ ] args){
        StaMem s1 = new StaMem();
        StaMem s2 = new StaMem();
        StaMem.b = 10;
        s1.b = 20;
        s2.b = 30;
        【代码 5】    //显示 StaMem.b 的值
        【代码 6】    //显示 s1.b 的值
        System.out.println("      s2.b = " + s2.b);
    }
}
```

4. 实验指导

关键词 static 被称为静态修饰符，它可以修饰类中的成员。被 static 修饰的成员称为静态成员，也称为类成员，不用 static 修饰的成员称为实例成员。

当类的一个成员变量或成员方法被声明为静态时，这个类的所有对象将共用这个成员变量或成员方法。这意味着不管在这个类上生成了多少对象，静态成员变量都只有一份，一旦静态成员变量的值被改变，则所有对象都会受到影响。

观察下面的程序：

```
//FileName:BClass.java
class AClass{
    int x,y;
    static int z;
}
public class BClass{
    public static void main(String[ ] args){
        AClass a1 = new AClass () , a2 = new AClass();
        AClass.z = 10;
        a1.x = 1;
        a1.z = 2;
        a2.x = 10;
        a2.z = 20;
        System.out.println("a1.x = " + a1.x);
        System.out.println("a2.x = " + a2.x);
        System.out.println("a1.z = " + a1.z);
        System.out.println("a2.z = " + a2.z);
        System.out.println("AClass.z = " + AClass.z);
```

```
    }
}
```

程序运行结果如图 6.6 所示,数据变化如图 6.7 所示。

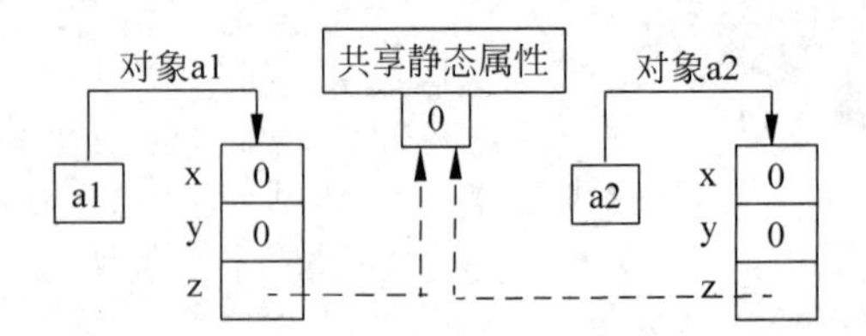

执行语句“ACass.z=10; ”后

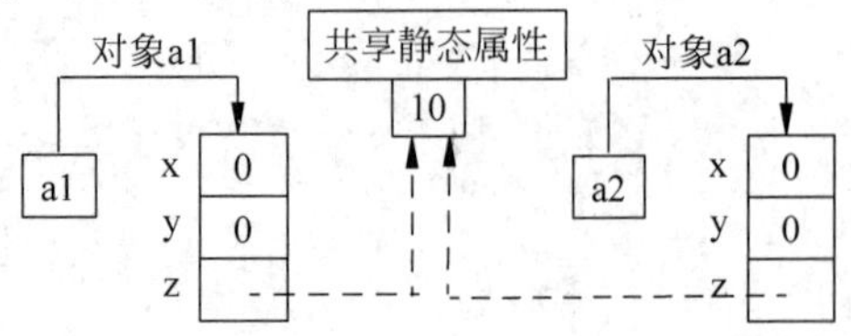

执行语句“a1.x=1; a1.z=2; ”后

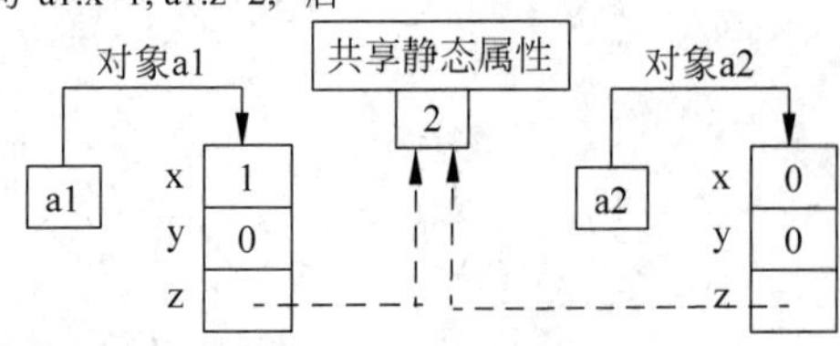

执行语句“a2.x=10; a2.z=20; ”后

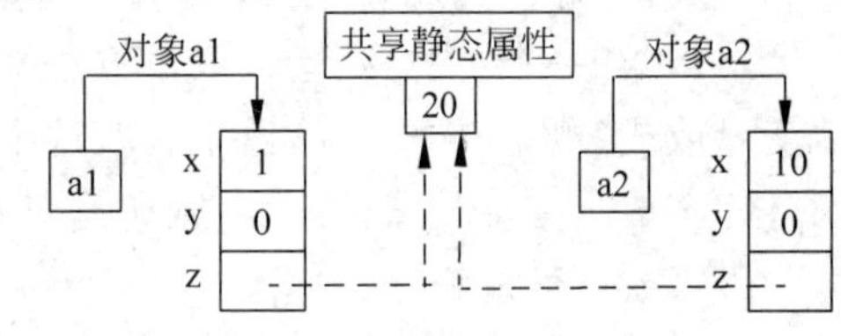

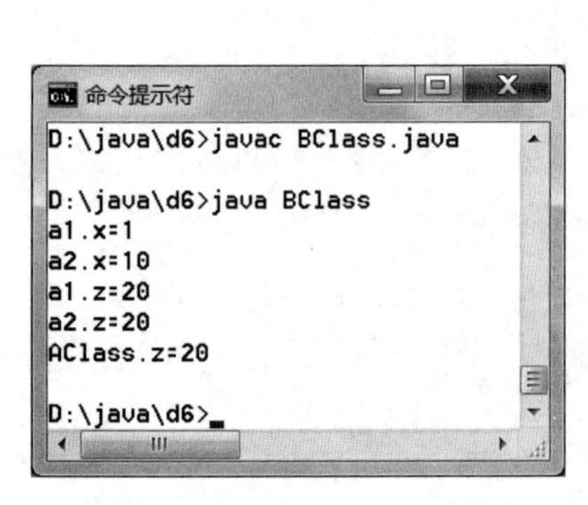

图 6.6 程序 BClass 运行结果

图 6.7 类静态成员的数据变化

静态方法不能直接访问类的其他成员(成员变量和成员方法),除非这些成员也被声明为 static,即静态方法不能直接处理非静态成员,非静态成员只能通过对象来访问,这意味着在访问非静态成员前必须创建一个对象,创建对象后,可以通过对象去访问静态和非静态成员。

第 6 章实验参考答案

实验 6.1

【代码 1】:
```
if(grade >= 60 && grade <= 100){
  this.grade = grade;
  return true;
}else
  return false;
```

【代码 2】:
```
return grade;
```

【代码 3】：g.setGrade(gra)

实验 6.2

【代码 1】：
```
public Person(String newName, int newAge){
    name = newName;
    age = newAge;
    System.out.println("Person(String, int)构造方法被调用");
}
```

【代码 2】：`Person p1 = new Person();`

【代码 3】：`Person p2 = new Person("张冬");`

【代码 4】：`Person p3 = new Person("李夏",28);`

实验 6.3

【代码 1】：`this(newAge,newGrade);`

【代码 2】：`this(newGrade);`

【代码 3】：`this();`

【代码 4】：`this.grade = newGrade;`

实验 6.4

【代码 1】：`int s = add(a,b) + c;`

【代码 2】：`int s = add(a,b,c) + d;`

【代码 3】：`System.out.println(x + " + " + y + " + " + z + " = " + p.add(x,y,z));`

【代码 4】：`System.out.println(x + " + " + y + " + " + z + " + " + t + " = " + p.add(x,y,z,t));`

实验 6.5

【代码 1】：
```
StaMem sm1 = new StaMem();
sm1.a = 100;
```

【代码 2】：`b = 100;`

【代码 3】：`meth1();`

【代码 4】：
```
StaMem sm2 = new StaMem();;
sm2.meth2();
```

【代码 5】：`System.out.println("StaMem.b = " + StaMem.b);`

【代码 6】：`System.out.println("     s1.b = " + s1.b);`

第7章 继承与抽象类

本章知识点：类的继承是程序代码再利用的概念，类的继承是使用已有的类为基础派生出新的类。通过类继承的方式，便能开发出新的类，而不需要编写相同的程序代码。父类实际上是所有子类的公共成员的集合，而每一个子类则是父类的特殊化，是对公共成员变量和方法在功能、内涵方面的扩展和延伸。抽象类有点类似"模板"的作用，其目的是根据它的格式来创建和修改新的类。但是并不能直接由抽象类创建对象，只能通过抽象类派生出新的子类，再由其子类来创建对象。

本章将指导读者学习类的继承、方法的覆盖、抽象类的定义和使用，并学习 JDK 参考文档的使用。

实验 7.1 类的继承

1. 实验目的

(1) 学习类的继承的语法。

(2) 学习在子类的对象中调用父类定义的成员方法。

(3) 理解所有类都是 java.lang.Object 类的直接子类或间接子类。

2. 实验要求

编写一个 Java 程序，在程序中定义一个 Person 类，再定义 Student 类继承自 Person 类，然后再定义一个主类 MCla，在 main()方法中，生成 Student 的对象 stu，并用 stu 调用相应的方法设置与输出相应类的成员变量，使程序运行结果如图 7.1 所示。

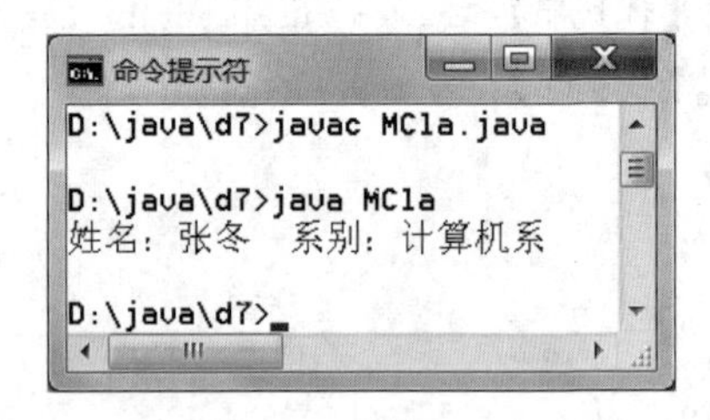

图 7.1 程序 MCla 运行结果

3. 程序模板

按模板要求，将【代码 1】～【代码 3】替换为相应的 Java 程序代码，使之输出如图 7.1 所示的结果。

```
//FileName:MCla.java
class Person{
  private String name;
  public void setName(String newName){
    name = newName;
```

```
    }
    public String getName(){
      return name;
    }
  }
  class Student extends Person{
    private String dep;
    public void setDepartment(String newDep){
      dep = newDep;
    }
    public String getDepartment(){
      return dep;
    }
  }
  class MCla{
    public static void main(String[ ] args){
      Student stu = new Student();
      【代码 1】    //利用 stu 调用 setName()方法,传入参数"张冬"
      【代码 2】    //利用 stu 调用 setDepartment()方法,传入参数"计算机系"
      【代码 3】    //输出 stu 的姓名
      System.out.println("系别: " + stu.getDepartment());
    }
  }
```

4. 实验指导

Java 语言中类的继承是通过 extends 关键字来实现的,在定义类时若使用 extends 关键字指出新定义类的父类,就在两个类之间建立了继承关系。新定义的类称为子类,它可以从父类那里继承所有非 private 的成员作为自己的成员,所以通过在类的声明时使用 extends 关键字来创建一个类的子类。

在声明一个类时若没有使用 extends 关键字来指定父类,则该类默认为 java. lang. Object 类的子类。因此,在 Java 程序中所有的类都是通过直接或间接地继承 java. lang. Object 类得到的。所以在此之前的所有例子中的类均是 java. lang. Object 类的子类。

在类的声明前添加 final 修饰符可以防止类被继承,这种类被称为最终类。最终类是不能被其他类继承的。

实验 7.2 继承关系中构造方法的调用顺序

1. 实验目的

(1) 掌握构造方法调用重载的构造方法。

(2) 掌握类继承关系中构造方法的调用顺序。

2. 实验要求

编写一个具有 F1、F2 和 F3 三个类的 Java 程序,F1 类继承自 F2 类,而 F2 类又继承自 F3 类。每个类都有自己的无参构造方法,根据构造方法的调用顺序,使程序运行结果如图 7.2 所示。

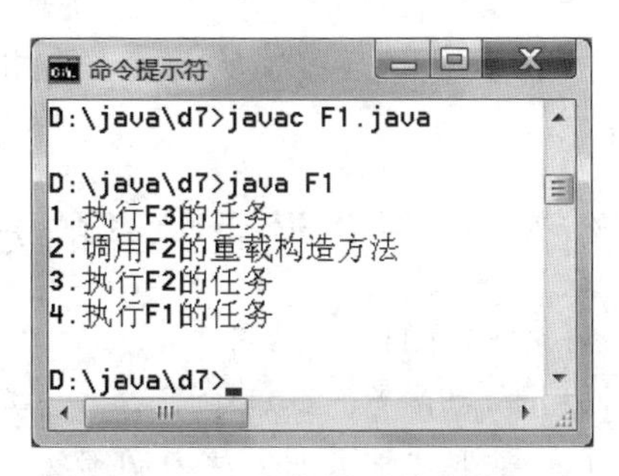

图 7.2 程序 F1 运行结果

3. 程序模板

按模板要求,将【代码】替换为相应的 Java 程序代码,使之输出如图 7.2 所示的结果。

```
//FileName:F1.java
public class F1 extends F2{
  public static void main(String[ ] args){
    new F1();
  }
  public F1(){
    System.out.println("4.执行 F1 的任务");
  }
}
class F2 extends F3{
  public F2(){
    【代码】      //调用自己类的有参构造方法
    System.out.println("3.执行 F2 的任务");
  }
  public F2(String s){
    System.out.println(s);
  }
}
class F3{
  public F3(){
     System.out.println("1.执行 F3 的任务");
  }
}
```

4. 实验指导

在主程序中用 new F1()调用了 F1 类的无参构造方法。由于 F1 是 F2 的子类,因此在 F1 构造方法中的所有语句执行之前,先调用 F2 的无参构造方法。F2 的无参构造方法中调用了 F2 的有参构造方法。由于 F2 又是 F3 的子类,因此在 F2 的有参构造方法中所有语句执行之前,先调用 F3 的无参构造方法。

由该实验可以看出,在任何情况下,创建类的对象时,都将会调用沿着继承链上的所有父类的构造方法。当创建一个子类的对象时,子类构造方法会在完成自己的任务之前,首先调用它的父类的构造方法。如果父类继承自其他类,那么父类构造方法又会在完成自己的任务之前,调用它自己父类的构造方法。这个过程持续到沿着继承体系结构的最后一个构造方法被调用为止。

一般情况下,最好能为每个类提供一个无参构造方法,以便对该类进行扩展且避免错误。

实验 7.3 子类调用父类的方法

1. 实验目的

(1) 学习在类的继承中子类与父类构造方法的继承关系。

(2) 掌握在子类的方法中调用父类定义的方法。

(3) 掌握在子类中调用父类构造方法的规则。

2. 实验要求

编写一个 Java 程序，在程序中定义一个 Person 类，并以该类为父类创建子类 Student，在子类的有参构造方法中用 super()语句调用父类的有参构造方法。然后再定义一个主类 SubSupDem，在 main()方法中生成 Student 类的两个对象，使程序运行结果如图 7.3 所示。

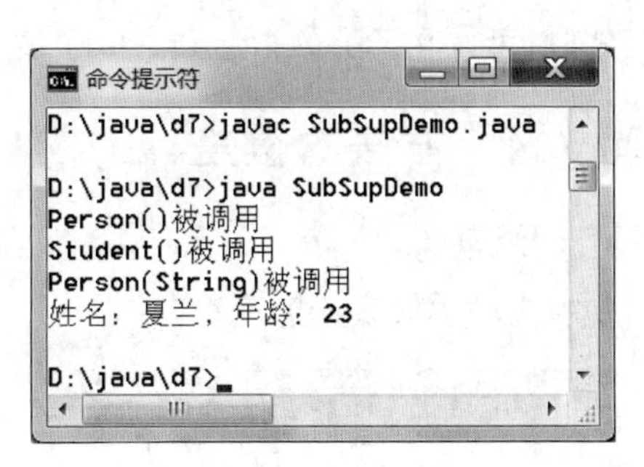

图 7.3 程序 SubSupDemo 运行结果

3. 程序模板

按模板要求，将【代码 1】～【代码 3】替换为相应的 Java 程序代码，使之输出图 7.3 所示的结果。

```
//FileName:SubSupDemo.java
class Person{
  String name;
  int age;
  public Person(){
    System.out.println("Person()被调用");
  }
  public Person(String newName){
    name = newName;
    System.out.println("Person(String)被调用");
  }
  public void display(){
    System.out.println("姓名：" + name + "，年龄：" + age);
  }
}
class Student extends Person{
  public Student(){
    System.out.println("Student()被调用");
  }
  public Student(String newName, int newAge){
    【代码 1】   //调用父类的有参构造方法,传入 newName 参数
    【代码 2】   //将 newAge 赋值给 age 属性
  }
}
class SubSupDemo{
  public static void main(String[ ] args){
    Student stu1 = new Student();
    Student stu2 = new Student("夏兰",23);
    【代码 3】   //调用 stu2 的 display()方法
  }
}
```

4. 实验指导

通过 extends 关键字，可将父类的成员继承给子类。Java 程序在运行时，若没有明确指定在子类的构造方法中用 super()语句调用父类特定的构造方法，会先自动调用父类中没有参数的构造方法，其目的是帮助继承自父类的成员做初始化操作。如果父类中有多个构

造方法时,可以在子类的构造方法中通过 super()来调用父类特定的构造方法。

实验 7.4 方法的覆盖

1. 实验目的

学习类继承时方法的覆盖。

2. 实验要求

编写一个 Java 程序,在程序中定义一个水果类 Fruit,再定义两个 Fruit 类的子类 Apple、Banana,在子类中覆盖父类的 disp()方法,输出相应的水果信息,使程序运行结果如图 7.4 所示。

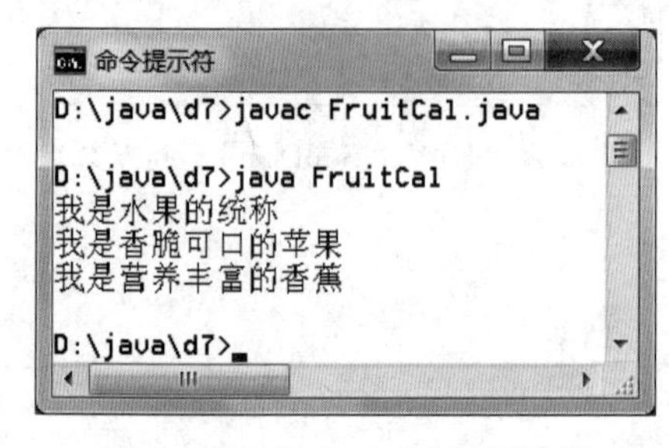

图 7.4 程序 FruitCal 运行结果

3. 程序模板

按模板要求,将【代码 1】~【代码 2】替换为相应的 Java 程序代码,使之输出如图 7.4 所示的结果。

```
//FileName:FruitCal.java
class Fruit{
  void disp(){
    System.out.println("我是水果的统称");
  }
}
【代码 1】                    //定义 Fruit 类的子类 Apple,覆盖 Fruit 类的 disp()方法
class Banana extends Fruit{
  void disp(){
    System.out.println("我是营养丰富的香蕉");
  }
}
class FruitCal{
  public static void main(String[ ] args){
    【代码 2】      //创建水果类 Fruit 的对象 fru
    Apple app = new Apple();
    Banana ban = new Banana();
    fru.disp();
    app.disp();
    ban.disp();
  }
}
```

4. 实验指导

重载是指在同一个类内定义名称相同,但参数个数或类型不同的方法,因此 Java 程序可根据参数的个数或类型的不同来调用相应的方法。而覆盖则是指在子类中,定义名称、参数个数与类型均与父类完全相同的方法,用以重写父类中同名方法的功能。

默认情况下,所有的成员变量和成员方法都可以被覆盖,如果父类的成员不希望被子类的成员覆盖则可以将它们声明为 final。如果用 final 来修饰成员变量,则说明该成员变量是最终变量,即常量,程序中的其他部分可以访问,但不能修改。如果用 final 修饰成员方法,

则该成员方法不能再被子类所覆盖,即该方法为最终方法。对于一些比较重要且不希望被子类重写的方法,可以使用 final 修饰符对成员方法进行修饰,这样可增加代码的安全性。

实验 7.5 抽象类

1. 实验目的

(1) 学习 Java 语言抽象类的语法。

(2) 学习在子类中实现父类中的抽象方法。

2. 实验要求

编写一个 Java 程序,在程序中定义一个抽象类 Shape,再定义两个 Shape 类的子类 Rectangle、Circle,在子类中实现父类的抽象方法,使程序运行结果如图 7.5 所示。

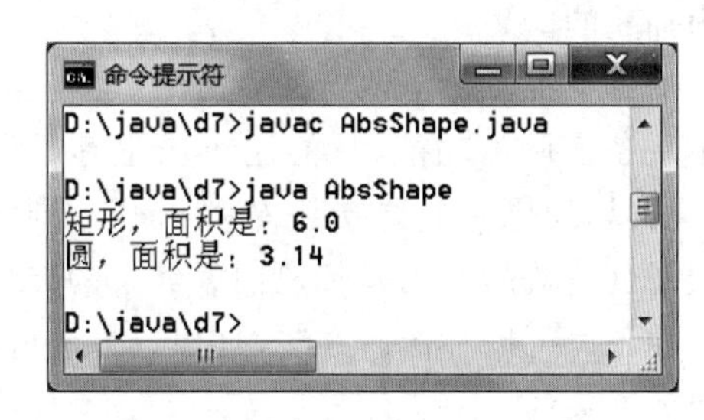

图 7.5 程序 AbsShape 运行结果

3. 程序模板

按模板要求,将【代码 1】~【代码 6】替换为相应的 Java 程序代码,使之输出如图 7.5 所示的结果。

```
//FileName:AbsShape.java
abstract class Shape{
  【代码 1】   //声明一个返回单精度型的抽象方法 area()
  【代码 2】   //声明一个没有返回值的抽象方法 showArea()
}
class Rectangle extends Shape{
  int width, length;
  public Rectangle(int newWidth, int newLength){
    width = newWidth;
    length = newLength;
  }
  【代码 3】    //实现父类的抽象方法 area(),返回长方形面积
  【代码 4】    //实现父类的抽象方法 showArea(),输出矩形面积
}
class Circle extends Shape{
  final float PI = 3.14F;
  int radius;
  public Circle(int newRadius){
    radius = newRadius;
  }
  【代码 5】   //实现父类的抽象方法 area(),返回圆面积值
  【代码 6】   //实现父类的抽象方法 showArea(),输出圆的面积
}
class AbsShape{
  public static void main(String[ ] args){
    Rectangle r = new Rectangle(2,3);
    Circle c = new Circle(1);
    r.showArea();
    c.showArea();
  }
}
```

4. 实验指导

抽象类是以修饰符 abstract 修饰的类。抽象类中的方法可分为两种：一种是以前介绍的一般的方法；另一种是“抽象方法”，它是以 abstract 关键字开头的方法，此方法只声明返回值的数据类型、方法名称与所需的参数，但没有方法体。也就是说，对抽象方法只需要声明，而不需要实现，即用“；”而不是用“{}”结尾。当一个方法为抽象方法时，意味着这个方法必须被子类的方法所覆盖，否则子类仍然是抽象的。在抽象方法声明中修饰符 static 和 abstract 不能同时使用。抽象类的子类必须实现父类中的所有抽象方法，或者将自己也声明为抽象的。

抽象类中不一定包含抽象方法，但包含抽象方法的类一定要声明为抽象类。抽象类本身不具备实际的功能，只能用于派生其子类，而定义为抽象的方法必须在子类派生时被覆盖。所以，如果一个类被定义为抽象类，则该类就不能用 new 运算符创建具体实例对象，而必须通过覆盖的方式来实现抽象类中的方法。

抽象类可以有构造方法，且构造方法可以被子类的构造方法所调用，但构造方法不能被声明为抽象的。

实验 7.6 JDK 参考文档的使用

1. 实验目的

(1) 学习下载 JDK 参考文档。

(2) 学习使用 JDK 参考文档。

(3) 了解 JDK 参考文档的组成。

2、实验指导

步骤 1：通过浏览器访问 Oracle 公司 Java SE 的下载页面。

进入 Java SE 的下载网页 http://www.oracle.com/technetwork/java/javase/downloads/jdk10-doc-downloads-4417029.html，如图 7.6 所示，下载 JDK 参考文档。

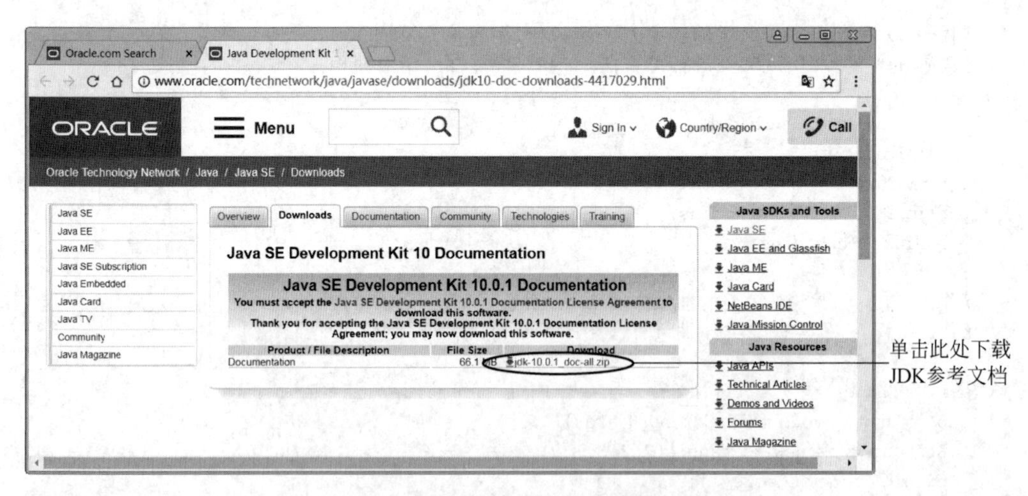

图 7.6 JDK 参考文档下载页面

步骤 2：下载得到的 JDK 参考文档是一个名为 jdk-10_doc-all.zip 的压缩文件。

步骤3：将该文件解压到C:\jdk\docs下后，在该目录下有一个index.html文件，用浏览器打开该文件，出现JDK参考文档的首页，如图7.7所示。

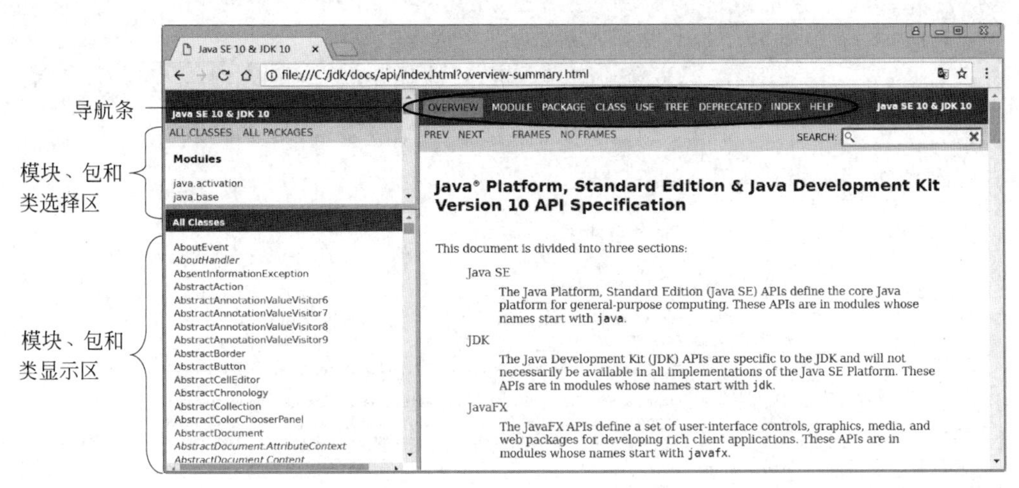

图7.7 JDK参考文档的首页

该文档的顶部为导航条，分别对应不同的页面，共有OVERVIEW、MODULE、PACKAGE、CLASS、USE、TREE、DEPRECATED、INDEX、HELP九个部分，下面简单介绍各个页面的作用。

(1) OVERVIEW页面。

OVERVIEW页面描述了Java平台标准版和Java开发工具包的规范，包含三部分内容。

Java SE：Java平台标准版API定义了通用计算的核心Java平台。这些API的名字在模块中以java开头。

JDK：Java开发包工具API是特定于JDK的，并且在Java SE平台的所有实现中不一定都可以使用。这些API在模块中，它们的名字以jdk开头。

JavaFX：JavaFX API定义了一组用于开发客户端应用程序的用户界面控件、图形、媒体和Web包。这些API在模块中，它们的名字以javafx开头。

(2) MODULE页面。

当在"模块、包和类选择区"选择一个模块后，在窗口的右窗格中会给出该模块的描述。Java 10中的模块是代码、数据和有些资源自描述的集合。由于JDK系统太过庞大，因此Java 10将JDK划分成小模块。在Java SE 10中分离了JDK、JRE、jar等，使之成为更小的模块，这样可以方便开发者使用任何想要的模块，因此缩减Java应用程序到小设备是非常容易的。

(3) PACKAGE页面。

在PACKAGE页面中提供了对所选包的描述，并列出该包中所包含的接口和类，同时在这些内容的旁边给出概要说明。

(4) CLASS页面。

在CLASS页面中提供了对所选类的描述，并列出该类中所包含的属性和方法，同时在这些内容的旁边给出概要说明。例如，在左上窗格中选择java.lang包，然后在左下窗格中选择 System 类，显示如图 7.8 所示的页面。

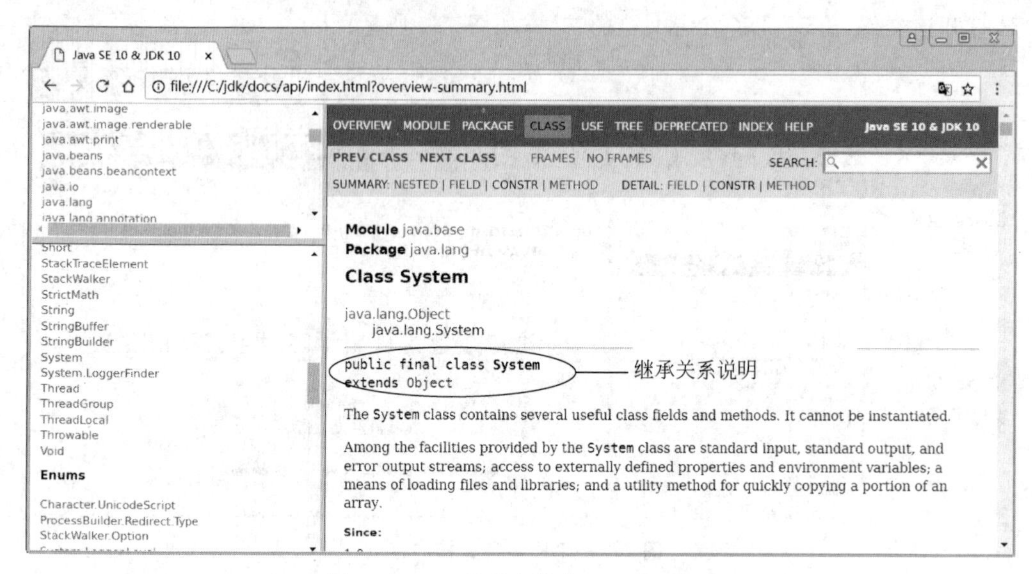

图 7.8 JDK 参考文档的 CLASS 页面

从图 7.8 可以看出，System 类继承了 Object 类，它的完整定义为：

```
public final class System extends Object
```

System 类为最终类，因此不能再派生子类。在 System 类的页面中，包括对 System 类的概要说明。

究竟 System 类中包含了哪些属性和哪些方法，通过拖动界面中的滚动条，可以详细了解。如看到 System 类有 err、in、out 三个静态属性，分别是标准错误输出、标准输入、标准输出，如图 7.9 所示。

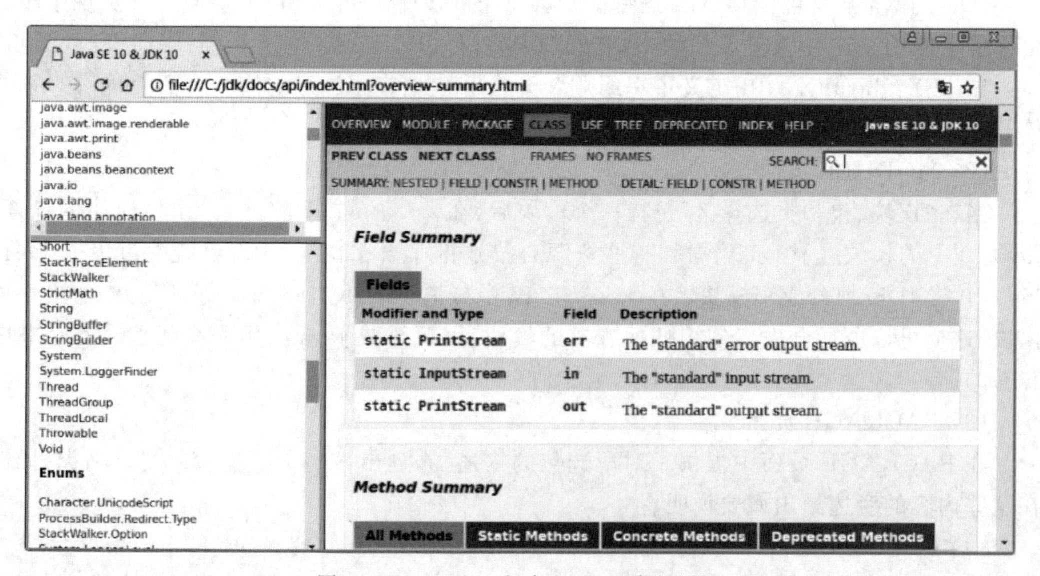

图 7.9 java.lang 包中 System 类的属性

从图 7.9 可以看出，System 类中还包含有许多方法，而且都是静态的，如果想要正常结束程序，可以调用 System.exit(0)方法等。

(5) USE 页面。

该页面说明哪些包、类、方法使用了该类。图 7.10 所示为 System 类的 USE 页面，此页面说明没有其他的类使用 System 类。

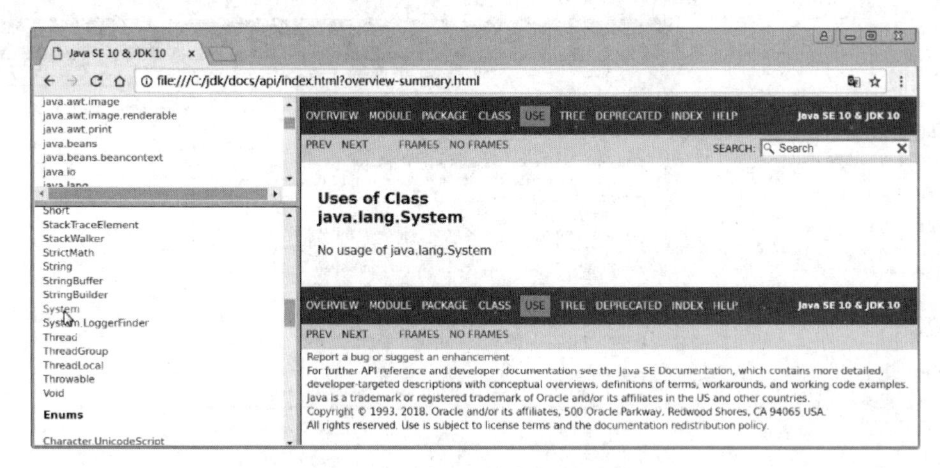

图 7.10 System 类的 USE 页面

(6) TREE 页面。

TREE 页面给出了包中的类和接口的继承层次图。通过该页面，可以快速地了解包中类和接口的继承关系。

(7) DEPRECATED 页面。

该页面列出了所有不推荐使用的功能，例如类、接口、方法等。

(8) INDEX 页面。

该页面按照字母顺序列出了 JDK 中所有的类、接口、方法、属性等内容，如图 7.11 所示。通过该页面可以快速地在 JDK 参考文档中查找到需要了解的细节，例如查看 println()方法的细节。

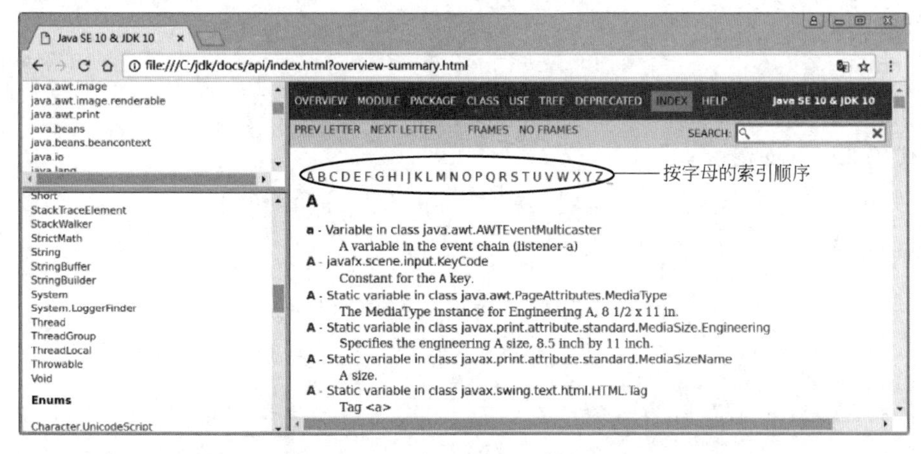

图 7.11 JDK 参考文档的 INDEX 页面

通过该页面可以找到 println()方法，如图 7.12 所示。由此可知，println()方法是定义在 PrintStream 类中，并且有许多重载的方法，再单击 PrintStream 类，就可以找到 println()方法的定义。

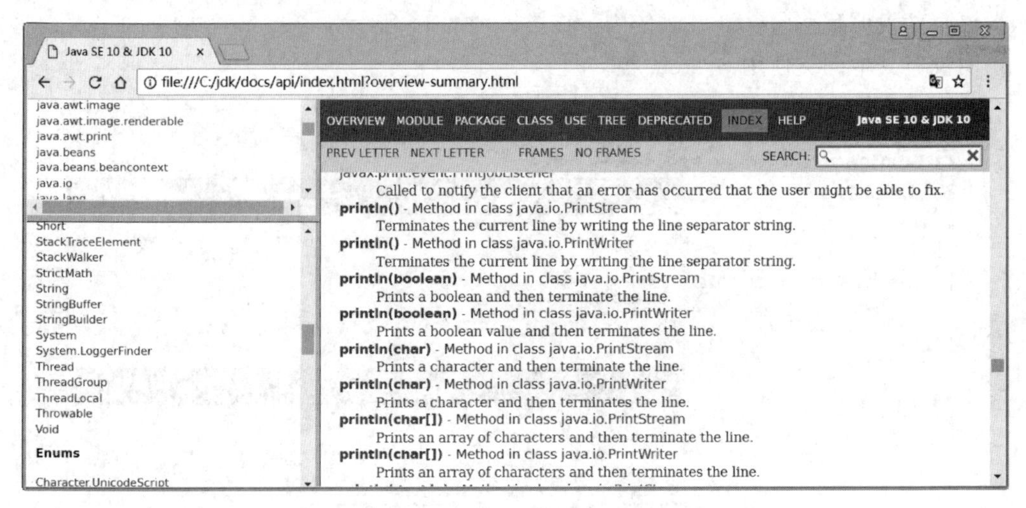

图 7.12 println()方法的页面

(9) HELP 页面。

该页面是 JDK 参考文档的帮助页面，概要描述了文档中各个页面的内容。

第 7 章实验参考答案

实验 7.1

【代码 1】: stu.setName("张冬");

【代码 2】: stu.setDepartment("计算机系");

【代码 3】: System.out.print("姓名: " + stu.getName());

实验 7.2

【代码】: this("2.调用 F2 的重载构造方法");

实验 7.3

【代码 1】: super(newName);

【代码 2】: age = newAge;

【代码 3】: stu2.display();

实验 7.4

【代码 1】:
```
class Apple extends Fruit{
  void disp(){
    System.out.println("我是香脆可口的苹果");
  }
}
```

【代码 2】: Fruit fru = new Fruit();

实验 7.5

【代码 1】: public abstract float area();

【代码 2】: public abstract void showArea();

【代码 3】:
```
public float area(){
  return width * length;
}
```

【代码 4】:
```
public void showArea(){
  System.out.println("矩形,面积是: " + area());
}
```

【代码 5】:
```
public float area(){
  return PI * radius * radius;
}
```

【代码 6】:
```
public void showArea(){
  System.out.println("圆,面积是: " + area());
}
```

第8章　包与接口

本章知识点：为了更好地管理类，Java中引入了包(package)的概念来管理类名空间。就像文件夹把各种文件组织在一起，使硬盘更清晰、有条理一样，Java中的包把各种类组织在一起，使得程序功能清楚、结构分明。接口(interface)是Java语言所提供的一种重要功能，它的结构与抽象类相似。接口本身也具有数据成员与抽象方法，还可以定义静态方法、缺省方法和私有方法，但接口的数据成员必须初始化。

本章将指导读者学习包、接口的定义和使用。

实验8.1　编译与运行具有包的程序

1. 实验目的

学习定义程序所属包，学习编译与运行具有包的程序，加深理解类路径的作用。

2. 实验要求

编写一个程序，在程序中定义该程序所属的包，然后编译与运行该程序，使程序运行结果如图8.1所示。

图8.1　程序MyPackage运行结果

3. 程序模板

```
//FileName:MyPackage.java
package cgjpackage;                //定义该程序属于cgjpackage包
import java.io.*;                  //导入java.io类库中的所有类
public class MyPackage{            //定义类：MyPackage
  public static void main(String[] args) throws IOException{       //定义主方法
    char c = ' ';
```

```
    System.out.print("请输入一个字符：");
    c = (char)System.in.read();
    System.out.println("您输入的字符是：" + c);
  }
}
```

4. 实验指导

由于程序模板的第2行声明将该源程序文件存入在包cgjpackage中，因此首先将源文件MyPackage.java存入D:\java\d8\cgjpackage文件夹中(Java中包其实就是存放类的文件夹，所以包也称为类库)，然后在cgjpackage文件夹的上一级文件夹中进行编译，在DOS窗口中执行如下编译命令(参见图8.1)：

```
D:\java\d8 > javac cgjpackage/MyPackage.java↙
```

当然也可在cgjpackage文件夹中编译：

```
D:\java\d8\cgjpackage > javac MyPackage.java↙
```

运行需要在cgjpackage文件夹的上一级文件夹下执行，命令如下：

```
D:\java\d8 > java cgjpackage.MyPackage↙
(或 D:\java\d8 > java cgjpackage/MyPackage↙也可以)
```

由于运行MyPackage程序实际是执行类文件MyPackage.class，之所以要在上一级文件夹下执行程序，这是因为设置的类路径为：

```
ClassPath = .; C:\Program Files\Java\jre - 10\lib
```

由于程序的第2条语句设置了程序所在的包为cgjpackage，所以当类路径为"．；C:\Program Files\Java\jre-10\lib"时，程序运行时寻找类的顺序是，首先在当前文件夹"．"下的cgjpackage包中寻找，若找不到再去"C:\Program Files\Java\jre-10\lib"路径下的cgjpackage包中去寻找(C:\Program Files\Java\jre-10\lib路径下根本就没有cgjpackage包)。因为此时当前文件夹为"D:\java\d8"，而文件夹(包)cgjpackage正是其下一级文件夹，所以此时寻找类的路径则是"D:\java\d8\cgjpackage"，因此一定可以找到该路径下的类MyPackage.class。

如果在DOS窗口将类路径设置为：

```
set ClassPath = .;D\java\d8
```

则可在其他任何目录下运行该程序。这是因为类路径设置为"．;D:\java\d8"以后，程序运行寻找类时，首先在当前文件夹"．"下寻找cgjpackage包，若找不到就会去"D:\java\d8"路径下寻找cgjpackage。所以无论在哪个文件夹下都可运行该程序，因为会在绝对类路径"D\java\d8\cgjpackage"下找到该类。

实验8.2 调用不同包中的类

1. 实验目的

本实验的目的是让学生掌握Java程序中包的定义以及使用方法，进一步理解设置类路径ClassPath的目的及功能与作用。

2. 实验要求

编写两个Java程序，在Bird.java中，显示“我是鸟儿，我会飞”；在Fish.java中，显示“我是鱼儿，我会游泳”，使程序运行结果如图8.2所示。

图8.2 程序Birds运行结果

3. 程序模板

```
//FileName:Say.java
package sky;
public class Say{
  public void show(){
    System.out.println("我是鸟儿,我会飞");
  }
}
//FileName:Brids.java
import sky.Say;
public class Birds{
  public static void main(String[] args){
    Say bird = new Say();
    bird.show();
  }
}
//FileName:Fishs.java
import ocean.Say;
public class Fishs{
  public static void main(String[] args){
    Say fish = new Say();
    fish.show();
  }
}
```

4. 实验指导

创建如图8.3所示的目录结构。

(1) 在D盘根目录下创建一个文件夹lib，然后在lib文件夹下创建sky文件夹。

(2) 把Say.java文件保存到sky文件夹中，编译Say.java文件。

(3) 进入 DOS 窗口,并在 DOS 命令提示符下重新设置类路径(此步很关键),命令如下:

```
set ClassPath = .;d:\lib
```

(4) 在 D 盘根目录下创建一个文件夹 animal,把 Birds. java 保存到这个文件夹中。

(5) 在 lib 文件夹下创建 ocean 文件夹。

(6) 把 Say. java 文件修改为如下内容,并保存到 ocean 文件夹,编译 Say. java 文件。

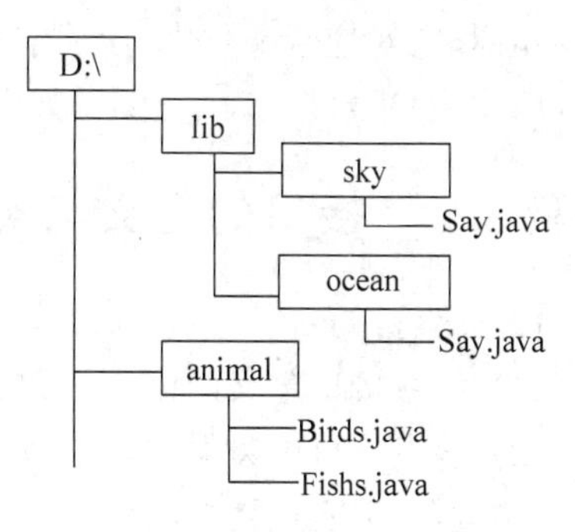

图 8.3 实验 8.2 目录结构图

说明:带方框的是文件夹。

```
//FileName:Say.java
package ocean;
public class Say{
  public void show(){
    System.out.println("我是鱼儿,我会游泳");
  }
}
```

(7) 把 Fishs. java 文件保存到 animal 文件夹中。

(8) 进入 D:\animal 目录,在该目录下编译并运行 Birds. java 程序,然后再编译与运行 Fishs. java 程序。

(9) 再运行 Birds. java,仔细对比。

利用面向对象技术开发一个实际的系统时,通常需要设计许多类共同工作,但由于 Java 编译器为每个类生成一个字节码文件,同时,在 Java 程序中要求文件名与类名相同,因此若要将多个类放在一起,就要保证类名不能重复。但当声明的类很多时,类名冲突的可能性很大,这时,就需要利用包这种机制来管理类名。所以包其实就是 Java 语言提供的一种区别类名空间的机制,是类的组织方式,包对应一个文件夹,包中还可以再有包,称为包等级。在源文件中可以声明类所在的包,就像保存文件时要说明文件保存在哪个文件夹中一样。同一个包中的类名不能重复,不同包中的类名可以相同。

当源文件中没有声明类所在的包时,Java 语言将类放在默认包中,这意味着每个类必须使用唯一的名字,否则会发生名字冲突,就像在一个文件夹中的文件名不能相同一样。

若要创建自己的包,就必须以 package 语句作为 Java 源文件的第一条语句,指明该文件中定义的类所在的包,它的格式为:

```
package 包名 1[.包名 2[.包名 3]…];
```

包层次的根目录是由系统变量 ClassPath 来确定的,所以 Java 程序能按照类路径 ClassPath 找到所需要的类。

如果要使用 Java 程序包中的类,必须在源程序中用 import 语句导入所需要的类。import 语句的格式为:

```
import <包名 1> [.<包名 2> [.<包名 3>…] ] . <类名> | *
```

其中,import 是关键字,<包名 1> [.<包名 2> [.<包名 3>…]]表示包的层次,与 package

语句相同,它对应于文件夹。<类名>则指明所要导入的类,如果要从一个包中导入多个类,则可以使用星号“ * ”表示包中的所有类。多个包名及类名之间用圆点“. ”分隔。

实验 8.3　接口的定义与类实现接口

1. 实验目的

(1) 学习接口定义的语法格式。

(2) 学习接口中数据成员与成员方法的定义。

(3) 学习类实现接口的语法格式。

2. 实验要求

编写一个 Java 程序,在程序中定义一个接口 Shape,定义一个类 Cylinder 实现接口 Shape,在 Cylinder 类中实现 Shape 接口中的抽象方法,使程序运行结果如图 8.4 所示。

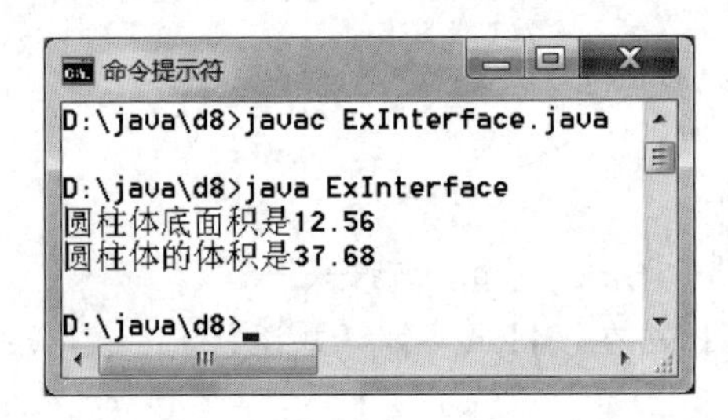

图 8.4　程序 ExInterface 运行结果

3. 程序模板

按模板要求,将【代码 1】～【代码 6】替换为相应的 Java 程序代码,使之输出如图 8.4 所示的结果。

```
//FileName:ExInterface.java
import java.text.DecimalFormat;
interface Shape{
  【代码 1】   //定义一个单精度浮点型数据成员 PI,初始值为 3.14
  【代码 2】   //声明抽象方法 area(),返回值为 double 类型
  【代码 3】   //声明抽象方法 volume(),返回值为 double 类型
}
class Cylinder【代码 4】{         //实现接口 Shape
  private double radius;
  private int height;
  public Cylinder(double radius,int height){
    this.radius = radius;
    this.height = height;
  }
  【代码 5】 //实现接口 Shape 中的 area()方法,该方法返回圆柱体的底面积
  【代码 6】 //实现接口 Shape 中的 volume()方法,该方法返回圆柱体的体积
}
class ExInterface{
  public static void main(String[] args){
    Cylinder a = new Cylinder(2,3);
```

```
        DecimalFormat df = new DecimalFormat("0.00");      //设置输出格式
        System.out.println("圆柱体的底面积是" + df.format(a.area()));
        System.out.println("圆柱体的体积是" + df.format(a.volume()));
    }
}
```

4. 实验指导

接口(interface)是 Java 语言所提供的另一种重要功能,它的结构与抽象类相似。接口本身也具有数据成员与抽象方法,但它与抽象类有下列不同。

(1) 接口的数据成员必须是静态的并一定要初始化,且此值不能再被修改,若省略成员变量的修饰符,则系统默认为 public static final。

(2) 接口中的方法既可以有声明为 abstract 的抽象方法,也可以有用 static 声明的静态方法、用 default 声明的默认方法和用 private 声明的私有方法。

接口与抽象类一样不能用 new 运算符直接创建对象。相反地,必须利用接口的特性来建造一个新的类,然后再用它来创建对象。利用接口创建新类的过程称为接口的实现(implementation)。接口的实现类似于继承,只是不用 extends 关键字,而是在声明一个类的同时用关键字 implements 来实现一个接口。

在 Java 语言中,存在着多种格式化输出方式,本实验使用 DecimalFormat 类来控制文本显示,它是一个用于格式化小数的类,其中 format()方法可将一个 double 类型的参数返回为一个经过格式化后的 String。如:

```
DecimalFormat df = new DecimalFormat("0.00");
```

此行语句设置小数点左侧至少需要一位数字而小数点的右侧一定需要有两位数,经过格式化后的数需要进行四舍五入运算并最终达到百分位的精度。

实验 8.4 接口实现类多重继承及名字冲突

1. 实验目的

(1) 熟悉 Java 语言接口的使用。

(2) 学习 Java 语言中多重继承的实现。

(3) 学习接口的实现类的多重继承中名字冲突时,委托某一个父接口的默认方法。

2. 实验要求

编写一个 Java 程序,在程序中定义 NameConflict 类的同时实现接口 Face1 和 Face2,在接口 Face1 中定义一个抽象方法 getName()和一个默认方法 getNum()。在接口 Face2 中定义一个同名的默认方法 getNum()。在类 NameConflict 中实现抽象方法 getName()和默认方法 getNum(),并在其中委托父接口 Face1 中的同名默认方法,使程序运行结果如图 8.5 所示。

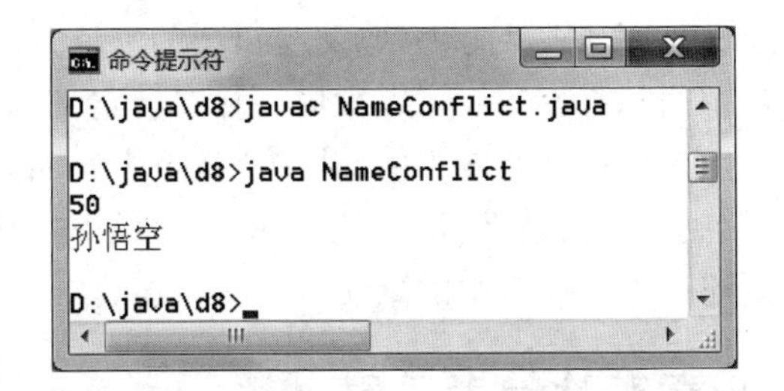

图 8.5 程序 NameConflict 运行结果

3. 程序模板

按模板要求，将【代码 1】～【代码 2】替换为相应的 Java 程序代码，使之输出如图 8.5 所示的结果。

```
//FileName:NameConflict.java
interface Face1{
  public String getName();
  public default int getNum(int a){
    return 10 * a;
  }
}
interface Face2{
  public default int getNum(int a){
    return a * a;
  }
}
class NameConflict implements Face1,Face2{
  String name;
  【代码 1】    //实现父接口的 getName()方法返回成员变量 name
  public int getNum(int a){
    【代码 2】    //委托父接口 Face1 的 getNum()方法作为返回值
  }
  public static void main(String[] args){
    NameConflict p = new NameConflict();
    System.out.println(p.getNum(5));
    p.name = "孙悟空";
    System.out.println(p.getName());
  }
}
```

4. 实验指导

Java 语言只支持单重继承机制，不支持多重继承，即一个类只能有一个直接父类。Java 语言虽不支持多重继承，但可利用接口来实现比多重继承更强的功能。虽然一个类只能有一个直接父类，但是它可以同时实现若干个接口。一个类实现多个接口时，在 implements 子句中用逗号分隔各个接口。这种情况下如果把接口理解成特殊的类，那么这个类利用接口实际上就获得了多个父类，即实现了多重继承。接口中除了可以定义抽象方法外，还可以定义静态方法、默认方法和私有方法。接口中的静态方法不能被子接口继承，也不能被实现类所继承，可以通过接口名直接调用。默认方法可以被子接口和实现类所继承，但子接口中若定义相同的默认方法，则父接口中的默认方法被隐藏。默认方法可以通过引用变量调用。接口中的私有方法仅可以被同一接口所定义的默认方法或另一个私有方法调用。

在多接口类的实现中，若多个接口中有同名的抽象方法或默认方法，则发生名字冲突问题，解决的办法是重新实现同名的方法或委托某父接口中的默认方法，本实验的【代码 2】就是委托一个父接口中的默认方法。

第 8 章实验参考答案

实验 8.3

【代码 1】：`float PI = 3.14F;`

【代码 2】：`double area();`

【代码 3】：`double volume();`

【代码 4】：`implements Shape`

【代码 5】：
```
public double area(){
  return PI * radius * radius;
}
```

【代码 6】：
```
public double volume(){
  return area() * height;
}
```

实验 8.4

【代码 1】：
```
public String getName(){
  return this.name;
}
```

【代码 2】：`return Face1.super.getNum(a);`

第 9 章　异常处理

本章知识点：在一个程序运行过程中，如果发生了异常事件，则产生一个代表该异常的“异常对象”，并把它交给运行系统，再由运行系统寻找相应的代码来处理这一异常。在Java语言中所有异常都是以类的形式存在的，除了内置的异常类之外，Java也允许用户自行定义异常类。

本章将指导读者学习Java的异常处理机制，了解常见的异常，学习多异常的处理以及异常的抛出与捕获。

实验 9.1　Java 常见的异常类

1. 实验目的

(1) 认识程序的逻辑错误。

(2) 认识Java语言中的常见异常类。

(3) 进一步理解Java语言的异常处理机制。

2. 实验要求

编写一个Java程序，在main()方法中，对可能产生错误的语句捕获相应的异常，使程序运行结果如图9.1所示。

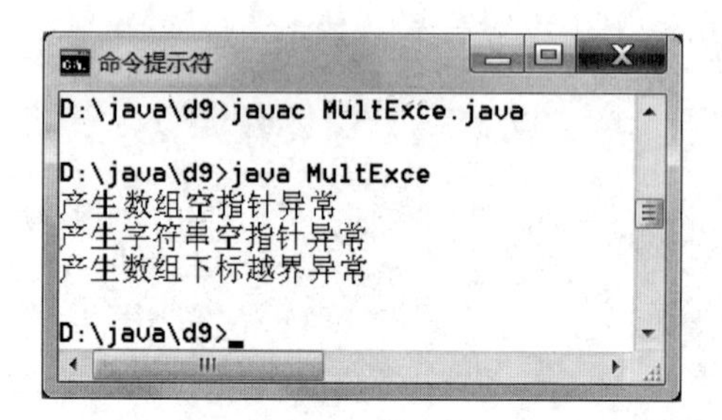

图 9.1　程序 MultExce 运行结果

3. 程序模板

按程序模板要求将【代码1】～【代码3】替换为相应的Java程序代码，使之输出如图9.1所示的结果。

```
//FileName:MultExce.java
public class MultExce{
  public static void main(String[] args){
    try{
      【代码1】    //定义一维整型数组 array 并赋值为空
      array[0] = 10;
    }catch(NullPointerException e){
      System.out.println("产生数组空指针异常");
    }
    try{
```

```
      String s = null;
      s.length();
    }catch(【代码 2】){          //捕获空指针异常
      System.out.println("产生字符串空指针异常");
    }
    try{
      int array[] = new int[5];
      array[5] = 10;
    }catch(【代码 3】){          //捕获数组下标越界异常
      System.out.println("产生数组下标越界异常");
    }
  }
}
```

4. 实验指导

在 Java 语言的异常处理机制中，提供了 try-catch-finally 语句来捕获和处理一个或多个异常。在一个程序运行的过程中，如果发生了异常事件，则产生一个代表该异常的一个"异常对象"，并把它交给运行系统，再由运行系统寻找相应的代码来处理这一异常。产生异常对象并把它提交给运行系统的过程称为抛出(throw)异常。异常本身作为一个对象，产生一个异常就是产生一个异常对象。这个对象可能由应用程序本身产生，也可能由 Java 虚拟机产生，这取决于产生异常的类型。该异常对象中包含了异常事件类型以及产生异常时应用程序目前的状态和调用过程等必要的信息。

异常抛出后，运行系统从产生异常对象的代码开始，沿方法的调用栈逐层回溯查找，直到找到包含相应异常处理的方法，并把异常对象提交给该方法为止，这个过程称为捕获(catch)异常。

在 Exception 类中有一个子类 RuntimeException 代表运行时异常，它是程序运行时自动地对某些错误做出反应而产生的，它所派生的子类是用户在程序中经常会接触到的。

实验 9.2　多异常处理

1. 实验目的

(1) 学习 Java 语言的多异常处理。

(2) 掌握处理多异常的先后顺序。

2. 实验要求

编写一个能对数组进行操作的 Java 程序，一个 try 块后跟多个 catch 块进行多异常处理，使程序多次运行结果图 9.2 所示。

3. 程序模板

按模板要求，将【代码 1】～【代码 4】替换为相应的 Java 程序代码，使之输出如图 9.2 所示的结果。

图 9.2　程序 MultiCatchExce 运行结果

```
//FileName:MultiCatchExce.java
import java.util.Scanner;
```

```
public class MultiCatchExce{
  public static void main(String args[ ]){
    Scanner reader = new Scanner(System.in);
    int[ ] a = new int[3];
    try{
      System.out.print("请输入两个数：");
      String s = reader.next();
      int n1 = Integer.parseInt(s);          //若 s 为非整数时,则抛出数字格式异常
      int n2 = reader.nextInt();
      a[1] = n1/n2;                          //若 n2 为 0,则抛出算术异常
      a[3] = n1 + n2;
    }catch(【代码 1】){                       //捕获数字格式异常
      System.out.println("被第 1 个 catch 捕获的数字格式化异常");
    }catch(【代码 2】){                       //捕获算术异常
      System.out.println("被第 2 个 catch 捕获的算术异常");
    }catch(【代码 3】){                       //捕获数组下标越界异常
      System.out.println("被第 3 个 catch 捕获的数组下标越界异常");
    }catch(【代码 4】){                       //捕获其他未知异常
      System.out.println("被第 4 个 catch 捕获的其他未知异常");
    }
    System.out.println("程序运行结束");
  }
}
```

4. 实验指导

多异常处理是通过在一个 try 块后面定义若干个 catch 块来实现的,每个 catch 块用来接收和处理一种特定的异常对象。由于异常对象与 catch 块的匹配是按照 catch 块的先后排列顺序进行的,因此在处理多异常时应注意认真设计各 catch 块的排列顺序。一般地,处理较具体、较常见异常的 catch 块应放在前面,而可以与多种异常类型相匹配的 catch 块应放在较后的位置。若将子类异常的 catch 语句块放在父类异常 catch 语句块的后面,则编译不能通过。当执行多 catch 处理多异常时,当异常对象被其中一个 catch 语句捕获,则剩下的 catch 语句将不再进行匹配。本实验在运行时,会根据不同的输入而输出不同的结果。

实验 9.3 由方法抛出异常

1. 实验目的

(1) 学习在方法中抛出异常。

(2) 学习使用 throws 子句在方法头中声明抛出异常。

(3) 学习捕获并处理由方法抛出的异常。

2. 实验要求

编写一个 Java 程序,在程序中定义一个能抛出异常的方法,该方法接收三个参数。若第 2 个参数为 0 则抛出算术异常,若第 3 个参数小于或等于 0,则抛出空指针异常。在 main() 方法中捕获并处理该异常,图 9.3 是该程序三次运行时输入不同参数的运行结果。

3. 程序模板

按模板要求,将【代码】替换为相应的 Java 程序代码,使之输出如图 9.3 所示的结果。

```
命令提示符
D:\java\d9>javac ThrowsException.java

D:\java\d9>java ThrowsException
请输入三个数：3  0  5
程序出现异常：/ by zero
程序结束

D:\java\d9>java ThrowsException
请输入三个数：34  5  9
34/5=6
程序结束

D:\java\d9>java ThrowsException
请输入三个数：34  5  -3
34/5=6
程序出现异常：null
程序结束

D:\java\d9>_
```

图 9.3　程序 ThrowsException 运行结果

```
//FileName: ThrowsException.java
import java.util.Scanner;
class ThrowsException{
  static void f(int n,int m,int k)【代码】{        //在方法头声明抛出算术和空指针异常
    int[] array;
    int c = n/m;                                 //第 2 个参数 m 为 0 抛出算术异常
    System.out.println(n + "/" + m + " = " + c);
    if(k <= 0){                                  //第 3 个参数 k 小于或等于 0 抛出空指针异常
      array = null;
      System.out.println(array.length);
    }else
      array = new int[k];
  }
  public static void main(String[] args){
    Scanner reader = new Scanner(System.in);
    System.out.print("请输入三个数：");
    int n1 = reader.nextInt();
    int n2 = reader.nextInt();
    int n3 = reader.nextInt();
    try{
      f(n1,n2,n3);
    }catch(ArithmeticException | NullPointerException e){
      System.out.println("程序出现异常：" + e.getMessage());
    }
    System.out.println("程序结束");
  }
}
```

4. 实验指导

如果在一个方法内部的语句执行时可能引发某种异常，但是并不能确定如何处理，则此方法应声明抛出异常，表明该方法将不对这些异常进行处理，而由该方法的调用者负责处理。也就是说，程序中的异常没有用 try-catch 语句捕获异常、处理异常的代码，则可以在程序代码所在的方法声明的后面用 throws 关键字声明该方法可能抛出异常，将该异常抛出到该方法的调用方法中，这样就可一直追溯到 main()方法，这时 JVM 肯定要处理，这样编译就可以通过了。在方法声明中添加 throws 子句表示方法将会抛出异常。

在 Java 语言中，除 RuntimeException 异常之外，其他都是非运行时异常，非运行时异常在程序中必须使用 try-catch-finally 语句去捕获并进行相应的处理，否则编译不能通过。在非运行时异常类中最常用的是 IOException 类，所有使用输入输出相关语句的情况都必须处理 IOException 所引发的异常，也可以将该异常在方法头中声明抛出。

实验 9.4 主动抛出异常

1. 实验目的

(1) 学习定义自己的异常类。

(2) 学习在方法体中使用 throw 语句抛出异常。

2. 实验要求

编写一个 Java 程序，在程序中定义一个异常类，在 main()方法中使用 throw 语句抛出异常，图 9.4 是程序两次运行时输入不同数据时的运行结果。

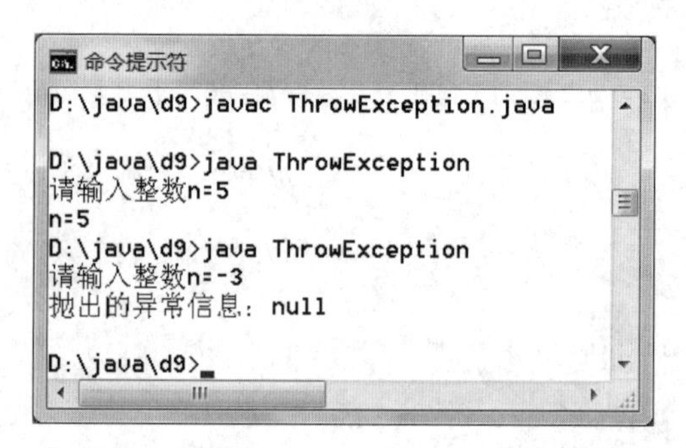

图 9.4 程序 ThrowException 运行结果

3. 程序模板

按模板要求，将【代码】替换为相应的 Java 程序代码，使之输出如图 9.4 所示的结果。

```
//FileName:ThrowException.java
import java.util.Scanner;
class AException extends Exception{}
class ThrowException{
  public static void main(String[] args){
    Scanner r = new Scanner(System.in);
    System.out.print("请输入整数 n = ");
    int n = r.nextInt();
    try{
      if(n < 0)
        【代码】      //抛出异常类 AException 的对象
      else
        System.out.print("n = " + n);
    }catch(AException e){
      System.out.println("抛出的异常信息：" + e.getMessage());
```

```
        }
    }
}
```

4. 实验指导

在捕获一个异常前,必须有一段代码生成一个异常对象并把它抛出。根据异常类的不同,抛出异常的方法也不相同。

系统自动抛出的异常:所有系统定义的运行异常都可以由系统自动抛出。

使用 throw 语句抛出的异常:程序中用户自定义的异常不可能依靠系统自动抛出,而必须借助于 throw 语句来定义何种情况算是产生了此种异常对应的错误,并应该抛出这个异常类的对象。

在抛出异常时,throw 关键字所接收的是"由异常类所产生的对象",因此【代码】的 throw 语句必须使用 new 运算符来产生对象。

第 9 章实验参考答案

实验 9.1

【代码 1】:int array[ ] = null;

【代码 2】:NullPointerException e

【代码 3】:ArrayIndexOutOfBoundsException e

实验 9.2

【代码 1】:NumberFormatException e

【代码 2】:ArithmeticException e

【代码 3】:ArrayIndexOutOfBoundsException e

【代码 4】:Exception e

实验 9.3

【代码】:throws ArithmeticException,NullPointerException

实验 9.4

【代码】:throw new AException();

第10章　输入输出

本章知识点：Java语言的输入输出操作是用流实现的，用统一的接口来表示，从而使程序设计简单明了。Java的输入输出功能必须借助于输入输出包java.io来实现，Java开发环境提供了丰富的流类，完成从基本的输入输出到文件操作。利用java.io包中所提供的输入输出类，Java程序不但可以很方便地实现多种输入输出操作，而且还可以实现对复杂的文件与目录的管理。

本章将指导读者学习在Java编程中对文件的常用操作。

实验10.1　FileInputStream类的应用

1. 实验目的

(1) 学习FileInputStream类的语法格式。

(2) 学习FileInputStream类的使用。

2. 实验要求

编写一个Java程序，在主方法mian()中利用自动关闭资源语句创建FileInputStream类的实例，使它能打开文件myfile.txt，并能够把文件的内容显示在屏幕上，使程序运行结果如图10.1所示。

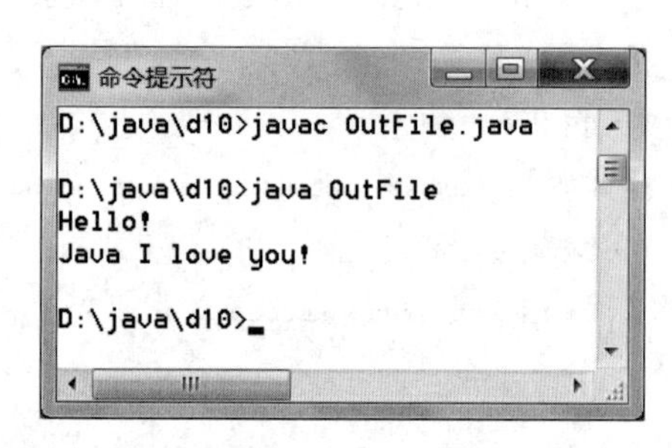

图10.1　程序OutFile运行结果

3. 程序模板

按模板要求，将【代码】替换为相应的Java程序代码，使之输出如图10.1所示的结果。

```
//FileName:OutFile.java
import java.io.*;
class OutFile{
  public static void main(String args[]) throws IOException{
    try(FileInputStream fin = new FileInputStream("myfile.txt");)
    {
      int i;
      do{
        【代码】        //利用fin对象调用read()方法读取文件中的数据
        if(i!= -1)  //如果没读到文件尾
```

```
                System.out.print((char)i);
            }while(i!= -1);      //判断是否读到了文件尾
        }
    }
}
```

4. 实验指导

在与文件 OutFile.java 同一个目录下，新建一个文本文件 myfile.txt，并往文件中输入两行内容“Hello！”和“Java I love you！”。

FileInputStream 类直接继承于 InputStream 类，通过这个类可以打开本地机器的文件，进行顺序读操作。FileInputStream 类的对象表示一个文件字节输入流，从中可读出一个字节或一批字节，在生成 FileInputStream 类的对象时，如果找不到指定的文件，则抛出 FileNotFoundException 异常，该异常必须捕获或声明抛出。

实验 10.2 FileOutputStream 类的应用

1. 实验目的

(1) 学习 FileOutputStream 类的语法格式。

(2) 学习 FileOutputStream 类的使用。

2. 实验要求

编写一个 Java 程序，在主方法 mian( ) 中利用自动关闭资源语句分别创建 FileInputStream 类和 FileOutputStream 的实例，使它链接文件 myfile.txt 和 yourfile.txt，实现把文件 myfile.txt 的内容复制到文件 yourfile.txt 中，使程序运行结果如图 10.2 所示。

图 10.2 程序 CopyFile 运行结果

3. 程序模板

按模板要求，将【代码 1】～【代码 2】替换为相应的 Java 程序代码，使之输出如图 10.2 所示的结果。

```
//FileName:CopyFile.java
import java.io.*;
class CopyFile{
  public static void main(String args[]) throws IOException{
    int i;
    try(【代码 1】        //创建 FileInputStream 类的对象 fin,并指向文件 myfile.txt
       【代码 2】)        //创建 FileOutputStream 类的对象 fon,并指向文件 yourfile.txt
    {
      do{
        i = fin.read();
```

```
        if(i!= -1)  //如果没读到文件尾
          fout.write(i);
      }while(i!= -1);       //判断是否读到了文件尾
    }
    System.out.println("myfile.txt 内容已经被复制到 yourfile.txt 文件中");
  }
}
```

4. 实验指导

在与文件 CopyFile.java 同一个目录下,新建一个文本文件 myfile.txt,并往文件中输入两行内容"Hello!"和"Java I love you!"。程序运行完后可以发现该目录下生成了一个 yourfile.txt 文件,该文件的内容与 myfile.txt 文件的内容相同。

FileOutputStream 类直接继承于 OutputStream 类,通过这个类可以打开本地机器的文件,进行顺序写操作。FileOutputStream 类的对象表示一个文件字节输出流,可以向流中写一个字节或一批字节,在生成 FileOutputStream 类的对象时,如果找不到指定的文件,则创建一个新文件,如果文件已存在,则清除原文件的内容。

实验 10.3 FileReader 与 FileWriter 类的应用

1. 实验目的

(1) 学习 FileReader 类的语法格式与使用方法。

(2) 学习 FileWriter 类的语法格式与使用方法。

2. 实验要求

编写一个 Java 程序,利用 FileReader 类对象读出文件 myfile.txt 的内容,并把它们显示到屏幕上,然后再利用 FileWriter 类的对象把 myfile.txt 文件的内容写入 test.txt 文件中,使程序运行结果如图 10.3 所示。

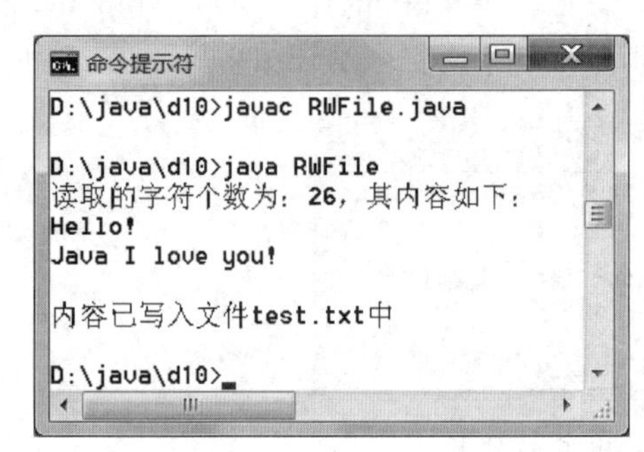

图 10.3 程序 RWFile 运行结果

3. 程序模板

按模板要求,将【代码 1】~【代码 3】替换为相应的 Java 程序代码,使之输出如图 10.3 所示的结果。

```
//FileName:RWFile.java
import java.io.*;
public class RWFile{
  public static void main(String args[]) throws IOException{
    char c[] = new char[500];
    【代码 1】        //创建 FileReader 对象 fr,并链接文件 myfile.txt
    【代码 2】        //创建 FileWriter 对象 fw,并链接文件 test.txt
    int num = fr.read(c);
    String str = new String(c,0,num);
    System.out.println("读取的字符个数为: " + num + ",其内容如下: ");
    System.out.println(str);
    【代码 3】        //将字符串 str 写入 fw 中
```

```
        System.out.println("内容已写入文件 test.txt 中");
        fr.close();
        fw.close();
    }
}
```

4. 实验指导

在与文件 RWFile.java 同一个目录下，新建一个文本文件 myfile.txt，并往文件中输入两行内容"Hello!"和"Java I love you!"，在每行结尾按 Enter 键。Java 把每个汉字和英文字母均作为一个字符对待，但 Enter 键是两个字符"\r\n"，所以显示为输出 26 个字符。

FileReader 类是继承自 InputStreamReader 类，用于字符文件的读操作，每次读取一个字符或一个字符数组，在使用 FileReader 类读取文件时，必须先调用 FileReader()构造方法创建 FileReader 类的对象，再利用它来调用 read()方法读取文件中的数据。

FileWriter 类继承自 OutputStreamWriter 类，用于字符文件的写操作，每次写入一个字符、一个字符数组或一个字符串。要使用 FileWriter 类将数据写入文件，必须先调用 FileWriter()构造方法创建 FileWriter 类对象，再利用它来调用 write()方法将数据写入文件。

实验 10.4 标准输入输出与重定向

1. 实验目的

(1) 学习 System.out 和 System.err 的区别。

(2) 学习输入输出的重定向。

2. 实验要求

编写一个 Java 程序，分别用标准输出 System.out 和标准错误输出 System.err 输出信息，然后运行程序，再分别利用重定向命令">"和">>"将其输出到文件。程序的三种运行方式的结果如图 10.4 所示。

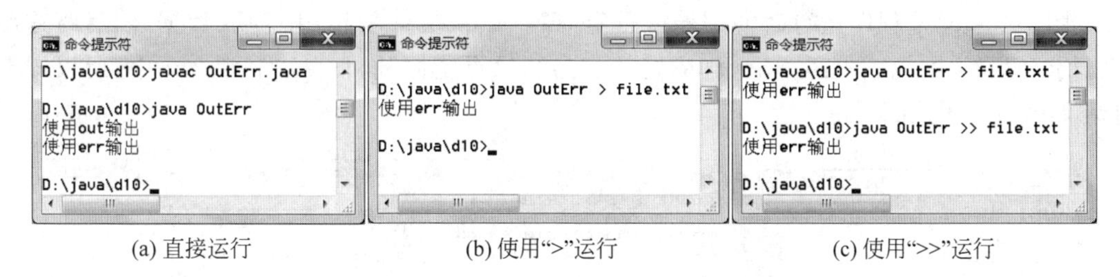

(a) 直接运行　　(b) 使用">"运行　　(c) 使用">>"运行

图 10.4 程序 OutErr 的三种运行结果

3. 程序模板

```
//FileName: OutErr.java
public class OutErr{
    public static void main(String[ ] args){
        System.out.println("使用 out 输出");
        System.err.println("使用 err 输出");
    }
}
```

4. 实验指导

从该实验中可以看出，当没有用 DOS 的重定向命令">"或">>"运行该程序时，标准输出 System. out 和标准错误输出 System. err 的目标都是标准输出设备——屏幕，如图 10.4(a)所示。但当使用重定向输出时，System. out. println()是把信息输出到指定的设备，本例中是文件 file. txt，因而屏幕上不再显示该语句的输出。而语句 System. err. println()的输出目标始终是屏幕，即标准输出设备。DOS 的重定向命令">"和">>"都是把 System. out. println()语句输出的信息重新定位到目标文件。但二者的区别是：">"在输出时若目标文件不存在则生成目标文件，若已存在则重写该文件，如图 10.4(b)所示；而">>" 在输出时若目标文件不存在则生成目标文件，若存在则将输出信息追加到目标文件的末尾，如图 10.4(c)所示。每种运行方式后可打开文件 file. txt 查看其内容。

DOS 除了提供重定向输出命令外，还提供了重定向输入命令"<"，其功能是将输入重定位到文件，即从文件中输入数据。

例如，有一个数据文件 f. txt 如图 10.5(a)所示，文件中的数据用空格隔开。下面的程序在运行时可以利用重定向输入命令"<"从文件 f. txt 中读取数据。程序代码如下：

```
//FileName: Redirection.java
import java.util.Scanner;
public class Redirection{
  public static void main(String[ ] args){
    Scanner inp = new Scanner(System.in);
    int data = inp.nextInt();
    int sum = 0;
    while(data!= 0){
      sum += data;
      data = inp.nextInt();
    }
    System.out.println("和 = " + sum);
  }
}
```

图 10.5(b)是程序运行时使用输入重定向符"<"从文件 f. txt 中读取数据，然后将这些数据求和后输出。而图 10.5(c)则是将其输出结果重定向到目标文件 f1. txt 中，所以屏幕上不再显示输出结果。

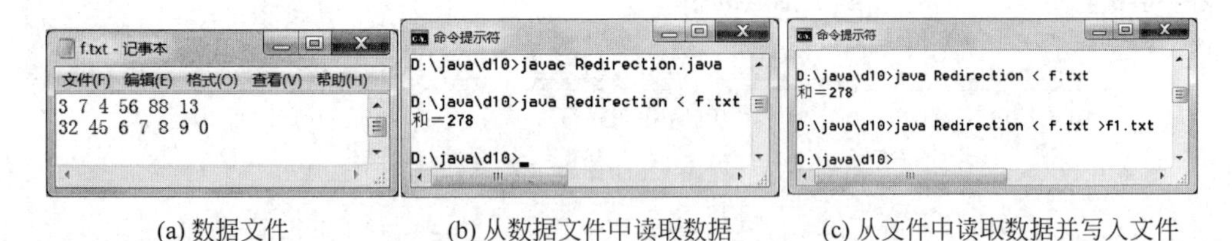

(a) 数据文件 (b) 从数据文件中读取数据 (c) 从文件中读取数据并写入文件

图 10.5 重定向命令"<"和">"的联合使用

实验 10.5 读写基本类型数据

1. 实验目的

(1) 学习 DataInputStream 与 FileInputStream 类的结合应用。

(2) 学习 DataOutputStream 与 FileOutputStream 类的结合应用。

2. 实验要求

编写一个 Java 程序,在当前文件夹下新建一个文件 DataFile.data。利用自动关闭资源语句建立相应的源和目标对象。往该文件中写入一些基本类型的数据,再从该文件中读出这些数据并显示,使程序运行结果如图 10.6 所示。

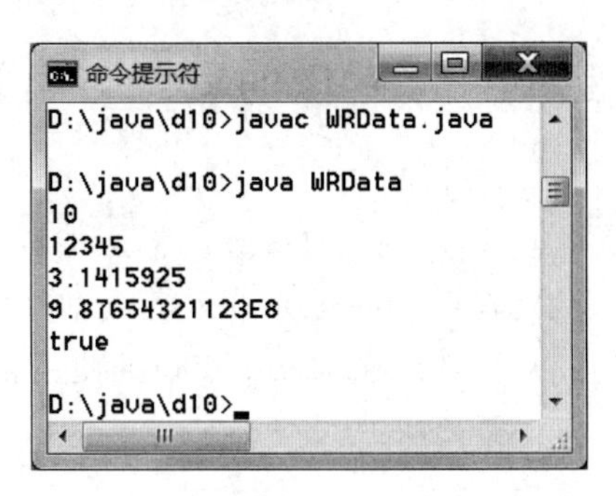

图 10.6 程序 WRData 运行结果

3. 程序模板

按模板要求,将【代码 1】~【代码 8】替换为相应的 Java 程序代码,使之输出如图 10.6 所示的结果。

```
//FileName:WRData.java
import java.io.*;
public class WRData{
  public static void main(String args[]){
    File f = new File("DataFile.data");
    try(FileOutputStream fout = new FileOutputStream(f);
        DataOutputStream dout = new DataOutputStream(fout);)
    {
      dout.writeInt(10);
      【代码 1】    //将 long 型数据 12345 写入文件中
      【代码 2】    //将 float 型数据 3.1415926f 写入文件中
      【代码 3】    //将 double 型数据 987654321.123 写入文件中
      【代码 4】    //将 boolean 型数据 true 写入文件中
    }catch(IOException e){}
    try(FileInputStream fin = new FileInputStream(f);
        DataInputStream din = new DataInputStream(fin);)
    {
      System.out.println(din.readInt());
      System.out.println(【代码 5】);    //从文件中读取 long 型数据
      System.out.println(【代码 6】);    //从文件中读取 float 型数据
      System.out.println(【代码 7】);    //从文件中读取 double 型数据
      System.out.println(【代码 8】);    //从文件中读取 boolean 型数据
    }catch(FileNotFoundException e){
      System.out.println("文件未找到!!");
    }
    catch(IOException e){}
  }
}
```

4. 实验指导

数据输入流 DataInputStream 和数据输出流 DataOutputStream 分别是过滤输入输出流 FilterInputStream 和 FilterOutputStream 的子类。DataInputStream 和 DataOutputStream 分别实现了 DataInput 和 DataOutput 两个接口中定义的独立于具体机器的带格式的读写操作,从而实现了对不同类型数据的读写。从这两个类的构造方法可以看出,作为过滤流,输入和输出流分别作为数据输入流和数据输出流的构造方法的参数,即作为过滤流必须与相

应的数据流相连。

实验 10.6 对象的写入与读取

1. 实验目的

(1) 学习 ObjectInputStream 类的应用。

(2) 学习 ObjectOutputStream 类的应用。

(3) 了解 Serializable 接口的使用。

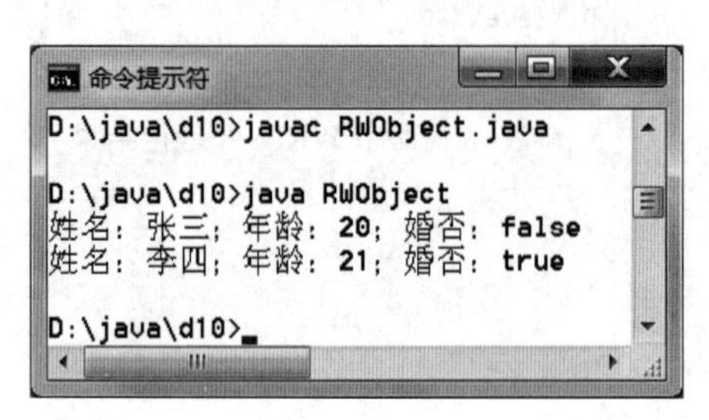

图 10.7 程序 RWObject 运行结果

2. 实验要求

编写一个 Java 程序,在当前文件夹下新建一个文件 ObjectFile.obj,往该文件中写入两个人(对象)的信息,再从该文件中读出这两个人(对象)的信息并显示,使程序运行结果如图 10.7 所示。

3. 程序模板

按模板要求,将【代码 1】~【代码 3】替换为相应的 Java 程序代码,使之输出如图 10.7 所示的结果。

```
//FileName:RWObject.java
import java.io.*;
class Person implements Serializable{
  String name;
  int age;
  boolean marriage;
  public Person(String newName,int newAge,boolean newMarriage){
    name = newName;
    age = newAge;
    marriage = newMarriage;
  }
  public String toString(){
    return "姓名: " + name + "; 年龄: " + age + "; 婚否: " + marriage;
  }
}
public class RWObject{
  public static void main(String args[]){
    Person p1 = new Person("张三",20,false);
    Person p2 = new Person("李四",21,true);
    FileOutputStream fout = null;
    ObjectOutputStream dout = null;
    FileInputStream fin = null;
    ObjectInputStream din = null;
    File f = new File("ObjectFile.obj");
    try{
      f.createNewFile();
    }catch(IOException e){
      System.out.println(e);
    }
```

```
        try{
          fout = new FileOutputStream(f);
          dout = new ObjectOutputStream(fout);
          dout.writeObject(p1);
          【代码 1】        //将对象 p2 写入文件中
          dout.close();
        }catch(IOException e){
          System.out.println(e);
        }
        try{
          fin = new FileInputStream(f);
          din = new ObjectInputStream(fin);
          【代码 2】        //从文件中读入下一个对象到 obj1 中
          Person obj2 = (Person)din.readObject();
          【代码 3】        //显示 obj1 对象的信息
          System.out.println(obj2.toString());
          din.close();
        }catch(IOException e){
          System.out.println(e);
        }catch(Exception e){
          System.out.println(e);
        }
    }
}
```

4. 实验指导

往文件中写入对象称为对象串行化(serializing),从文件中读取对象称为对象反串行化(deserializing)。串行化涉及把对象及其包含的字段写入流中,因此,不包括类的 static 成员。

java.io 包中的两个类可以用于串行化。类 ObjectOutputStream 用于将对象写入文件,而类 ObjectInputStream 用于将写入的对象读取出来。

类 ObjectOutputStream 的构造方法需要引用 FileOutputStream 对象作为参数将对象存储到其中的文件定义流,使用下面的语句可以创建 ObjectOutputStream 对象:

```
File theFile = new File("MyFile");
//检查文件是否存在
ObjectOutputStream objectOut = null;
try{
  objectOut = new ObjectOutputStream(new FileOutputStream(theFile));
}catch(IOException e){}
```

如果想把对文件的写操作缓存到内存来进行,可以用以下语句创建 ObjectOutputStream 对象:

```
objectOut = new ObjectOutputStream(
            new BufferedOutputStream(
                new FileOutputStream(theFile)));
```

为了把对象写入文件中,要调用类 ObjectOutputStream 的 writeObject()方法,调用这个方法使用的参数值是对象的引用。这个方法接收 Object 类型的引用作为参数值,所以可以传送任意类型的引用到该方法。要被写入流的对象必须满足如下三个基本条件:

(1) 必须把该类声明为 public。

(2) 该类必须实现 Serializable 接口。

(3) 如果该类具有非串行化的直接或间接父类,那么该父类必须具有默认的构造方法,即不需要任何参数值的构造方法。派生类必须负责把父类的数据成员传输到该流中。

一个类对象如果要成为可串行化,该类必须实现 Serializable 接口,不需要其他代码。如果一个类是由另一个实现 Serializable 接口的类派生的,那么该类也实现 Serializable 接口,所以在这种情况下就无须再实现该接口。

类 ObjectInputStream 的构造方法需要引用 FileInputStream 对象作为参数来为用户希望读取对象的文件定义流,使用下面的语句可以创建 ObjectInputStream 对象:

```
File theFile = new File("MyFile");
//检查文件是否存在
ObjectInputStream objectIn = null;
try{
  objectIn = new ObjectInputStream(new FileInputStream(theFile));
}catch(IOException e){}
```

一旦创建了 ObjectInputStream 对象,就可以调用它的 readObject()方法从该文件中读出一个对象。

实验 10.7 文件属性的操作

1. 实验目的

(1) 学习 File 类的使用。

(2) 学习在程序中获取文件属性信息。

(3) 学习在程序中查看目录内容。

2. 实验要求

编写 Java 程序,实现有关文件的常见操作,使程序运行结果如图 10.8 所示。

图 10.8 程序 FileOper 运行结果

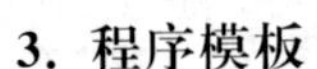

3. 程序模板

编写一个 Java 程序，其功能是返回文件的各种属性信息。程序运行时在命令行输入的命令行参数是目录名 d:\java\d10，使程序运行结果如图 10.8 所示。

```
//FileName:FileOper.java
import java.io.*;
import java.util.*;
public class FileOper{
  public static void main(String[] args) throws IOException{
    System.out.println("系统包含的驱动器：");
    File[] drives = File.listRoots();
    for (int i = 0; i < drives.length; i++)
      System.out.println(drives[i]);
    if(args.length == 0){
      System.out.println("缺少文件名,请在命令行给出目录或文件名");
      System.exit(1);
    }
    for(int i = 0;i < args.length;i++)
      status(args[i]);
  }
  public static void status(String fileName) throws IOException{
    System.out.println("---" + fileName + "---");
    File f = new File(fileName);
    if(!f.exists()){
      System.out.println("文件没有找到");
      return;
    }
    System.out.println("目录全名为：" + f.getCanonicalPath());
    String p = f.getParent();   //获取文件的父目录
    if(p!= null)
      System.out.println("父目录：" + p);
    if(f.canRead())
      System.out.println("文件可读!");
    if(f.canWrite())
      System.out.println("文件可写!");
    Date d = new Date();
    d.setTime(f.lastModified());
    System.out.println("最后修改时间：" + d);
    if(f.isFile())
      System.out.println("文件大小是 " + f.length() + " bytes.");
    else if(f.isDirectory()){
      System.out.println("它是目录,包含的文件如下：");
      String[] dir = new java.io.File(".").list();
      java.util.Arrays.sort(dir);
      for(int i = 0; i < dir.length; i++)
        System.out.println(dir[i]);
    }
    else
      System.out.println("既不是文件也不是目录");
    System.out.println();
```

```
    }
}
```

4. 实验指导

在java.io包中定义了一个File类专门用来管理磁盘文件和目录。每个File类对象表示一个磁盘文件或目录，其对象属性中包含了文件或目录的相关信息，如文件名、长度、所含文件个数等，调用它的方法可以完成对文件或目录的管理操作，如创建、删除等。

因为每个File类对象都对应系统的一个磁盘文件或目录，所以创建File类对象需要给出它所对应的文件名或目录名。由于不同的操作系统使用的目录分隔符不同，如Windows操作系统使用反斜线"\"，UNIX操作系统使用正斜线"/"，为了使Java程序能在不同的平台上运行，可以利用java.io.File类的一个静态变量File.separator。该变量中保存了当前系统规定的目录分隔符，使用它可以组合成在不同操作系统下都通用的路径。如：

```
"d:" + File.separator + "java" + File.separator + "myfile"
```

一个File对象一经创建，就可以通过调用它的方法来获得其所对应的文件或目录的属性。

实验10.8 对文件的随机访问

1. 实验目的

学习RandomAccessFile类的应用。

2. 实验要求

编写一个Java程序，利用自动关闭资源语句，创建FileWriter类的对象fw，并链接文件TextFile.txt，往该文件中写入数据"abcdefghijklmnopqrstuvwxyz"。再使用自动关闭资源语句，利用RandomAccessFile类创建TextFile.txt文件可读对象inFile。然后提示用户从键盘输入一个0～25的整数，根据用户输入的整数，从文件中读出相应位置的字符并显示，使程序运行结果如图10.9所示。

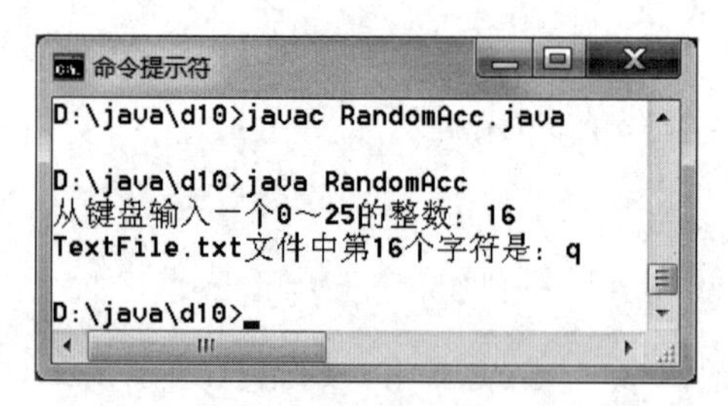

图10.9 程序RandomAcc运行结果

3. 程序模板

按模板要求，将【代码1】～【代码2】替换为相应的Java程序代码，使之输出如图10.9所示的结果。

```
//FileName:RandomAcc.java
import java.util.Scanner;
import java.io.*;
```

```
public class RandomAcc{
  public static void main(String args[]){
    String str = "abcdefghijklmnopqrstuvwxyz";
    File f = new File("TextFile.txt");
    try(FileWriter fw = new FileWriter(f);)
    {
      fw.write(str);
    }catch(IOException e){
      System.out.println(e);
    }
    int n = -1;
    Scanner reader = new Scanner(System.in);
    while(n<0||n>25){
      System.out.print("从键盘输入一个 0~25 的整数: ");
      n = reader.nextInt();
     }
    try(【代码 1】)           //以可读方式创建 RandomAccessFile 对象 inFile
    {                        //并链接到文件 TextFile.txt
      readFile.seek(n);
      【代码 2】              //在 inFile 中读入一个字符赋给变量 c
      System.out.println("TextFile.txt 文件中第" + n + "个字符是: " + c);
    }catch (IOException e){
      System.out.println(e);
    }
  }
}
```

4. 实验指导

RandomAccessFile 流类能够在文件的任何位置查找或者写入数据，打开一个随机存取文件，要么进行只读操作，要么进行读写操作，可以通过构造方法的第二个参数来指定，r 表示读取，rw 表示读写，如下面的语句：

```
RandomAccessFile readFile = new RandomAccessFile("TextFile.txt","r");      //读操作
RandomAccessFile readFile = new RandomAccessFile("TextFile.txt","rw");     //读写操作
```

当打开一个现有文件作为 RandomAccessFile 对象时，原来的文件不会被删除。

随机存取文件提供了一个文件指针，文件指针总是指向下一条要进行读写操作记录的位置。seek()方法可以将文件指针设定在文件内部的任意字节位置，它的参数是一个在 0 到文件长度之间的 long 型整数。

要想从一个随机存取文件中读写数据，可以通过 RandomAccessFile 类中相应的 read()和 write()方法，完成对文件的读写操作。

实验 10.9 NIO 中 Buffer 类的应用

1. 实验目的

(1) 掌握 Buffer 类中的三个重要概念：容量、界限和位置。

(2) 掌握利用 Buffer 类中操作容量、界限和位置的方法。

2. 实验要求

编写一个 Java 程序,利用 Buffer 类的相应方法查看缓冲区的容量、界限和位置,使程序运行结果如图 10.10 所示。

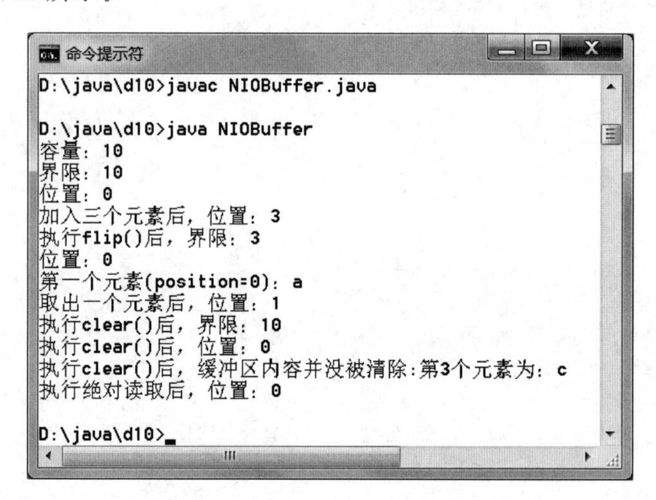

图 10.10　程序 NIOBuffer 运行结果

3. 程序模板

按模板要求,将【代码 1】~【代码 3】替换为相应的 Java 程序代码,使之输出如图 10.10 所示的结果。

```
//FileName:NIOBuffer.java
import java.nio.CharBuffer;
public class NIOBuffer{
  public static void main(String[ ] args){
    CharBuffer cBuff = CharBuffer.allocate(10);
    System.out.println("容量: " +【代码 1】);        //显示缓冲区的容量
    System.out.println("界限: " +【代码 2】);        //显示缓冲区的界限
    System.out.println("位置: " +【代码 3】);        //显示缓冲区的当前位置
    cBuff.put('a');
    cBuff.put('b');
    cBuff.put('c');
    System.out.println("加入三个元素后,位置: " + cBuff.position());
    cBuff.flip();
    System.out.println("执行 flip()后,界限: " + cBuff.limit());
    System.out.println("位置: " + cBuff.position());
    System.out.println("第一个元素(position = 0): " + cBuff.get());
    System.out.println("取出一个元素后,位置: " + cBuff.position());
    cBuff.clear();
    System.out.println("执行 clear()后,界限: " + cBuff.limit());
    System.out.println("执行 clear()后,位置: " + cBuff.position());
    System.out.println("执行 clear()后,缓冲区内容并没被清除: " +
            "第 3 个元素为: " + cBuff.get(2));
    System.out.println("执行绝对读取后,位置: " + cBuff.position());
  }
}
```

4. 实验指导

程序中通过使用 CharBuffer 类的静态方法 allocate( )实例化一个容量为 10 的 CharBuffer 对象。然后分别用该对象调用 capacity()、limit()和 position()方法显示出缓冲区的容量、界限和当前位置。调用 put()方法向缓冲区中添加数据。然后调用 flip()方法对缓冲区进行反转,即将 limit 设置为 position 处,将 position 设置为 0。当调用 get()方法读取一个元素后,position 向后移一位。当调用 clear()方法清除此缓冲区,此时 position 设置为 0,limit 设置为与 capacity 相等。在清除缓冲区后根据索引调用 get(2)方法后,此时不会影响 position 的值。

第 10 章实验参考答案

实验 10.1

【代码】: i = fin.read();

实验 10.2

【代码 1】: FileInputStream fin = new FileInputStream("myfile.txt");

【代码 2】: FileOutputStream fout = new FileOutputStream("yourfile.txt");

实验 10.3

【代码 1】: FileReader fr = new FileReader("myfile.txt");

【代码 2】: FileWriter fw = new FileWriter("test.txt");

【代码 3】: fw.write(str);

实验 10.5

【代码 1】: dout.writeLong(12345);

【代码 2】: dout.writeFloat(3.1415926f);

【代码 3】: dout.writeDouble(987654321.123);

【代码 4】: dout.writeBoolean(true);

【代码 5】: din.readLong()

【代码 6】: din.readFloat()

【代码 7】: din.readDouble()

【代码 8】: din.readBoolean()

实验 10.6

【代码 1】: dout.writeObject(p2);

【代码 2】: Person obj1 = (Person)din.readObject();

【代码 3】: System.out.println(obj1.toString());

实验 10.8

【代码 1】: RandomAccessFile readFile = new RandomAccessFile("TextFile.txt","r");

【代码 2】: char c = (char)readFile.read();

实验 10.9

【代码 1】: cBuff.capacity()

【代码 2】: cBuff.limit()

【代码 3】:cBuff.position()

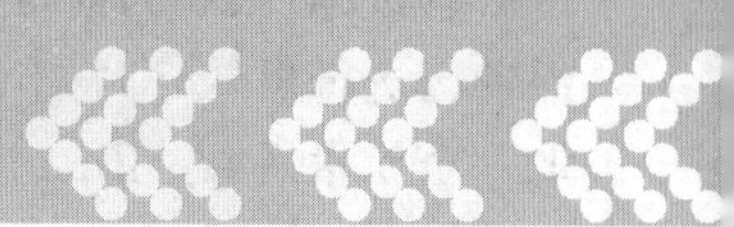

第11章 泛型与容器类

本章知识点：泛型实质就是将数据的类型参数化，通过为类、接口及方法设置类型参数来定义泛型。泛型使一个类或一个方法可在多种不同类型的对象上进行操作，运用泛型意味着编写的代码可以被很多类型不同的对象所重用，从而减少数据类型转换的潜在错误。容器类是Java以类库的形式供用户开发程序时可直接使用的各种数据结构。一种数据结构被认为是一个容器。除数组外Java还以类库的形式提供了许多其他数据结构。这些数据结构通常称为容器类或称集合类。

本章将指导读者如何定义泛型类、泛型成员变量和泛型类的方法，正确地理解"类型形参"和"类型实参"；掌握链表、集合、映射等容器的作用与应用技巧。

实验11.1 泛型类定义与方法的调用

1. 实验目的

(1) 学习泛型类的定义。

(2) 学习泛型类对象的创建与应用。

(3) 加深理解"类型形参"与"类型实参"的意义。

2. 实验要求

编写一个Java程序，定义泛型类和泛型类的方法，然后创建一个泛型类对象，调用泛型类对象输出相应的结果，使程序运行结果如图11.1所示。

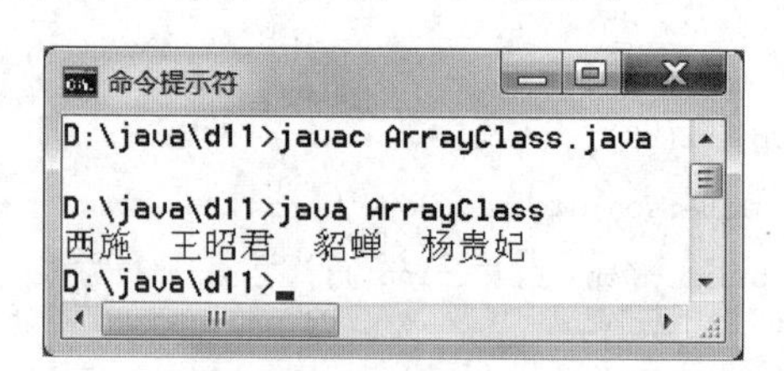

图11.1　程序ArrayClass运行结果

3. 程序模板

按模板要求，将【代码1】～【代码4】替换为相应的Java程序代码，使之输出如图11.1所示的结果。

```
//FileName:ArrayClass.java
```

```
public class ArrayClass<T>{          //定义类型形参为T的泛型类
  【代码1】                          //定义私有泛型数组array
  public void setT(【代码2】){       //定义参数为类型形参的数组array
    this.array = array;
  }
  public T[] getT(){                 //定义返回值为类型形参的数组
    return array;
  }
  public static void main(String[] args){
    【代码3】                        //定义类型实参为String型的泛型对象a
    String[] beauty = {"西施","王昭君","貂蝉","杨贵妃"};
    a.setT(beauty);                  //调用setT()
    for(int i = 0;i<a.getT().length;i++)
      【代码4】                      //调用getT()方法返回数组并输出数组元素
  }
}
```

4. 实验指导

泛型所操作的数据类型被指定为一个参数，所以泛型的实质就是将数据的类型参数化。当使用泛型类时，必须在创建泛型对象的时候指定类型参数的实际值，即用“类型实参”来替换“类型形参”，也就是说用泛型类创建的对象就是在类体内的每个类型参数T处分别用这个具体的实际类型替代。在本实验中定义的泛型类ArrayClass<T>中，T就是“类型形参”，【代码3】注释“定义类型实参为String型的泛型对象a”中的String就是“类型实参”。

实验11.2 类作为类型实参的泛型应用

1. 实验目的

(1) 学习泛型类对象如何调用Object类的方法。

(2) 学习以类为类型实参创建泛型对象。

2. 实验要求

分别声明一个泛型类Cylinder<E>、一个圆形类Circle和一个矩形类Rectangle。在主类中分别以类Circle和类Rectangle为类型实参创建泛型对象，然后计算各自图形的面积，并调用泛型类的方法输出各自的计算结果，使程序运行结果如图11.2所示。

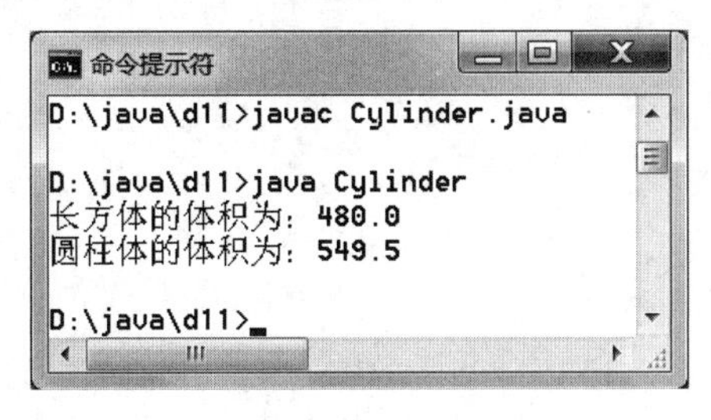

图11.2 程序Cylinder运行结果

3. 程序模板

按模板要求，将【代码1】～【代码4】替换为相应的Java程序代码，使之输出如图11.2所示的结果。

```
//FileName:Cylinder.java
public class Cylinder<E>{
  E bottom;
  double height;
  public Cylinder(E bottom,double height){
    this.bottom = bottom;
    this.height = height;
  }
  public double volume(){
    String s = bottom.toString();       //泛型对象只能调用从 Object 类继承或重写的方法
    double area = Double.parseDouble(s);
    return area * height;
  }
  public static void main(String[] args){
    Rectangle rect = new Rectangle(8,5);
    【代码 1】 //创建 bottom 为 rect、height 为 12 的泛型类"长方体"对象 c1
    【代码 2】 //显示长方体的体积
    Circle circle = new Circle(5);
    【代码 3】 //创建 bottom 为 circle、height 为 7 的圆柱体对象 c2
    【代码 4】 //显示圆柱体的体积
  }
}
class Circle{     //定义圆形类
  double radius,area;
  public Circle(double radius){
    this.radius = radius;
  }
  public String toString(){
    area = 3.14 * radius * radius;
    return "" + area;
  }
}
class Rectangle{     //定义矩形类
  double length,width,area;
  public Rectangle(double length,double width){
    this.length = length;
    this.width = width;
  }
  public String toString(){
    area = length * width;
    return "" + area;
  }
}
```

4. 实验指导

在泛型类 Cylinder<E>中，只关心柱体的底面积是多少，并不关心底的具体形状，因此 Cylinder<E>用 E 作为自己的底。利用泛型类创建对象时，类型实参可以是任意类型，所以本实验中分别以矩形类 Rectangle 和圆类 Circle 为类型实参创建了泛型对象 c1 和 c2，然后调用泛型类的方法 volume()输出柱体体积。另外，由于泛型类中的泛型变量 bottom 只能调用 Object 类中的方法，因此类 Circle 和 Rectangle 中都必须重写 Object 类中的 toString()方法，从而获得它们的面积。

实验 11.3 链表 LinkedList 的应用

1. 实验目的

(1) 学习链表对象的定义。

(2) 掌握洗牌方法和旋转方法的使用。

(3) 掌握迭代的定义及使用方法。

2. 实验要求

利用 Math 类中生成随机数的方法产生 10 个随机数，并将其转换为整数存放到链表中，然后执行对链表的洗牌和旋转操作，使程序运行结果如图 11.3 所示。由于链表中的数据是随机产生的，因此每次运行程序时数据都会不同。

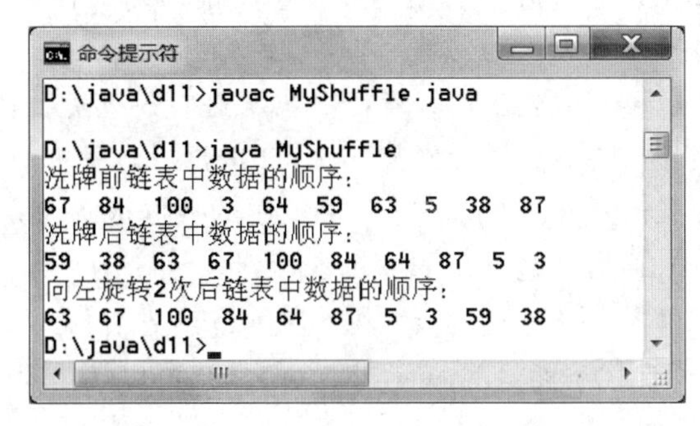

图 11.3 程序 MyShuffle 运行结果

3. 程序模板

按模板要求，将【代码 1】～【代码 5】替换为相应的 Java 程序代码，使之输出如图 11.3 所示的结果。

```
//FileName:MyShuffle.java
import java.util.*;
public class MyShuffle{
  public static void main(String[] args){
    【代码 1】                    //定义元素为整型的链表对象 list
    for(int i=0;i<10;i++){
      int n=(int)(Math.random()*100)+1;          //产生 1～100 的随机整数
      【代码 2】                  //将数 n 添加到链表中
    }
    System.out.println("洗牌前链表中数据的顺序:");
    【代码 3】                    //创建链表 list 上的迭代器
    while(iter.hasNext()){        //输出链表中的数据
      Integer num=iter.next();
      System.out.print(num.intValue()+"  ");
    }
    System.out.println("");
    【代码 4】                    //对链表 list 中的数据洗牌
    System.out.println("洗牌后链表中数据的顺序:");
    iter=list.iterator();         //创建链表 list 上的迭代器
```

```
        while(iter.hasNext()){        //输出链表中的数据
          Integer num = iter.next();
          System.out.print(num.intValue() + "  ");
        }
        System.out.println("");
        System.out.println("向左旋转 2 次后链表中数据的顺序: ");
        【代码 5】                          //将链表中的数据向左旋转 2 次
        iter = list.iterator();
        while(iter.hasNext()){
          Integer num = iter.next();
          System.out.print(num.intValue() + "  ");
        }
      }
    }
```

4. 实验指导

Collection 接口中提供了对链表中的数据进行重新排列即洗牌的方法 shuffle(List < T > list)和旋转链表中数据的方法 rotate(List < T > list,int disrance)。shuffle()方法是将链表中数据重新随机排列；rotate()方法是将链表中数据进行旋转，当参数值 disrance 取正值时，向右旋转 list 中的数据，取负值时向左旋转 list 中的数据，例如 list 中的数据依次为 1、2、3、4、5，当执行 Collections.rotate(list，1)后，list 中的数据依次为 5、1、2、3、4。Math 类中的 random()方法产生[0,1)但不包含 1 的随机数，因此产生一个[a,b]的随机整数的表达式为 (int)(Math.random() * (b−a+1)+a)，因为 random()是静态方法，所以可直接用类名 Math 调用。Java 提供了迭代功能，List < T >对象的数据可以调用 iterator()方法返回一个迭代器，使用迭代器遍历列表中的元素。List < T >接口提供了 sort()方法对列表中的元素进行排序，如果采用默认的方式排序(例如将整数按从小到大排序)，则 sort()方法的参数为 null。

实验 11.4　集合及应用

1. 实验目的

(1) 学习集合的创建与使用。

(2) 学习如何将元素添加到集合中。

(3) 学习如何将两个集合合并。

2. 实验要求

编写一个 Java 程序，将集合 setA=[2,5,9,13]和 setB=[1,3,6,9,15,21]中的元素合并到集合 setA 中，使程序运行结果如图 11.4 所示。

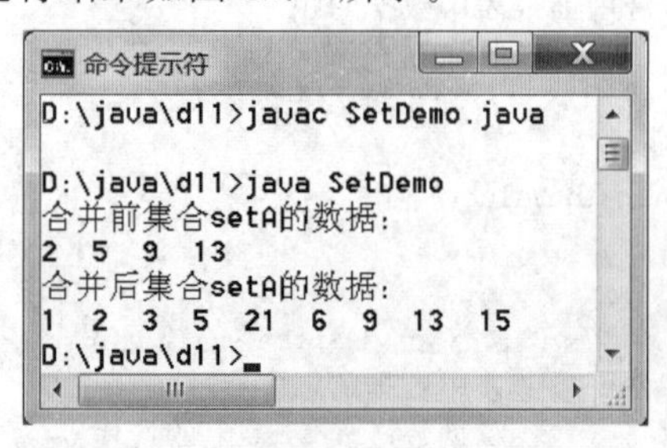

图 11.4　程序 SetDemo 运行结果

3. 程序模板

按模板要求,将【代码 1】~【代码 3】替换为相应的 Java 程序代码,使之输出如图 11.4 所示的结果。

```
//FileName:SetDemo.java
import java.util.HashSet;
import java.util.Iterator;
public class SetDemo{
  public static void main(String[ ] args){
    int[ ] a = {2,5,9,13};
    int[ ] b = {1,3,6,9,15,21};
    HashSet < Integer > setA = new HashSet <>();
    HashSet < Integer > setB = new HashSet <>();
    for(int i = 0;i < a.length;i++)
      【代码 1】 //将数组 a 中的元素添加到集合对象 setA 中
    for(int i = 0;i < b.length;i++)
      【代码 2】 //将数组 b 中的元素添加到集合对象 setB 中
    System.out.println("合并前集合 setA 的数据: ");
    Iterator < Integer > it = setA.iterator();
    while(it.hasNext())
      System.out.print(it.next() + "  ");
    【代码 3】 //将 setB 中的元素合并到 setA 中
    System.out.println("\n 合并后集合 setA 的数据: ");
    it = setA.iterator();
    while(it.hasNext())
      System.out.print(it.next() + "  ");
  }
}
```

4. 实验指导

Set < T >是一个不含重复元素的集合接口,当将两个集合对象中的元素合并在一起时,重复的元素只保留一个。Set < T >对象的数据也可以调用 iterator()方法返回一个迭代器,然后使用迭代器遍历集合中的元素。

实验 11.5 利用 HashMap 映射实现字典功能

1. 实验目的

(1) 学习 HashMap 映射的创建。

(2) 学习如何将以“键-值”的形式为元素存入映射。

(3) 学习如何通过“键”来查找“值”。

2. 实验要求

编写一个汉英小词典,将中文词作为键、英文词作为值所构成的“键-值”对添中到 HashMap 对象中,然后对其进行操作,使之输出如图 11.5 所示的结果。

3. 程序模板

按模板要求,将【代码 1】~【代码 3】替换为相应的 Java 程序代码,使之输出如图 11.5 所示的结果。

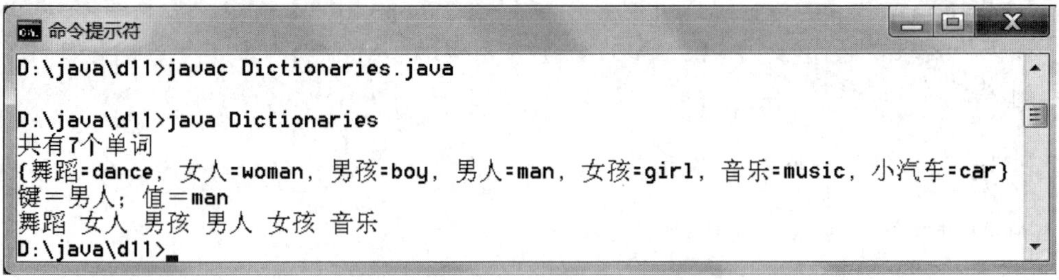

```
命令提示符
D:\java\d11>javac Dictionaries.java

D:\java\d11>java Dictionaries
共有7个单词
{舞蹈=dance, 女人=woman, 男孩=boy, 男人=man, 女孩=girl, 音乐=music, 小汽车=car}
键=男人; 值=man
舞蹈 女人 男孩 男人 女孩 音乐
D:\java\d11>_
```

图 11.5　程序 Dictionaries 运行结果

```
//FileName:Dictionaries.java
import java.util.*;
public class Dictionaries{
  public static void main(String[] args){
    String[] cw = {"音乐","舞蹈","小汽车","男人","女人","男孩","女孩"};
    String[] ew = {"music","dance","car","man","woman","boy","girl"};
    HashMap<String,String> hm = new HashMap<>();
    for(int i = 0;i<cw.length;i++)
      【代码 1】    //将 cw[i]作为 key,ew[i]作为 value 添加到 hm 中
    System.out.println("共有" + hm.size() + "个单词");
    System.out.println(hm);
    【代码 2】    //输出键为"男人"所对应的值
    hm.remove("小汽车");
    【代码 3】    //获取 hm 中键对象集合
    for(String s:keys)
      System.out.print(s + " ");
  }
}
```

4. 实验指导

HashMap 映射是以“键-值”对的形式为元素存入映射对象中。可调用 HashMap 映射的 put()方法将“键-值”对添加到 HashMap 映射中。调用 get()方法可获得“键”所对应的“值”。调用 keySet()方法可以获得“键”的集合。

实验 11.6　HashMap 与 TreeMap 的结合应用

1. 实验目的

学习 HashMap 映射和 TreeMap 映射结合使用。

2. 实验要求

编写一个 Java 程序,将星期日至星期六的英文缩写与中文含义对应起来,使程序运行结果如图 11.6 所示。

3. 程序模板

按模板要求,将【代码 1】~【代码 5】替换为相应的 Java 程序代码,使之输出如图 11.6 所示的结果。

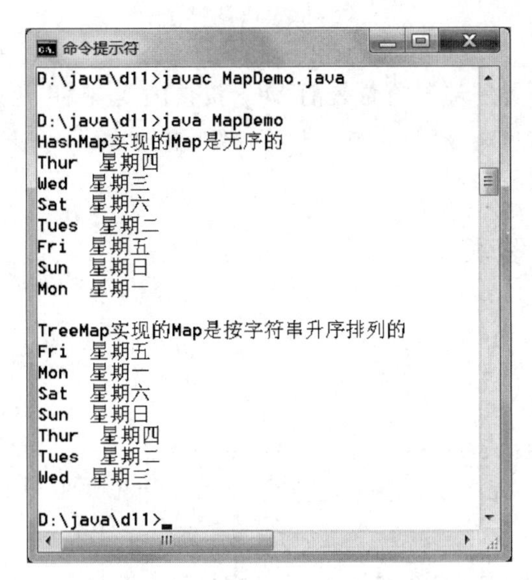

图 11.6 程序 MapDemo 运行结果

```
//FileName:MapDemo.java
import java.util.HashMap;
import java.util.Iterator;
import java.util.Set;
import java.util.TreeMap;
public class MapDemo{
  public static void main(String[] args){
    String[] english = {"Sun","Mon","Tues","Wed","Thur","Fri","Sat"};
    String[] chinese = {"星期日","星期一","星期二","星期三","星期四",
                        "星期五","星期六"};
    HashMap<String,String> hashMap = new HashMap<>();
    for(int i = 0;i<7;i++){
      【代码 1】    //将英文缩写作为 key,中文含义作为 value 添加到 hashMap 对象中
    }
    System.out.println("HashMap 实现的 Map 是无序的");
    Set<String> keys = 【代码 2】    //获取 hashMap 中键对象集合
    Iterator<String> it = keys.iterator();
    while(it.hasNext()){
      String key = it.next();
      String value = 【代码 3】        //返回 hashMap 中 key 所对应的值
      System.out.println(key + "   " + value);
    }
    //创建一个含有 hashMap 中元素的 TreeMap 对象 treeMap
    TreeMap<String,String> treeMap = new TreeMap<>(hashMap);
    System.out.println("\nTreeMap 实现的 Map 是按字符串升序排列的");
    keys = 【代码 4】                  //获取 treeMap 中键对象集合
    it = keys.iterator();
    while(it.hasNext()){
      String key = it.next();
      String value = 【代码 5】        //返回 treeMap 中 key 所对应的值
      System.out.println(key + "   " + value);
    }
  }
}
```

4. 实验指导

HashMap<K,V>类是基于哈希表的Map接口的实现,其元素是无序的。TreeMap<K,V>类的映射关系存在一定的顺序。所以本实验中输出TreeMap对象中的元素时是按字符串升序排序的。

第11章实验参考答案

实验11.1

【代码1】: `private T[] array;`

【代码2】: `T[] array`

【代码3】: `ArrayClass<String> a = new ArrayClass<>();`

【代码4】: `System.out.print(a.getT()[i] + "  ");`

实验11.2

【代码1】: `Cylinder<Rectangle> c1 = new Cylinder<>(rect,12);`

【代码2】: `System.out.println("长方体的体积为: " + c1.volume());`

【代码3】: `Cylinder<Circle> c2 = new Cylinder<>(circle,7);`

【代码4】: `System.out.println("圆柱体的体积为: " + c2.volume());`

实验11.3

【代码1】: `List<Integer> list = new LinkedList<>();`

【代码2】: `list.add(n);`

【代码3】: `Iterator<Integer> iter = list.iterator();`

【代码4】: `Collections.shuffle(list);`

【代码5】: `Collections.rotate(list, -2);`

实验11.4

【代码1】: `setA.add(a[i]);`

【代码2】: `setB.add(b[i]);`

【代码3】: `setA.addAll(setB);`

实验11.5

【代码1】: `hm.put(cw[i],ew[i]);`

【代码2】: `System.out.println("键 = 男人;值 = " + hm.get("男人"));`

【代码3】: `Set<String> keys = hm.keySet();`

实验11.6

【代码1】: `hashMap.put(english[i],chinese[i]);`

【代码2】: `hashMap.keySet();`

【代码3】: `hashMap.get(key);`

【代码4】: `treeMap.keySet();`

【代码5】: `hashMap.get(key);`

第 12 章　注解、反射、内部类、匿名内部类与 Lambda 表达式

本章知识点：Java 语言提供了注解、反射和 Lambda 表达式等许多特性供程序员使用。注解是代码中的特殊标记，用来告知编译器要做什么事情的说明，根据注解的作用可以将注解分为基本注解、元注解（或称元数据注解）与自定义注解三种；反射允许程序在运行状态时，可以对任意一个字节码(.class 文件)获取它的所有属性和方法，这种动态获取程序信息以及动态调用对象的功能就是 Java 语言的反射机制；内部类(inner class)是定义在类中的类，而匿名内部类是一种特殊的内部类，它没有类名，在定义类或实现接口的同时，就生成该类的一个对象；函数式接口是只包含一个抽象方法的接口，Lambda 表达式是一种匿名方法，它可以被看作是使用精简语法的匿名内部类。Java 中任何 Lambda 表达式必定有对应的函数式接口。

本章将指导读者如何使用反射、内部类、匿名内部类与 Lambda 表达式。

实验 12.1　利用反射获取程序元素相应信息

1. 实验目的

(1) 学习如何获取.class 对象。

(2) 学习获取类对象所使用的方法。

(3) 学习如何获取方法中所使用的修饰符、返回值类型。

2. 实验要求

编写一个 Java 程序，调用 getMethods()方法，获取 String 类的所有方法信息并输出，使程序运行结果如图 12.1 所示。

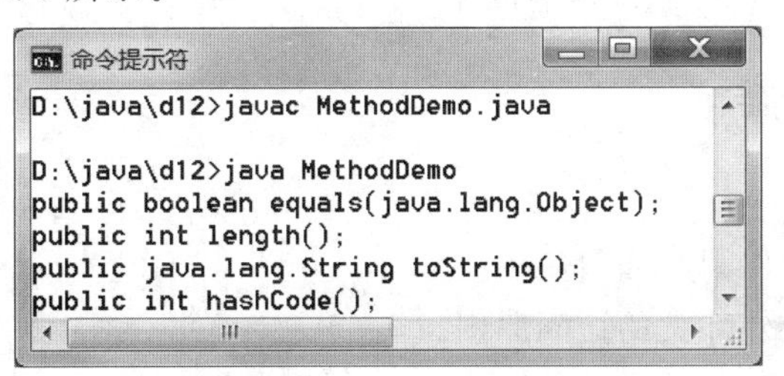

图 12.1　程序 MethodDemo 运行结果

3. 程序模板

按模板要求，将【代码1】～【代码3】替换为相应的Java程序代码，使之输出如图12.1所示的结果。

```
//FileName:MethodDemo.java
import java.lang.reflect.Method;
import java.lang.reflect.Modifier;
public class MethodDemo{
  public static void main(String[] args){
    try{
      Class clazz = Class.forName("java.lang.String");
      Method[] mtds =【代码1】      //返回所有方法
      for(Method m:mtds){
        int mod =【代码2】          //返回方法的修饰符
        System.out.print(Modifier.toString(mod));
        Class retType =【代码3】  //获取方法的返回值类型
        System.out.print(" " + retType.getName());
        System.out.print(" " + m.getName() + "(");
        Class[] paramType = m.getParameterTypes();
        for(int i = 0;i < paramType.length;i++){
          if(i > 0) System.out.print(",");
          System.out.print(paramType[i].getName());
        }
        System.out.println(");");
      }
    }
    catch(ClassNotFoundException e){
      e.printStackTrace();
    }
  }
}
```

4. 实验指导

反射机制所需的类主要有java.lang包中的Class类和java.lang.reflect包中的Constructor类、Field类、Method类和Parameter类。Class类是一个比较特殊的类，它是反射机制的基础，Class对象代表该.class字节码文件。本实验中使用的getMethods()、getModifiers()和getReturnType()方法分别用于返回Class对象的方法、修饰符和方法返回值类型。另外，使用forName()方法获取Class对象时将声明抛出ClassNotFoundException异常，因此调用该方法时必须捕获或抛出该异常。

实验12.2 内部类

1. 实验目的

(1) 了解内部类的作用及如何使用。

(2) 学习内部类与外部类的访问原则。

2. 实验要求

编写一个Java程序，在程序中定义一个School类，在School类中定义一个内部类

Student，分别创建这两个类的对象，访问各个对象中的方法，使程序运行结果如图 12.2 所示。

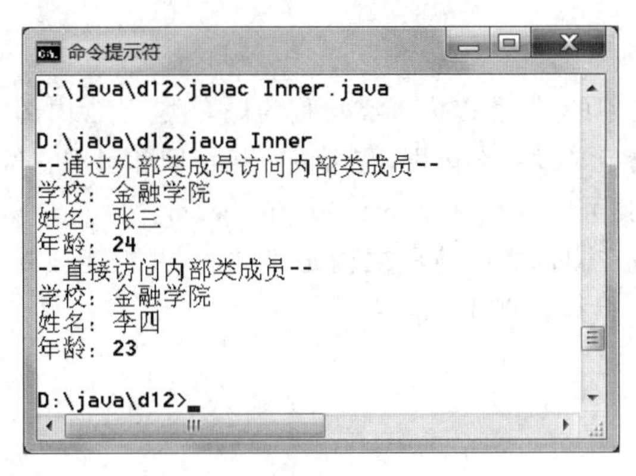

图 12.2　程序 Inner 运行结果

3. 程序模板

按模板要求，将【代码 1】～【代码 3】替换为相应的 Java 程序代码，使之输出如图 12.2 所示的结果。

```
//FileName:Inner.java
class School{
  String name;
  public class Student{
    String name;
    int age;
    public Student(String schoolName,String studentName,int newAge){
      【代码 1】 //将 schoolName 赋值给 School 类的 name 属性
      【代码 2】 //将 studentName 赋值给 Student 类的 name 属性
      【代码 3】 //将 newAge 赋值给 Student 类的 age 属性
    }
    public void output(){
      System.out.println("学校：" + School.this.name);
      System.out.println("姓名：" + this.name);
      System.out.println("年龄：" + this.age);
    }
  }
  public void output(){
    Student stu = new Student("金融学院","张三",24);
    stu.output();
  }
}
public class Inner{
  public static void main(String[ ] args){
    System.out.println(" -- 通过外部类成员访问内部类成员 -- ");
    School a = new School();
    a.output();
    System.out.println(" -- 直接访问内部类成员 -- ");
    School.Student b = a.new Student("金融学院","李四",23);
```

```
    b.output();
  }
}
```

4. 实验指导

内部类是包含在类中的类，所以内部类也称为嵌套类，包含内部类的类称为外部类。内部类的定义和普通类的定义没什么区别，它可以直接访问和引用它的外部类的所有成员，与外部类不同的是，内部类可以声明为 private 或 protected。

内部类的成员只有在内部类的范围之内是可知的，并不能被外部类使用，例如以下程序，编译后出现如图 12.3 所示的错误信息。

```
class A{
  class B{
    int i;
  }
  void test(){
    System.out.println(i);    //变量 i 是内部类 B 的成员
  }
}
```

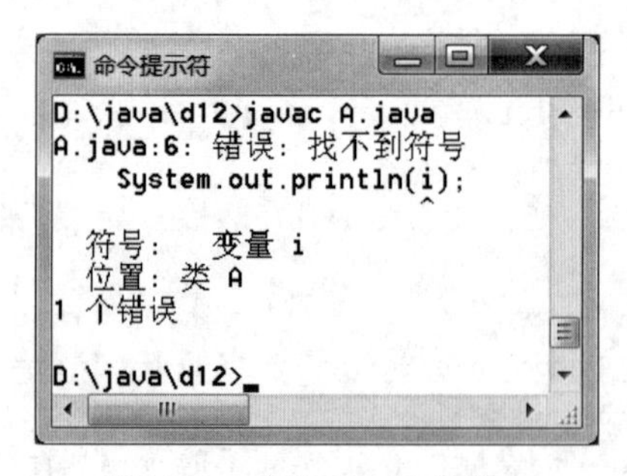

图 12.3 变量 i 不在 A 类内

如果方法的局部变量、内部类的成员变量、外部类的成员变量重名，则应该按下面的方式来指定要访问的变量。

```
class A{
  int i = 0;
  public class B{
    int i = 1;
    void test(int i){
      System.out.println("i = " + i);             //引用的是 test()方法的形参 i
      System.out.println("i = " + this.i++);      //引用的是类 B 的属性 i
      System.out.println("i = " + A.this.i++);  //引用的是类 A 的属性 i
    }
  }
  public static void main(String[] args){
    new A().new B().test(2);
  }
}
```

程序运行结果如图 12.4 所示。

内部类可以通过创建对象从外部类之外被调用，只要将内部类声明为 public 即可。在上面的程序中，类 B 被声明为 public，在其外部可以创建其外部类 A 的实例对象 new A()，再通过这个实例对象创建 B 类的实例对象 new A(). new B()，就可以使用 B 类的实例对象来调用内部类 B 中的方法了，程序模板中的程序用的也是这种方法。

```
D:\java\d12>javac A.java

D:\java\d12>java A
i=2
i=1
i=0

D:\java\d12>
```

图 12.4　程序 A 运行结果

实验 12.3　匿名内部类

1. 实验目的

(1) 学习匿名内部类是直接用其父类名或者它所实现接口的名。

(2) 掌握如何创建匿名内部类。

2. 实验要求

编写一个 Java 程序，用匿名内部类实现接口中的方法，使程序运行结果如图 12.5 所示。

```
D:\java\d12>javac AnonCal.java

D:\java\d12>java AnonCal
10+5=15
10-5=5

D:\java\d12>
```

图 12.5　程序 AnonCal 运行结果

3. 程序模板

按模板要求，将【代码 1】~【代码 4】替换为相应的 Java 程序代码，使之输出如图 12.5 所示的结果。

```
//FileName:AnonCal.java                              匿名内部类应用
interface Calculable{
  int calInt(int a,int b);
}
public class AnonCal{
  public static Calculable cal(char opr){
    Calculable result;
    if(opr == '+')
      result =【代码 1】                              //创建匿名内部类实现加法运算
    else
      result =【代码 2】                              //创建匿名内部类实现减法运算
    return result;
  }
  public static void main(String[] args){
    int n1 = 10,n2 = 5;
    Calculable f1 = cal('+');
    System.out.println(n1 + " + " + n2 + " = " +【代码 3】);//调用 calInt()方法输出加法结果
    Calculable f2 = cal('-');
    System.out.println(n1 + " - " + n2 + " = " +【代码 4】);//调用 calInt()方法输出减法结果
  }
}
```

4. 实验指导

匿名内部类是可以直接使用 new 运算符用其父类名或所实现的接口名创建的对象。匿名内部类既是一个内部类，也是一个子类，由于没名字，因此不可能用匿名内部类声明对象，但在后面带上圆括号"()"表示创建类的对象。匿名内部类名前不能有修饰符，也不能定义构造方法，因为它没有名字，在创建对象时也不能带参数，这是因为默认构造方法不能带参数；由于匿名内部类的定义与创建该类的一个对象同时进行，因此类定义的前面是 new 运算符，而不是使用关键字 class。

从匿名内部类定义的语法中可以知道，匿名内部类返回的是一个对象的引用，所以可以直接使用或将其赋给一个引用变量。本实验中就是将用匿名内部类创建的对象赋值给引用变量 result。

实验 12.4 Lambda 表达式

1. 实验目的

(1) 学习 Lambda 表达式的语法格式。

(2) 学习如何将匿名内部类化为 Lambda 表达式。

2. 实验要求

将实验 12.3 中的程序代改用 Lambda 表达式实现，使之运行结果与图 12.5 相同。

3. 程序模板

按模板要求，将【代码 1】~【代码 4】替换为相应的 Java 程序代码，输出结果如图 12.5 所示。只是类名不同。

```
//FileName:LambdaCal.java                                    Lambda 表达式应用
@FunctionalInterface
interface Calculable{
  int calInt(int a, int b);
}
public class LambdaCal{
  public static Calculable cal(char opr){
    Calculable result;
    if(opr == '+')
      result =【代码 1】                                      //用 Lambda 表达式实现加法运算
    else
      result =【代码 2】                                      //用 Lambda 表达式实现减法运算
    return result;
  }
  public static void main(String[] args){
    int n1 = 10,n2 = 5;
    Calculable f1 = cal('+');
    System.out.println(n1 + " + " + n2 + " = " +【代码 3】);    //调用方法输出加法结果
    Calculable f2 = cal('-');
    System.out.println(n1 + " - " + n2 + " = " +【代码 4】);    //调用方法输出减法结果
  }
}
```

4. 实验指导

相对于匿名内部类来说，Lambda 表达式的语法省略了接口类型与方法名，->左边是参数列表，而右边是方法体。所以用 Lambda 表达式简化匿名内部类的方法就是去掉接口名和方法名等冗余信息，只保留方法的参数和方法体。Lambda 表达式利用函数式接口创建一个与匿名内部类等价的对象，所以 Lambda 表达式可以被看作是使用精简语法的匿名内部类。

第 12 章实验参考答案

实验 12.1

【代码 1】：`clazz.getMethods();`

【代码 2】：`m.getModifiers();`

【代码 3】：`m.getReturnType();`

实验 12.2

【代码 1】：`School.this.name = schoolName;`

【代码 2】：`this.name = studentName;`

【代码 3】：`this.age = newAge;`

实验 12.3

【代码 1】：
```
new Calculable(){
   @Override
   public int calInt(int a,int b)
   {return a + b;}
};
```

【代码 2】：
```
new Calculable(){
   @Override
   public int calInt(int a,int b)
   {return a - b;}
};
```

【代码 3】：`f1.calInt(n1,n2)`

【代码 4】：`f2.calInt(n1,n2)`

实验 12.4

【代码 1】：`(a,b) -> a + b;`

【代码 2】：`(a,b) -> a - b;`

【代码 3】：`f1.calInt(n1,n2)`

【代码 4】：`f2.calInt(n1,n2)`

第 13 章　图形界面设计

本章知识点：图形用户界面(Graphics User Interface,GUI)是用户与计算机之间交互的图形化操作界面，它是用图形的方式，借助菜单、按钮等标准界面元素和鼠标操作，帮助用户方便地向计算机系统发出指令、启动操作，并将系统运行的结果同样以图形方式显示给用户的技术。对于控件在窗口中如何摆放，JavaFX 15 中提供了多种面板用于对控件的组织。

本章将指导读者学习创建窗口、使用各种面板以及构建场景图。

实验 13.1　创建窗口

1. 实验目的

(1) 学习利用舞台和场景创建 JavaFX 窗口。

(2) 学习利用边界面板布局。

(3) 学习构建场景图。

2. 实验要求

编写一个 JavaFX 程序，在程序中创建一个窗口，以边界面板为根面板，在其四个边缘区域添加四个命令按钮，在中央区域添加一个面板对象，并将一幅图像添加到该面板对象中，使程序运行结果如图 13.1 所示。

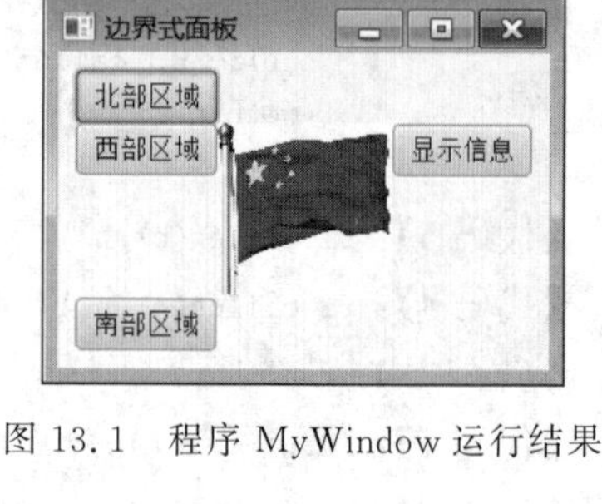

图 13.1　程序 MyWindow 运行结果

3. 程序模板

按模板要求，将【代码 1】～【代码 4】替换为相应的 JavaFX 程序代码，使之输出如图 13.1 所示的结果。

```
//FileName:MyWindow.java
import javafx.application.Application;
import javafx.stage.Stage;
import javafx.scene.Scene;
import javafx.scene.image.Image;
import javafx.scene.image.ImageView;
import javafx.scene.control.Button;
import javafx.scene.layout.BorderPane;
import javafx.scene.layout.Pane;
import javafx.geometry.Insets;
```

```
public class MyWindow extends Application{
  @Override
  public void start(Stage primaryStage){
    BorderPane rootPane = new BorderPane();
    rootPane.setPadding(new Insets(8,8,8,8));
    Image imb = new Image("国旗.jpg");
    【代码 1】        //创建显示图像 imb 的对象 iv
    iv.setFitWidth(80);
    【代码 2】        //设置图像保持缩放比例
    iv.setSmooth(true);
    iv.setCache(true);
    Pane pane = new Pane();
    【代码 3】        //将图像添加到 pane 面板中
    Button bt = new Button("北部区域");
    rootPane.setTop(bt);
    rootPane.setBottom(new Button("南部区域"));
    rootPane.setLeft(new Button("西部区域"));
    rootPane.setRight(new Button("显示信息"));
    【代码 4】        //将面板 pane 添加到根面板的中央区域
    Scene scene = new Scene(rootPane);
    primaryStage.setTitle("界面布局");
    primaryStage.setScene(scene);
    primaryStage.show();
  }
}
```

4. 实验指导

在 JavaFX 应用程序中，每个应用程序都有一个主舞台，窗口就是一个舞台对象。但主舞台是应用程序启动时由系统创建的，通过 start()方法的参数获得，用户不能自己创建。创建舞台后可以在舞台中放置场景，一个场景是 Scene 类的对象。可以在 Scene 中添加用户的布局面板，然后在场景或面板中放置节点。场景中的节点是通过层次结构表示的。场景中所有节点的集合构成所谓的场景图，即场景图是由节点构成的一个树形结构图。

边界面板的五个区域中，每个区域既可以添加控件也可以添加面板，该面板上又可以添加控件或面板，这样就构成了一个场景图。

在设置图像的操作中，一般需要设置图像的高度或宽度，然后设置其保持缩放比例，这样使图像保持原形状而不会变形。

每个面板都包含一个列表类 ObservableList 的对象用于存放面板中的节点，这个列表是一个用于存储元素的集合。必须使用父类面板 Pane 类中定义的 getChildren()方法返回面板的用于存放节点的列表，然后再利用 add()方法或 addAll()方法将节点添加到面板中，实际上是添加到列表 ObservableList 的对象上。

实验 13.2　网格面板与文本组件

1. 实验目的

(1) 学习标签、文本框、按钮的创建。

图 13.2　程序 GridStyle 运行结果

(2) 学习使用 JavaFX CSS。

(3) 学习网格面板布局。

2. 实验要求

编写一个 JavaFX 程序，在窗口的场景中添加一个网格面板，往网格面板中添加如图 13.2 所示的组件。

3. 程序模板

按模板要求，将【代码 1】～【代码 6】替换为相应的 JavaFX 程序代码，使之输出如图 13.2 所示的结果。

```
//FileName:GridStyle.java
import javafx.application.Application;
import javafx.stage.Stage;
import javafx.scene.Scene;
import javafx.scene.control.Label;
import javafx.scene.control.TextField;
import javafx.scene.control.Button;
import javafx.scene.paint.Color;
import javafx.scene.text.Font;
import javafx.geometry.Pos;
import javafx.scene.layout.GridPane;
import javafx.geometry.Insets;
public class GridStyle extends Application{
  Label lab1 = new Label("姓名：");
  Label lab2 = new Label("职业：");
  Label lab3 = new Label("性别：");
  Font fon = new Font("Times New Roman",20);
  @Override
  public void start(Stage primaryStage){
    GridPane gPane = new GridPane();
    【代码 1】          //设置网格面板中控件居中对齐
    gPane.setPadding(new Insets(10,8,10,8));
    gPane.setHgap(5);
    gPane.setVgap(5);
    【代码 2】          //设置标签 lab1 上的文字为红色
    lab1.setFont(fon);
    lab2.setFont(new Font("黑体",20));
    【代码 3】          //设置标签 lab2 的边框为蓝色
    【代码 4】          //将标签 lab1 添加到网格面板的 0 列 0 行
    gPane.add(new TextField(),1,0);
    【代码 5】          //将标签 lab2 添加到网格面板的 0 列 1 行
    gPane.add(new TextField(),1,1);
    【代码 6】          //将标签 lab3 添加到网格面板的 0 列 2 行
    gPane.add(new TextField(),1,2);
    Button but = new Button("确认");
    gPane.add(but,1,3);
    Scene scene = new Scene(gPane);
    primaryStage.setTitle("网格与文本组件");
    primaryStage.setScene(scene);
    primaryStage.show();
```

```
    }
  }
```

4. 实验指导

网格面板是由行和列构成的单元格组成的，节点可以被放于任何单元格内，网格左上角单元格位置为第0列0行，在向单元格中添加节点时必须指定添加到第几列、第几行位置。根据需要，一个节点也可以占用多行或者多列摆放。在网格面板中，网格的行数和列数不能在构造方法中指定，网格的实际行数和列数由添加到具有网格面板中的控件动态地决定。

JavaFX每个节点的样式属性由setStyle()方法利用样式属性来设置。样式属性使用前缀-fx-进行定义，设置样式属性的语法是stylename:value。如果一个节点有多个样式属性则可以一起设置，只需用分号“;”隔开，若样式名stylename由多个单词组成，各单词间需用连字符“-”隔开。

实验13.3 单选按钮组件

1. 实验目的

(1) 学习单选按钮的创建。

(2) 学习将多个单选按钮组成一个单选按钮组。

(3) 学习使用边界面板与水平面板布局。

2. 实验要求

编写一个JavaFX程序，利用边界面板与水平面板结合来布局，使程序运行结果如图13.3所示。

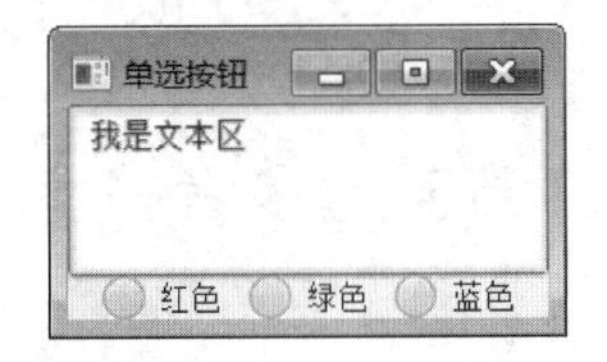

图13.3 程序RadioGroup运行结果

3. 程序模板

按模板要求，将【代码1】～【代码5】替换为相应的JavaFX程序代码，使之输出如图13.3所示的结果。

```
//FileName:RadioGroup.java
import javafx.application.Application;
import javafx.stage.Stage;
import javafx.scene.Scene;
import javafx.scene.control.TextArea;
import javafx.scene.control.RadioButton;
import javafx.scene.control.ToggleGroup;
import javafx.scene.layout.BorderPane;
import javafx.scene.layout.HBox;
import javafx.geometry.Pos;
public class RadioGroup extends Application{
  final RadioButton rb1 = new RadioButton("红色");
  final RadioButton rb2 = new RadioButton("绿色");
  final RadioButton rb3 = new RadioButton("蓝色");
  final TextArea ta = new TextArea("我是文本区");
  @Override
  public void start(Stage primaryStage){
    【代码1】          //创建单选按钮组对象 gro
    rb1.setToggleGroup(gro);
    rb2.setToggleGroup(gro);
```

```
        rb3.setToggleGroup(gro);
        HBox rgbPane = new HBox(10);
        【代码 2】         //将单选按钮添加到水平面板中
        【代码 3】         //设置水平面板居中对齐
        BorderPane rootBP = new BorderPane();
        【代码 4】         //设置文本区的宽度为 15 列
        【代码 5】         //设置文本区的高度为 3 行
        ta.setWrapText(true);
        rootBP.setCenter(ta);
        rootBP.setBottom(rgbPane);
        Scene scene = new Scene(rootBP);
        primaryStage.setTitle("单选按钮");
        primaryStage.setScene(scene);
        primaryStage.show();
    }
}
```

4. 实验指导

单选按钮 RadioButton 必须配合 ToggleGroup 类将其组成单选按钮组来使用,所有隶属于同一 ToggleGroup 组的 RadioButton 控件具有互斥属性,即当选中其中一个单选按钮时,同一组中的其他按钮变成非选中状态,若没有将单选按钮分组,则单选按钮将是独立的。ToggleGroup 不是节点类 Node 的子类,所以 ToggleGroup 对象不能添加到面板中。单选按钮必须调用 setToggleGroup()方法将其添加到组中,然后将每个单选按钮添加到面板中。

第 13 章实验参考答案

实验 13.1

【代码 1】: ImageView iv = new ImageView(imb);

【代码 2】: iv.setPreserveRatio(true);

【代码 3】: pane.getChildren().add(iv);

【代码 4】: rootPane.setCenter(pane);

实验 13.2

【代码 1】: gPane.setAlignment(Pos.CENTER);

【代码 2】: lab1.setTextFill(Color.RED);

【代码 3】: lab2.setStyle("-fx-border-color:blue");

【代码 4】: gPane.add(lab1,0,0);

【代码 5】: gPane.add(lab2,0,1);

【代码 6】: gPane.add(lab3,0,2);

实验 13.3

【代码 1】: final ToggleGroup gro = new ToggleGroup();

【代码 2】: rgbPane.getChildren().addAll(rb1,rb2,rb3);

【代码 3】: rgbPane.setAlignment(Pos.CENTER);

【代码 4】: ta.setPrefColumnCount(15);

【代码 5】: ta.setPrefRowCount(3);

第 14 章　事件处理

本章知识点：事件处理技术是用户界面程序设计中一个十分重要的技术。消息处理、事件驱动是面向对象编程技术的主要特点。因为应用程序一旦构建完 GUI 后，它就不再工作，而是等待用户通过鼠标、键盘给它通知（消息驱动），它再根据这个通知的内容进行相应的处理（事件驱动）。在 Java 中，对事件的处理采用的是委托事件处理模型机制（delegation event model）。委托事件模型是将事件源（如命令按钮）和对事件做出的具体处理的操作（利用监听者实体来对事件进行具体的处理）分离开来。一般情况下，控件（事件源）不处理自己的事件，而是将事件处理委托给外部的处理实体（监听者），这种事件处理模型就是事件的委托处理模型。不同的控件都会有相应的事件、事件监听者及处理方法。

本章将指导读者学习动作事件、鼠标事件和键盘事件。

实验 14.1　动作事件

1. 实验目的

（1）学习 Java 语言事件处理机制。

（2）学习委托事件模型。

（3）掌握事件监听者接口 EventHandler < T extends Event >的用法。

（4）掌握事件监听者向事件源注册的方法。

2. 实验要求

编写一个 JavaFX 程序，在程序中建立一个窗口，摆放两个文本框和一个按钮。单击按钮，能把左边文本框的内容复制到右边文本框中，使程序运行结果如图 14.1 所示。

图 14.1　程序 Copy 运行结果

3. 程序模板

按模板要求，将【代码 1】～【代码 2】替换为相应的 JavaFX 程序代码，使之输出如图 14.1 所示的结果。

```
//FileName:Copy.java
import javafx.application.Application;
```

```
import javafx.stage.Stage;
import javafx.scene.Scene;
import javafx.scene.layout.FlowPane;
import javafx.scene.control.Button;
import javafx.scene.control.TextField;
public class Copy extends Application{
  Button b = new Button("复制");
  TextField L = new TextField();
  TextField R = new TextField();
  @Override
  public void start(Stage primaryStage){
    L.setPrefColumnCount(10);
    R.setPrefColumnCount(10);
    FlowPane fp = new FlowPane(5,5);
    【代码 1】       //将文本框和按钮添加到流面板中
    【代码 2】       //实现单击按钮的复制功能
    Scene scene = new Scene(fp);
    primaryStage.setTitle("动作事件");
    primaryStage.setScene(scene);
    primaryStage.show();
  }
}
```

4. 实验指导

在 JavaFX 程序设计中,一个对象要成为事件源的事件监听者,需满足如下两个条件。

(1) 事件监听者必须是一个对应的事件监听者接口的实例,从而保证该监听者具有正确的事件处理方法。JavaFX 定义了一个对于事件 T 的统一的监听者接口 EventHandler <T extends Event>,即定义了所有监听者的共同行为。该接口中声明了 handle(T e)方法用于处理事件。例如,对于动作事件 ActionEvent 来说,监听者接口是 EventHandler <ActionEvent>。ActionEvent 的每个监听者接口都应实现 handle(ActionEvent e)方法从而处理一个动作事件 ActionEvent。

(2) 事件监听者对象必须通过事件源进行注册,注册方法依赖于事件类型。对于动作事件 ActionEvent 而言,事件源是使用 setOnAction()方法进行注册的;对于鼠标按下事件,事件源是使用 setOnMousePressed()方法进行注册的;对于一个按键事件,事件源是使用 setOnKeyPressed()方法进行注册的。

事件监听者可以由内部类、匿名内部类或 Lambda 表达式来担任。本实验中采用的是 Lambda 表达式来担任监听者。读者可将该例中的事件处理分别改为内部类和匿名内部类实现,但这两种方式需要导入 import javafx.event.ActionEvent 和 import javafx.event.EventHandler。

实验 14.2 鼠标事件及处理程序

1. 实验目的

(1) 学习用 Lambda 表达式作为监听者并向事件源注册。

(2) 掌握移动鼠标进入、离开、在事件源上按下鼠标的事件。

(3) 掌握鼠标事件监听者向事件源注册所使用的方法。

2. 实验要求

编写一个JavaFX程序,在边界面板的中央区域添加一个圆,在底部区域添加一个文本框。当鼠标进入圆内时,在文本框中显示"鼠标进入圆内";当鼠标离开圆时,在文本框中显示"鼠标离开圆内";而当在圆内按住鼠标时,则在文本框中显示"鼠标被按下",使程序运行结果如图14.2所示。

图14.2 程序MyMouseEvent运行结果

3. 程序模板

按模板要求,将【代码1】~【代码2】替换为相应的JavaFX程序代码,使之输出如图14.2所示的结果。

```
//FileName:MyMouseEvent.java
import javafx.application.Application;
import javafx.stage.Stage;
import javafx.scene.Scene;
import javafx.scene.paint.Color;
import javafx.scene.shape.Circle;
import javafx.scene.input.MouseEvent;
import javafx.event.EventHandler;
import javafx.scene.control.TextField;
import javafx.scene.layout.BorderPane;
import javafx.scene.control.Button;
public class MyMouseEvent extends Application{
  @Override
  public void start(Stage myStage){
    BorderPane bPane = new BorderPane();
    TextField tf = new TextField();
    Circle c = new Circle(50,Color.RED);
    【代码1】    //用Lambda表达式作为鼠标进入圆c内的监听者并注册
    【代码2】    //用Lambda表达式作为鼠标离开圆c内的监听者并注册
    c.setOnMousePressed(new EventHandler<MouseEvent>(){
        public void handle(MouseEvent me)
        { tf.setText("鼠标被按住"); }
      });
    bPane.setCenter(c);
    bPane.setBottom(tf);
    Scene scene = new Scene(bPane,200,150);
    myStage.setTitle("鼠标事件");
    myStage.setScene(scene);
    myStage.show();
  }
}
```

4. 实验指导

鼠标事件包括按下鼠标、释放鼠标、单击鼠标、鼠标进入、鼠标离开、鼠标移动和鼠标拖动七个事件。它们所触发的都是MouseEvent事件,但它们对事件的注册方法却是不同的,所以要使用正确的事件注册方法。本实验中只设置了鼠标进入、鼠标离开和按下鼠标三个事件，对于鼠标进入、鼠标离开事件，使用 Lambda 表达式作为事件源圆 c 的事件监听者。为了体现编程的多样性，对于鼠标按下事件在程序中用匿名内部类实现。有兴趣的读者也可用匿名内部类实现【代码 1】和【代码 2】。

实验 14.3 键盘事件及处理程序

1. 实验目的

(1) 掌握触发键盘事件的操作。

(2) 掌握键盘事件监听者向事件源注册所使用的方法。

2. 实验要求

编写一个 JavaFX 程序，在栈面板中添加一个文本框。当在键盘上按下一个按键时，在文本框中显示“按下键:”和被按下的键；当松开按键时，在文本框中显示“释放键:”和被释放的键，使程序运行结果如图 14.3 所示。

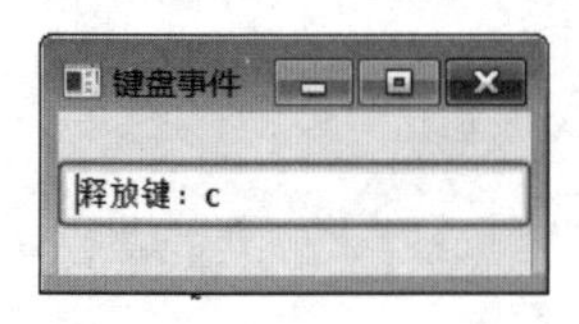

图 14.3 程序 MyKeyEvent 运行结果

3. 程序模板

按模板要求，将【代码】替换为相应的 JavaFX 程序代码，使之输出如图 14.3 所示的结果。

```
//FileName:MyKeyEvent.java
import javafx.application.Application;
import javafx.stage.Stage;
import javafx.scene.Scene;
import javafx.scene.input.KeyEvent;
import javafx.event.EventHandler;
import javafx.scene.control.TextField;
import javafx.scene.layout.StackPane;
public class MyKeyEvent extends Application{
  @Override
  public void start(Stage myStage){
    StackPane sPane = new StackPane();
    TextField tf = new TextField();
    【代码】   //设置文本框 tf 中键被按下的监听者为匿名内部类对象
    tf.setOnKeyReleased(new EventHandler<KeyEvent>(){
        public void handle(KeyEvent ke)
        {tf.setText("释放键：" + ke.getText());}
      });
    sPane.getChildren().add(tf);
    Scene scene = new Scene(sPane,180,60);
    myStage.setTitle("键盘事件");
    myStage.setScene(scene);
    myStage.show();
  }
}
```

4. 实验指导

键盘事件包括按下键、释放键和单击键三个事件。它们所触发的都是 KeyEvent 事件，但它们对事件的注册方法却是不相同的，所以要使用正确的事件注册方法。本实验中只设置了按下键和释放键事件，并使用匿名内部类作为事件监听者，读者也可以改为 Lambda 表达式作为事件监听者。

实验 14.4　为绑定属性注册监听者

1. 实验目的

(1) 学习如何为绑定属性注册监听者。

(2) 学习对单选按钮组整体进行事件监听。

(3) 学习绑定属性事件监听者向事件源注册的方法。

2. 实验要求

编写一个 JavaFX 程序，在流式面板中添加三个单选按钮和一个标签，当选中不同的单选按钮时，将选择结果显示在标签上。要求对整个单选按钮组进行事件监听，而不同以往的对每个单选按钮进行事件监听，使程序运行结果如图 14.4 所示。

图 14.4　程序 RadioEvent 运行结果

3. 程序模板

按模板要求，输入 JavaFX 程序代码，使之输出如图 14.4 所示的结果。

```
//FileName:RadioEvent.java
import javafx.application.Application;
import javafx.stage.Stage;
import javafx.scene.Scene;
import javafx.scene.layout.FlowPane;
import javafx.scene.control.RadioButton;
import javafx.scene.control.ToggleGroup;
import javafx.event.ActionEvent;
import javafx.event.EventHandler;
import javafx.scene.control.Label;
import javafx.geometry.Pos;
import javafx.beans.value.ObservableValue;
import javafx.beans.value.ChangeListener;
import javafx.scene.control.Toggle;
public class RadioEvetnt extends Application{
  Label resp = new Label("");
  @Override
  public void start(Stage myStage){
    FlowPane fp = new FlowPane(10,10);
    fp.setAlignment(Pos.CENTER);
    RadioButton rbJ = new RadioButton("Javva");
    RadioButton rbP = new RadioButton("Python");
    RadioButton rbC = new RadioButton("C++");
    ToggleGroup tg = new ToggleGroup();
    rbJ.setToggleGroup(tg);
    rbP.setToggleGroup(tg);
```

```
        rbC.setToggleGroup(tg);
        tg.selectedToggleProperty().addListener(new ChangeListener<Toggle>(){
            public void changed(ObservableValue<? extends Toggle> changes,
              Toggle oldVal,Toggle newVal){
                RadioButton rb = (RadioButton) newVal;
                resp.setText("你选择的是: " + rb.getText());
              }
          });
        rbJ.setSelected(true);          //也可用 rbJ.fire();
        fp.getChildren().addAll(rbJ,rbP,rbC,resp);
        Scene myScene = new Scene(fp,250,120);
        myStage.setTitle("单选按钮属性绑定事件");
        myStage.setScene(myScene);
        myStage.show();
    }
}
```

4. 实验指导

该例中对单选按钮动作事件的处理上,不同以往对每个单选按钮注册监听者的方式,而是采用监听整个按钮组的变化。当发生变化时,事件处理程序很容易判断哪个单选按钮被选中,然后采取相应的操作。为使用这种方法,必须对整个单选按钮组注册 ChangeListener 监听者,这样当发生变化事件时,就可以确定哪个按钮被选中。

为单选按钮组注册变化事件监听者以监听变化事件,必须实现 ChangeListener 接口。这是通过对 selectedToggleProperty()方法返回的对象调用 addListener()方法实现的。ChangeListener 接口只定义 changed()方法,如下所示:

```
public void changed(ObservableValue<? extends T> observable,T oldVal,T newVal)
```

其中,参数 observable 是一个 ObservableValue < T >实例。ObservableValue < T >封装了一个可被监视变化的对象。参数 oldVal 和 newVal 分别传递属性值更改前的值和更改后的值。本实验中 newVal 保存了对刚刚选中单选按钮的引用。程序中调用 rbT. setSelected(true)方法,而不是调用 rbT. fire()方法来设置初始选中项。因为设置初始选项会引起单选按钮组发生变化,所以当程序开始执行时,会发生变化事件。当然也可以使用 fire()方法,但使用 setSelected()方法只为说明多了一种选择,单选按钮组的任何变化都将发生变化事件。

尽管处理单选按钮发生的事件常常很有用,但有时忽略这些事件,而只在需要当前被选中单选按钮的信息时才获得访问信息更合适。下面通过修改上面程序来说明这种使用方法。添加一个"请确认"的命令按钮,只有单击该按钮时,才获得当前选中的单选按钮,然后在标签中显示选中的编程序语言。程序运行时,改变选中的单选按钮并不会改变"编程语言",只有单击"请确认"按钮后,"编程语言"才会被确认。程序代码如下:

```
//FileName:RadioEvent2.java
import javafx.application.Application;
import javafx.stage.Stage;
import javafx.scene.Scene;
```

```
import javafx.scene.layout.FlowPane;
import javafx.scene.control.RadioButton;
import javafx.scene.control.ToggleGroup;
import javafx.event.ActionEvent;
import javafx.event.EventHandler;
import javafx.scene.control.Label;
import javafx.scene.control.Button;
import javafx.geometry.Pos;
import javafx.scene.control.Toggle;
public class RadioEvent2 extends Application{
  @Override
  public void start(Stage myStage){
    FlowPane fp = new FlowPane(10,10);
    fp.setAlignment(Pos.CENTER);
    Label choose = new Label("选择编程语言");
    Label resp = new Label("还没确定");
    Button but = new Button("请确认");
    RadioButton rbJ = new RadioButton("Java");
    RadioButton rbP = new RadioButton("Python");
    RadioButton rbC = new RadioButton("C++");
    ToggleGroup tg = new ToggleGroup();
    rbJ.setToggleGroup(tg);
    rbP.setToggleGroup(tg);
    rbC.setToggleGroup(tg);
    rbJ.fire();        //也可用 rbJ.setSelected(true);
    but.setOnAction(new EventHandler<ActionEvent>(){
        public void handle(ActionEvent ae){
          RadioButton rb = (RadioButton)tg.getSelectedToggle();
          resp.setText("你选择了" + rb.getText());
        }
      });
    fp.getChildren().addAll(choose,rbJ,rbP,rbC,but,resp);
    Scene myScene = new Scene(fp,300,120);
    myStage.setTitle("单选按钮事件");
    myStage.setScene(myScene);
    myStage.show();
  }
}
```

程序中命令按钮 but 的动作事件处理程序内，是通过下面的代码获得选中的单选按钮：

```
RadioButton rb = (RadioButton)tg.getSelectedToggle();
```

其中，getSelectedToggle()方法是在 ToggleGroup 类中定义的，其功能是返回单选按钮组(通常是开关组)中的当前选中项。因为其返回值是 Toggle 类型，所以本实验中，返回值被强制转换为 RadioButton 类型。程序运行结果如图 14.5 所示，其中图 14.5(a)是初始状态，图 14.5(b)是选择一个单选按钮后单击“请确认”按钮。

(a) 初始状态

(b) 选择Python单选按钮后单击“请确认”按钮

图 14.5 程序 RadioEvent2 运行结果

第 14 章实验参考答案

实验 14.1

【代码 1】：`fp.getChildren().addAll(L,b,R);`

【代码 2】：`b.setOnAction(e -> R.setText(L.getText()));`

实验 14.2

【代码 1】：`c.setOnMouseEntered(me -> tf.setText("鼠标进入圆内"));`

【代码 2】：`c.setOnMouseExited(me -> tf.setText("鼠标离开圆内"));`

实验 14.3

【代码】：

```
tf.setOnKeyPressed(new EventHandler<KeyEvent>(){
    public void handle(KeyEvent ke)
    {tf.setText("按下键: " + ke.getText());}
});
```

第 15 章　绘图与动画程序设计

本章知识点：JavaFX 类库中提供了丰富的用于绘制形状的类，包括文本、直线、矩形、圆、椭圆、弧、折线和多边形等。动画包括过渡动画和时间轴动画两种，其中时间轴动画是技术关键。

本章将指导读者学习利用各种形状类来绘制相应的图形和动画程序设计。

实验 15.1　绘制椭圆和六边形

1. 实验目的

(1) 学习形状类的用法。

(2) 学习设置形状的各种属性。

(3) 学习将形状添加到面板 Pane 中。

2. 实验要求

编写一个 JavaFX 程序，在窗口的面板中分别绘制一个椭圆和一个六边形，使程序运行结果如图 15.1 所示。

3. 程序模板

按模板要求，将【代码 1】～【代码 3】替换为相应的 JavaFX 程序代码，使之输出如图 15.1 所示的结果。

图 15.1　程序 ShapePoly 运行结果

```
//FileName:ShapePoly.java
import javafx.application.Application;
import javafx.stage.Stage;
import javafx.scene.Scene;
import javafx.scene.layout.Pane;
import javafx.scene.shape.Ellipse;
import javafx.scene.shape.Polygon;
import javafx.scene.paint.Color;
public class ShapePoly extends Application{
  @Override
  public void start(Stage stage){
    Ellipse e = new Ellipse(50,50,35,25);
    Polygon pg = new Polygon(new double[] {135,15,160,30,
                    160,60,135,75,110,60,110,30});
    【代码 1】    //设置椭圆 e 内部不填充颜色
```

```
        e.setStroke(Color.RED);
        pg.setFill(Color.PINK);
        【代码 2】   //设置六边形 pg 的画笔颜色为蓝色
        Pane rPane = new Pane();
        【代码 3】   //设置面板 rPane 的长、宽为 200 像素 * 100 像素
        rPane.getChildren().addAll(e,pg);
        Scene scene = new Scene(rPane,200,100);
        stage.setTitle("绘制形状");
        stage.setScene(scene);
        stage.show();
    }
}
```

4. 实验指导

首先说明 Java 图形的尺寸单位是像素。形状类中有一些通用的方法用于设置形状的属性。主要有设置画笔颜色方法 setStroke()、填充颜色方法 setFill()、设置样式方法 setStyle()、设置旋转的方法 setRotate()等。本实验用 setFill()方法设置填充颜色，用 setStroke()方法设置画笔颜色。

实验 15.2 制作一个小球在弧上滚动的动画

1. 实验目的

(1) 学习具有移动效果的动画制作。

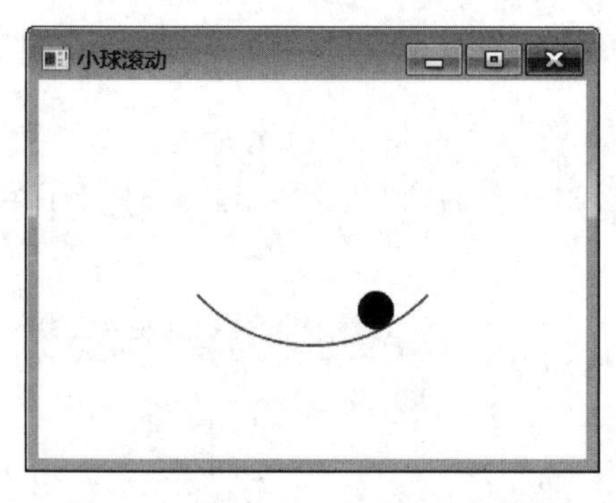

图 15.2 程序 BallRolling 运行结果

(2) 学习 PathTransition 类中常用方法的使用。

2. 实验要求

编写一个 JavaFX 程序，在窗口中有一条弧，一个小球在弧上来回滚动，使程序运行结果如图 15.2 所示。

3. 程序模板

按模板要求，将【代码 1】～【代码 3】替换为相应的 JavaFX 程序代码，使之输出如图 15.2 所示的结果。

```
//FileName:BallRolling.java      用动画实现一个小球在一条弧上来回滚动
import javafx.application.Application;
import javafx.stage.Stage;
import javafx.scene.Scene;
import javafx.scene.layout.Pane;
import javafx.scene.shape.Arc;
import javafx.scene.shape.ArcType;
import javafx.scene.shape.Circle;
import javafx.scene.paint.Color;
import javafx.animation.Animation;
import javafx.animation.PathTransition;
import javafx.util.Duration;
```

```
public class BallRolling extends Application{
  @Override
  public void start(Stage myStage){
    Pane rPane = new Pane();
    Arc arc1 = new Arc(150,50,80,80,225,90);    //创建弧
    arc1.setFill(null);
    arc1.setStroke(Color.WHITE);
    arc1.setType(ArcType.OPEN);
    Arc arc2 = new Arc(150,50,90,90,225,90);    //创建弧
    arc2.setFill(null);
    arc2.setStroke(Color.RED);
    arc2.setType(ArcType.OPEN);
    Circle c = new Circle(10);
    PathTransition pt = new PathTransition();   //创建动画移动路径
    pt.setDuration(Duration.millis(3000));      //设置播放待续时间为3s
    【代码1】          //设置弧线arc1为路径
    【代码2】          //设置c为动画节点
    pt.setOrientation(PathTransition.OrientationType.NONE);
    pt.setCycleCount(Animation.INDEFINITE);     //设置无限次播放
    【代码3】          //设置自动反转
    pt.play();
    rPane.getChildren().addAll(arc1,c,arc2);
    Scene scene = new Scene(rPane,300,200);
    myStage.setTitle("小球滚动");
    myStage.setScene(scene);
    myStage.show();
  }
}
```

4. 实验指导

具有移动效果的动画可以使用PathTransition类制作一个在给定时间内，节点沿着一条路径从一个端点到另一端点的移动动画。路径通过形状对象给出。本实验中的小球实际的路径是一条没有颜色的弧，小球是沿着这条看不见的弧来回运动的。能看见的那条弧只是与小球运动路径平行的一条可见弧，所以看起来好像是在可见弧上来回摆动。

实验15.3 利用时间轴动画制作一个旋转的风扇

1. 实验目的

(1) 学习时间轴动画制作。

(2) 学习如何创建关键帧和关键值。

(3) 学习利用时间轴类的方法设置动画的属性。

2. 实验要求

编写一个JavaFX程序，制作一个具有旋转效果的风扇，并可以设置风扇的暂停、继续运行、加速旋转、减速旋转和反向旋转等功能，使程序运行结果如图15.3所示。

3. 程序模板

按模板要求，输入JavaFX程序代码，使之输出如图15.3所示的结果。

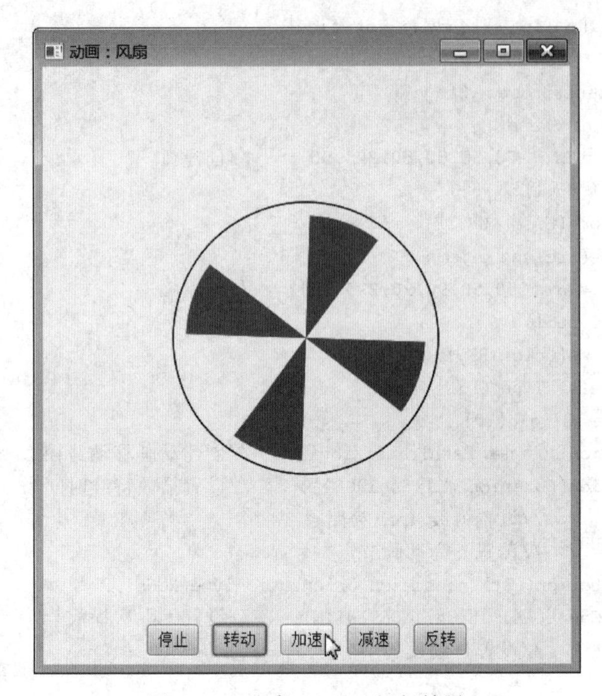

图 15.3　程序 MyFan 运行结果

```
//FileName:MyFan.java
import javafx.animation.KeyFrame;
import javafx.animation.Timeline;
import javafx.application.Application;
import javafx.geometry.Insets;
import javafx.geometry.Pos;
import javafx.scene.Scene;
import javafx.scene.control.Button;
import javafx.scene.layout.BorderPane;
import javafx.scene.layout.HBox;
import javafx.scene.layout.Pane;
import javafx.scene.paint.Color;
import javafx.scene.shape.Arc;
import javafx.scene.shape.ArcType;
import javafx.scene.shape.Circle;
import javafx.stage.Stage;
import javafx.util.Duration;
public class MyFan extends Application{
  private class FanPane extends Pane{
    private Circle c;
    private Arc[] blades = new Arc[4];
    private double increment = 1;
    FanPane(double radius){
      setMinHeight(400);
      setMinWidth(400);
      c = new Circle(200,200,radius,Color.TRANSPARENT);
      c.setStroke(Color.BLACK);
```

```
        double bladeRadius = radius * 0.9;
        for (int i = 0;i < blades.length;i++){
          blades[i] = new Arc(c.getCenterX(),c.getCenterY(),
                       bladeRadius,bladeRadius,(i * 90) + 30,35);
          blades[i].setFill(Color.RED);
          blades[i].setType(ArcType.ROUND);
        }
        getChildren().addAll(c);
        getChildren().addAll(blades);
      }
      private void spin(){
        for (Arc blade : blades){
          double prevStartAngle = blade.getStartAngle();
          blade.setStartAngle(prevStartAngle + increment);
        }
      }
    }
    @Override
    public void start(Stage myStage) throws Exception{
      FanPane fanPane = new FanPane(100);
      KeyFrame keyFrame = new KeyFrame(Duration.millis(10),e -> fanPane.spin());
      Timeline fanTimeline = new Timeline(keyFrame);      //用关键帧创建时间轴对象
      fanTimeline.setCycleCount(Timeline.INDEFINITE);  //设置无限次播放
      Button pause = new Button("停止");
      pause.setOnAction(e -> fanTimeline.pause());        //设置暂停播放动画
      Button resume  =  new Button("转动");
      resume.setOnAction(e -> fanTimeline.play());        //设置播放动画
      Button increase = new Button("加速");
      increase.setOnAction(e ->{                          //设置加速
          fanTimeline.setRate(fanTimeline.getCurrentRate() + 1);
        });
      Button decrease = new Button("减速");
      decrease.setOnAction(e ->{                          //设置减速
          fanTimeline.setRate(fanTimeline.getCurrentRate() - 1);
        });
      Button reverse  =  new Button("反转");                //设置反向转动
      reverse.setOnAction(e -> fanPane.increment *= -1);
      HBox hButtons = new HBox(pause,resume,increase,decrease, reverse);
      hButtons.setSpacing(10);
      hButtons.setAlignment(Pos.CENTER);
      hButtons.setPadding(new Insets(10,10,10,10));
      BorderPane borderPane = new BorderPane(fanPane,null,null,hButtons,null);
      myStage.setScene(new Scene(borderPane));
      myStage.setTitle("动画: 风扇");
      myStage.show();
    }
}
```

4. 实验指导

利用时间轴制作动画,主要是设置关键帧,关键帧可以包含称为关键值的关键性属性值。关键值中包含一个用来插入过渡帧的插值器。时间轴 Timeline 对象其实就是包含多个关键帧 KeyFrame 对象的动画序列。时间轴允许在一段时间之后使用插值器将动画属性修改为新的目标值,即通过更改节点的属性创建动画。本实验的关键帧和关键值的重要属性在相应的语句均已有注释。同时还在程序中设置了"停止""转动""加速""减速""反转"按钮,用于控制动画的运行过程。

第 15 章实验参考答案

实验 15.1

【代码 1】: e.setFill(null);

【代码 2】: pg.setStroke(Color.BLUE);

【代码 3】: rPane.setPrefSize(200,100);

实验 15.2

【代码 1】: pt.setPath(arc1);

【代码 2】: pt.setNode(c);

【代码 3】: pt.setAutoReverse(true);

第16章　多线程

本章知识点： 多线程就是同时执行一个以上的线程，一个线程的执行不必等待另一个线程执行完后才执行，所有线程都可以发生在同一时刻。但操作系统并没有将多个线程看作多个独立的应用来实现线程的调度和管理以及资源分配。每个Java程序都有一个默认的主线程，对于应用程序来说其主线程是main()方法执行的线程。要想实现多线程，必须在主线程中创建新的线程对象。Java语言使用Thread类及其子类的对象来表示线程，新建线程在它的一个完整的生命周期内通常要经历五种状态。通过线程的控制与调度可使线程在这几种状态间转化。

本章将指导读者学习使用Thread类、Runnable接口来创建线程，对比两种方法的效果，还将学习线程同步机制。

实验16.1　用Thread类创建线程

1. 实验目的

(1) 了解Thread类。

(2) 学习通过Thread类来创建线程。

2. 实验要求

编写一个Java程序，定义一个类ThreadDemo继承Thread类，在main()方法中创建ThreadDemo类的两个实例，执行这些线程，程序的某次运行结果如图16.1所示。

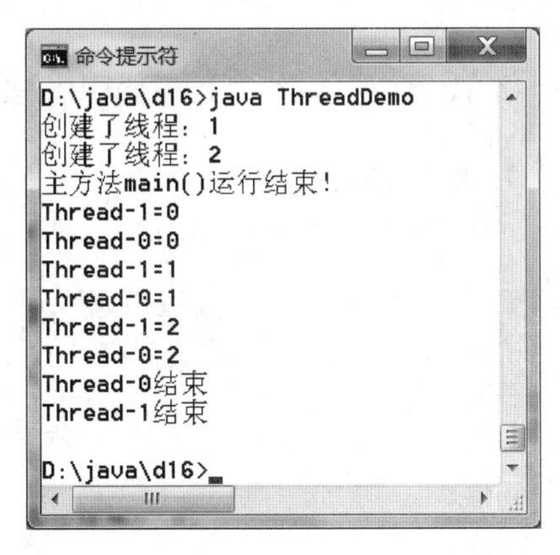

图16.1　程序ThreadDemo运行结果

3. 程序模板

按模板要求，将【代码1】～【代码4】替换为相应的Java程序代码，程序的某次运行结果图16.1所示。

```
//FileName:ThreadDemo.java
class ThreadDemo extends Thread{
  int num;
  public ThreadDemo(int newNum){
    num = newNum;
    System.out.println("创建了线程: " + num);
```

```
    }
    public void run(){
      for(int i = 0;i < 3;i++){
        System.out.println(getName() + " = " + i);
        try{
          Thread.sleep((int)Math.random() * 1000);
        }catch(InterruptedException e){}
      }
      System.out.println(getName() + "结束");
    }
    public static void main(String args[]){
      【代码 1】    //创建 ThreadDemo 的对象 t1,传入参数 1
      【代码 2】    //创建 ThreadDemo 的对象 t2,传入参数 2
      【代码 3】    //调用 t1 的 start()方法,启动线程 t1
      【代码 4】    //调用 t2 的 start()方法,启动线程 t2
      System.out.println("主方法 main()运行结束!");
    }
}
```

4. 实验指导

Java 语言中实现多线程的方法有两种：一种是继承 java.lang 包中的 Thread 类；另一种是用户在定义自己的类中实现 Runnable 接口。但不管采用哪种方法，都要用到 Java 类库中的 Thread 类以及相关的方法。要在一个 Thread 的子类中激活线程，必须先准备好下列两件事情。

(1) 此类必须是继承自 Thread 类；

(2) 线程所要执行的代码必须写在 run()方法内。

run()方法规定了线程要执行的任务，但一般不是直接调用 run()方法，而是通过调用线程的 start()方法来启动线程。线程执行时，从它的 run()方法开始执行。run()方法是线程执行的起点，所以必须通过定义 run()方法来为线程提供代码。

实验 16.2 实现 Runnable 接口创建线程

1. 实验目的

(1) 了解 Runnable 接口。

(2) 学习通过 Runnable 接口来创建线程。

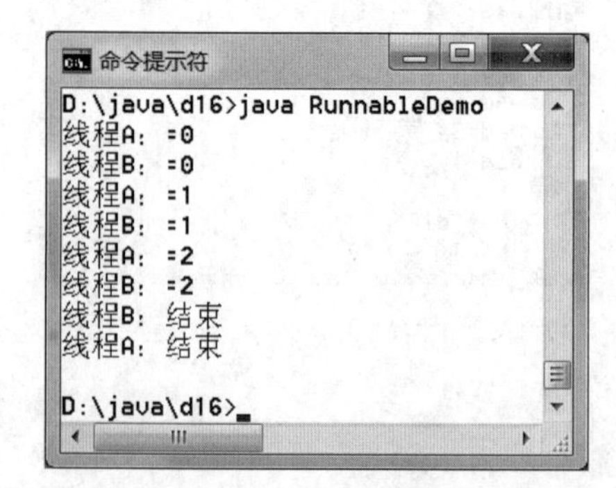

图 16.2 程序 RunnableDemo 运行结果

2. 实验要求

编写一个 Java 程序，定义一个类 RunnableDemo 实现 Runnable 接口，在 main() 方法中创建 ThreadB 类的三个实例，执行这些线程，使程序运行结果如图 16.2 所示。

3. 程序模板

按模板要求，将【代码 1】~【代码 3】替换为相应的 Java 程序代码，使之输出如图 16.2 所示的结果。

```
//FileName:RunnableDemo.java
class RunnableDemo implements Runnable{
  public void run(){
    for(int i = 0;i < 3;i++){
      System.out.println(Thread.currentThread().getName() + " = " + i);
      try{
        Thread.sleep((int)Math.random() * 1000);
      }catch(InterruptedException e){}
    }
    System.out.println(Thread.currentThread().getName() + "结束");
  }
  public static void main(String args[]){
    【代码 1】    //创建 RunnableDemo 的对象 task,此为可运行对象
    【代码 2】    //创建 Thread 的对象 t1,传入参数 task 和"线程 A: "
    【代码 3】    //创建 Thread 的对象 t2,传入参数 task 和"线程 B: "
    t1.start();
    t2.start();
  }
}
```

4. 实验指导

如果类本身已经继承了某个父类,由于 Java 语言不允许多重继承,因此就无法再继承 Thread 类。这种情况下可以创建一个类来实现 Runnable 接口。这种创建线程的方式更具有灵活性,也可使用户线程能够具有其他类的一些特性,因此这种方式是经常使用的。

Runnable 接口只有一个方法 run(),用户可以声明一个类并实现 Runnable 接口,并定义 run()方法,将线程代码写入其中,就完成了这一部分的任务。但是 Runnable 接口并没有任何对线程的支持,还必须创建 Thread 类的实例,这一点通过 Thread 类的构造方法来实现。

实验 16.3 铁路售票程序

1. 实验目的

(1) 学习多线程的同时运行。

(2) 掌握一个类直接继承 Thread 类和实现 Runnable 接口创建多线程的区别。

2. 实验要求

用程序模拟铁路售票系统,实现通过三个售票点发售某日某次列车的 10 张车票,程序的某次运行结果如图 16.3 所示。

3. 程序模板

按模板要求,将【代码 1】~【代码 4】替换为相应的 Java 程序代码,程序某次运行的结果如图 16.3 所示。

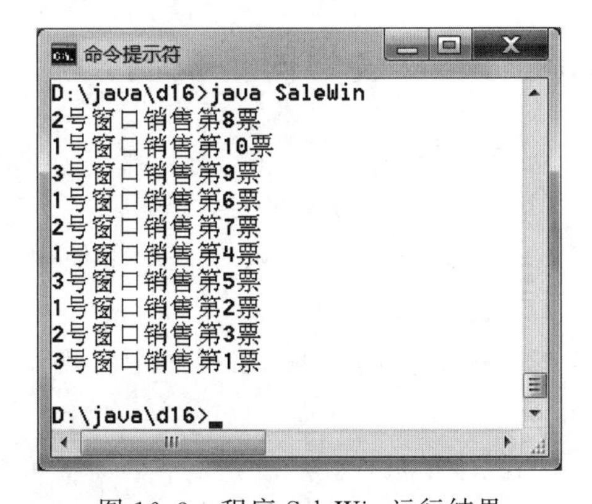

图 16.3 程序 SaleWin 运行结果

```
//FileName:SaleWin.java
public class SaleWin{
  public static void main(String args[ ]){
    【代码 1】    //创建 SaleTickets 的对象 t 作为可运行对象
    【代码 2】    //创建 Thread 的对象 t1,传入参数 t 和"1 号窗口"
    【代码 3】    //创建 Thread 的对象 t2,传入参数 t 和"2 号窗口"
    【代码 4】    //创建 Thread 的对象 t3,传入参数 t 和"3 号窗口"
    t1.start();
    t2.start();
    t3.start();
  }
}
class SaleTickets implements Runnable{
  private int tickets = 10;
  public void run(){
    while(true){
      if(tickets > 0)
        System.out.println(Thread.currentThread().getName() +
                    "销售第" + tickets --  + "票");
      else
        break;
    }
  }
}
```

4. 实验指导

直接继承 Thread 类和实现 Runnable 接口都能实现多线程，那么这两种方式有什么区别呢？使用实现 Runnable 接口的类 SaleTickets 所创建的对象 t 是可运行对象，这样当使用同一可运行对象作为参数创建不同的 Thread 对象时，它们在启动 start()方法时，它们各自的执行部分就是同一个可运行对象，所以可以达到共享同一对象的目的。而使用继承 Thread 的方式创建的类却不能共享同一对象。

所以当要创建多个线程去处理同一个资源对象时，最好使用实现 Runnable 接口的类这种方式。

实验 16.4 线程同步机制

1. 实验目的

(1) 了解线程同步的基本思想。

(2) 了解 synchronized 关键字的使用。

2. 实验要求

编写一个 Java 程序，在程序中实现生产者与消费者过程，使程序运行结果如图 16.4 所示。

3. 程序模板

按模板要求，将【代码 1】～【代码 2】替换为相应的 Java 程序代码，使之输出如图 16.4 所示的结果。

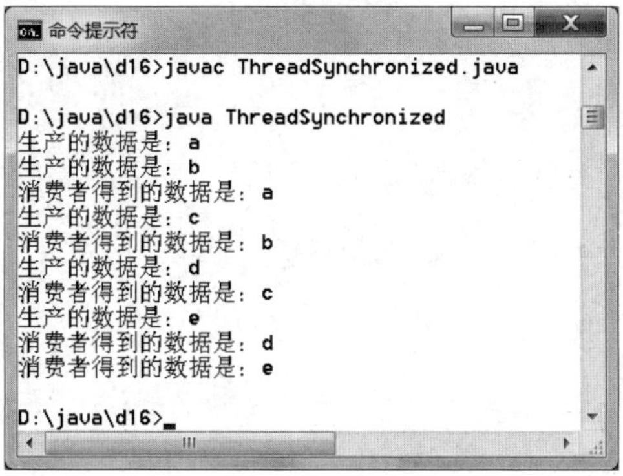

```
命令提示符
D:\java\d16>javac ThreadSynchronized.java

D:\java\d16>java ThreadSynchronized
生产的数据是: a
生产的数据是: b
消费者得到的数据是: a
生产的数据是: c
消费者得到的数据是: b
生产的数据是: d
消费者得到的数据是: c
生产的数据是: e
消费者得到的数据是: d
消费者得到的数据是: e

D:\java\d16>
```

图 16.4 程序 ThreadSynchronized 运行结果

```
//FileName:ThreadSynchronized.java
class Common{      //定义同步资源
  private char ch;
  private boolean available = false;
  synchronized char get(){
    while(available == false)
      try{
        wait();
      }catch(InterruptedException e){}
    available = false;
    notify();
    return ch;
  }
  synchronized void put(char newch){
    【代码 1】       //当 available 变量的值是 true 时,一直挂起线程
    ch = newch;
    available = true;
    【代码 2】       //唤醒消费者线程
  }
}
class Producer extends Thread{     //生产者
  private Common comm;
  public Producer(Common thiscomm){
    comm = thiscomm;
  }
  public void run(){
    char c;
    for(c = 'a';c <= 'e';c++){
      System.out.println("生产的数据是: " + c);
      comm.put(c);
    }
  }
}
class Consumer extends Thread{     //消费者
  private Common comm;
  public Consumer(Common thiscomm){
```

```
        comm = thiscomm;
    }
    public void run(){
        char c;
        for(int i = 0;i < 5;i++){
            c = comm.get();
            System.out.println("消费者得到的数据是: " + c);
        }
    }
}
public class ThreadSynchronized{        //主程序
    public static void main(String[] args){
        Common comm = new Common();
        Producer p = new Producer(comm);
        Consumer c = new Consumer(comm);
        p.start();    //激活 p 线程
        c.start();    //激活 c 线程
    }
}
```

4. 实验指导

可以先把程序模板中的程序做些变动，把程序中的 get()和 put()方法改为：

```
char get(){
    return ch;
}
void put(char newch){
    ch = newch;
}
```

程序运行结果如图 16.5 所示，这是一个错误的结果。

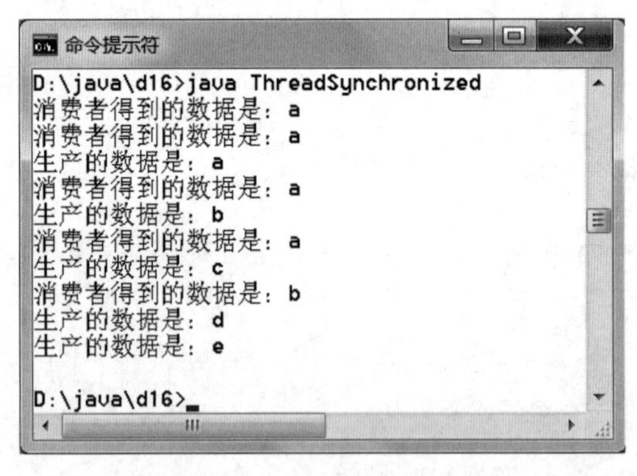

图 16.5　错误的运行结要

在这个生产者—消费者程序中，只有一个公共单元 ch，生产者和消费者都使用它，生产者定期将生产出的产品放在这个公共单元中，而消费者定期从中取走新生产的产品。

从改动后程序的运行结果可以看出，程序的执行顺序是：消费—消费—生产—消费—生产—消费—生产—消费—生产—生产，这个结果显然是错误的，生产者线程与消费者线程没有互相协调好工作步伐。

线程同步的基本思想是避免多个线程对同一资源的同时访问。对于这样的同步资源，Java 语言使用 synchronized 关键字来标识，这里的资源可以是一种类型的数据，也就是对象，也可以是一个方法，还可以是一段代码。凡是前面加有关键字 synchronized 的方法或代码段，系统运行时都为之分配一个互斥锁，这样就可保证在同一时间，只有一个线程享有这一资源，而不会有其他的线程在同一时间一起执行。

Java 语言的 Object 类中提供了 wait()和 notify()两个方法，这两个方法只能在同步方法中被调用，执行 wait()方法将使得当前正在运行的线程暂时被挂起，从执行状态转换为阻塞状态，同时该线程放弃占用资源的互斥锁。当有多个线程等待访问某同步资源时，它们会在该资源的互斥锁队列中排队等候，wait()方法被调用后，其他线程就有机会获得资源，而被 wait()挂起的线程将在互斥锁队列中排队等候 notify()方法唤醒它。

第 16 章实验参考答案

实验 16.1

【代码 1】：`ThreadDemo t1 = new ThreadDemo(1);`

【代码 2】：`ThreadDemo t2 = new ThreadDemo(2);`

【代码 3】：`t1.start();`

【代码 4】：`t2.start();`

实验 16.2

【代码 1】：`RunnableDemo task = new RunnableDemo();`

【代码 2】：`Thread t1 = new Thread(task,"线程 A: ");`

【代码 3】：`Thread t2 = new Thread(task,"线程 B: ");`

实验 16.3

【代码 1】：`SaleTickets t = new SaleTickets();`

【代码 2】：`Thread t1 = new Thread(t,"1 号窗口");`

【代码 3】：`Thread t2 = new Thread(t,"2 号窗口");`

【代码 4】：`Thread t3 = new Thread(t,"3 号窗口");`

实验 16.4

【代码 1】：

```
while(available == true)
    try{ wait(); }
    catch (InterruptedException e){}
```

【代码 2】：`notify();`

第 17 章 Java 网络编程

本章知识点：Java 的网络编程分为三个层次：最高一级的网络通信就是从网络上下载的 applet 程序。客户端浏览器通过 HTML 文件中的< applet >标记来识别 applet，并解析 applet 的属性，通过网络获取 applet 的字节码文件；次一级的通信是通过 URL 类的对象指明文件所在位置，并从网络上下载音频、视频文件和图像文件，然后对音频、视频播放和图像显示；最低一级的通信是利用 java.net 包中提供的类直接在程序中实现网络通信。

本章将指导读者学习 InetAddress 类、URL 类的使用，并进行 Socket 服务端、客户端通信的程序设计以及基于 UDP(用户数据报协议)的通信方式的程序设计。

实验 17.1 使用 URL 类访问网络资源

1. 实验目的

(1) 学习 Java 的网络编程。

(2) 学习 URL 类的使用。

2. 实验要求

编写一个 Java 程序，利用 URL 访问 http://www.baidu.com/index.html 文件，使程序运行结果如图 17.1 所示。

图 17.1 程序 MyUrl 运行结果

3. 程序模板

按模板要求，将【代码 1】~【代码 5】替换为相应的 Java 程序代码，使之输出如图 17.1 所示的结果。

```
//FileName:MyUrl.java
import java.net.*;
import java.io.*;
public class MyUrl{
  public static void main(String[] args){
    String urlname = "http://www.baidu.com/index.html";
    new MyUrl().display(urlname);
  }
  public void display(String urlname){
    try{
      【代码 1】    //创建 URL 类对象 url,参数为 urlname
      【代码 2】    //显示 url 的协议名称
      【代码 3】    //显示 url 的主机名称
      【代码 4】    //显示 url 的端口号
      【代码 5】    //显示 url 的文件名称
      InputStreamReader in = new InputStreamReader(url.openStream());
      BufferedReader br = new BufferedReader(in);
      String aLine;
      while((aLine = br.readLine())!= null)    //从流中读取一行显示
        System.out.println(aLine);
    }
    catch(MalformedURLException murle){
      System.out.println(murle);
    }
    catch(IOException ioe){
      System.out.println(ioe);
    }
  }
}
```

4. 实验指导

URL 类定义了 WWW 的一个统一资源定位器和可以进行的一些操作。由 URL 类生成的对象指向 WWW 资源(如 Web 页和文本、图形、图像、音频、视频文件等)。

URL 的基本结构由以下五部分组成:

```
传输协议: //主机名: 端口号/文件名#引用
```

在创建 URL 对象时,若发生错误,系统会产生 MalformedURLException 异常,这是非运行时异常,必须在程序中捕获处理。

实验 17.2 InetAddress 程序设计

1. 实验目的

学习 InetAddress 类的使用。

2. 实验要求

编写一个 Java 程序,查询自己主机的地址和 www.baidu.com 网站的 IP 地址,使程序运行结果如图 17.2 所示。

3. 程序模板

按模板要求,将【代码 1】~【代码 3】替换为相应的 Java 程序代码,使之输出如图 17.2

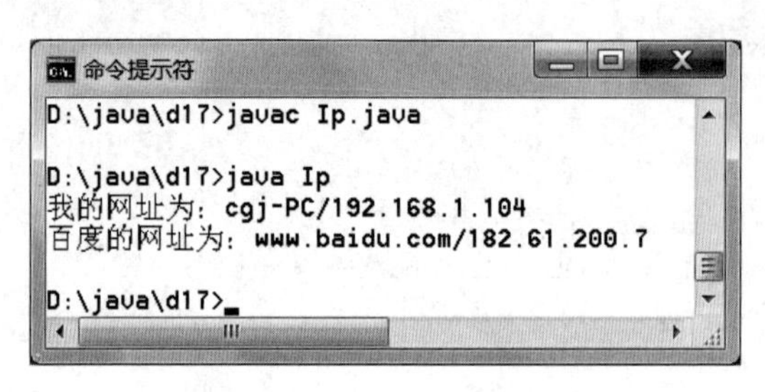

图 17.2　程序 Ip 运行结果

所示的结果。

```
//FileName:Ip.java
import java.net.*;
public class Ip{
  InetAddress myIPaddress = null;
  InetAddress myServer = null;
  public static void main(String[] args) 【代码 1】{      //抛出 UnknownHostException 异常
    InetAddress myIp;
    InetAddress baiduIp;
    【代码 2】   //获得本地主机地址,赋值给 myIp
    【代码 3】   //获得 www.baidu.com 主机地址,赋值给 baiduIp
    System.out.println("我的网址为: " + myIp);
    System.out.println("百度的网址为: " + baiduIp);
  }
}
```

4. 实验指导

java.net 包中的 InetAddress 类的对象包含一个 Internet 上主机的域名和 IP 地址，如 www.sina.com.cn/202.108.35.210(域名/IP 地址)。在已知一个 InetAddress 对象时，可以通过相应的方法从中获取 Internet 上主机的地址(域名与 IP 地址)。由于每个 InetAddress 对象中包括 IP 地址、主机名等信息，因此使用 InetAddress 类可以在程序中用主机名代替 IP 地址，从而使程序更加灵活，可读性更好。InetAddress 类没有构造方法，因此不能用 new 运算符来创建 InetAddress 实例，通常是用它提供的静态方法来获取。

实验 17.3　基于 TCP 的通信程序设计

1. 实验目的

(1) 学习基于 TCP 的 Socket 的通信机制。

(2) 学习 ServerSocket 类和 Socket 类的使用。

(3) 实现服务器端和客户端程序。

2. 实验要求

服务器端程序：编写一个 Socket 服务器端程序，能够打开一个 Socket 并在某一端口上接收客户请求；等待客户请求到达该端口；处理请求并发送应答信息。

客户端程序：编写一个 Socket 客户端程序，能够打开一个 Socket，并连接到服务器所在主机的特定端口；能够向服务器发出请求，等待并接收应答；输入 bye 后请求结束，关闭

Socket 并终止。

程序执行时要分别打开两个 DOS 窗口，然后先在一个 DOS 窗口中运行服务器端程序 MyServer. java，然后在另一个 DOS 窗口中运行客户端程序 MyClient. java。

服务器端程序运行结果如图 17.3 所示，客户端程序运行结果如图 17.4 所示。

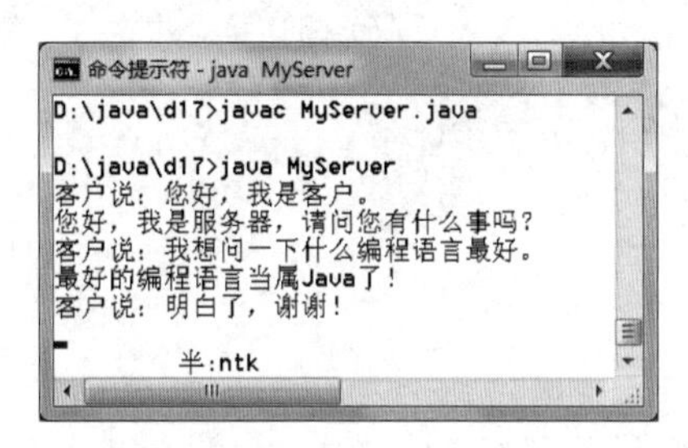

图 17.3　服务端程序 MyServer 运行结果

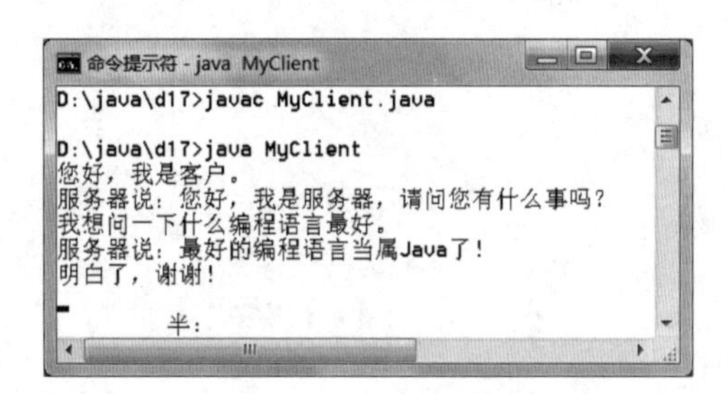

图 17.4　客户端程序 MyClient 运行结果

3. 程序模板

服务器端程序代码如下：

```
//FileName:MyServer.java
import java.net.*;
import java.io.*;
public class MyServer{
  public static void main(String[ ] args){
    InputStreamReader sin = null;
    PrintWriter sout = null;
    BufferedReader br = null;
    BufferedReader sbr = null;
    String str;
    try{  //用端口号 5656 创建 ServerSocket 对象 ser
      ServerSocket ser = new ServerSocket(5656);
      Socket soc = ser.accept();            //等待连接请求
      //建立连接,通过 Socket 对象获取连接上的输入输出流
      sin = new InputStreamReader(soc.getInputStream());
      br = new BufferedReader(sin);
      sout = new PrintWriter(soc.getOutputStream());
      //创建标准输入流,从键盘接收数据
      sbr = new BufferedReader(new InputStreamReader(System.in));
      //先读取 MyClient 端发来的数据,然后从键盘输入数据发给
      //客户 MyClient,当收到 bye 时关闭连接
```

```
            while(!(str = br.readLine()).equals("bye")){
                System.out.println("客户说: " + str);
                sout.println(sbr.readLine());
                sout.flush();
            }
            sin.close();                                    //关闭连接
            sout.close();
            br.close();
            sbr.close();
            ser.close();
            soc.close();
        }
        catch(Exception e){
            System.out.println("错误: " + e);
        }
    }
}
```

客户端程序代码如下:

```
//FileName:MyClient.java
import java.net.*;
import java.io.*;
public class MyClient{
    public static void main(String[] args){
        InputStreamReader cin = null;
        PrintWriter cout = null;
        BufferedReader br = null;
        BufferedReader cbr = null;
        String str;
        try{      //向服务器地址 localhost(此为本机地址)上的 5656 端口号发出连接请求
            Socket soc = new Socket("localhost",5656);
            //建立连接,通过 Socket 对象获取连接上的输入输出流
            cout = new PrintWriter(soc.getOutputStream());
            cin = new InputStreamReader(soc.getInputStream());
            br = new BufferedReader(cin);
            //创建标准输入流,从键盘输入数据
            cbr = new BufferedReader(new InputStreamReader(System.in));
            //从键盘上读取一行数据发送给服务器 MyServer,当用户输入 bye 时结束连接
            do{
                str = cbr.readLine();
                cout.println(str);
                cout.flush();
                if(!str.equals("bye"))
                    System.out.println("服务器说: " + br.readLine());
                else
                    System.out.println("连接关闭");
            }while(!str.equals("bye"));
            cin.close();                                    //关闭连接
            cout.close();
            br.close();
```

```
            cbr.close();
            soc.close();
        }
        catch(Exception e){
            System.out.println("错误：" + e);
        }
    }
}
```

4. 实验指导

在Socket编程中，服务器端使用ServerSocket类。ServerSocket类在java.net包中，java.net.ServerSocket继承自java.lang.Object类。ServerSocket类的作用是实现客户/服务器(C/S)模式的通信方式下服务器端的套接字。Socket是基于TCP的网络套接字技术，这种通信方式可以实现准确的通信。

客户端：客户端程序使用服务器的IP地址(该实验为本机地址localhost)和端口号作为参数，用Socket的构造方法建立到服务器的套接字对象soc，在创建套接字对象时，可能发生Exception异常，所以要使用try-catch语句进行异常处理。当套接字对象soc建立后，就可以使用该对象soc调用getInputStream()方法获得一个输入流，这个输入流的源和服务器端的一个输出流的目的地是相同的，因此客户端用输入流可以读取服务器端写入输出流中的数据。同理，soc对象可以调用getOutputStream()方法获得一个输出流，这个输出流的目的地和服务器端的一个输入流的源刚好相同，因此服务器用输入流可以读取客户写入输出流中的数据。

服务器端：因为客户负责呼叫，即客户负责建立连接到服务器的套接字对象，为了能使客户成功地连接到服务器，服务器就必须建立一个ServerSocket对象ser，这个ser对象就相当于客户的接待员，它通过将客户端套接字对象和服务器的一个套接字对象连接起来，从而达到连接的目的。在建立服务器套接字时所使用的端口号必须与客户呼叫所用的端口号相同，并且还要进行异常处理。当ser对象建立起来后，就可以用该对象调用accept()方法，本实验中使用Socket soc=ser.accept()语句，该语句执行后返回一个与客户端Socket相连接的Socket对象soc，这样就将客户端的套接字和服务器端的套接字连接起来了。由于soc驻留在服务器端，因此可以用该对象soc调用getOutputStream()方法获得一个输出流对象来指向客户端Socket对象的输入流，即服务器端的输出流的目的地和客户端输入流的源正好相同，同理，服务器端的这个Socket对象soc调用getInputStream()方法创建的输入流将指向客户端Socket对象的输出流，即服务器端输入流的源和客户端输出流的目的地正好相同，因此，当服务器向输出流写入数据时，客户端通过相应的输入流就能读取，反之亦然。

在本实验中客户端先发起对话请求，然后服务器回答，采用一问一答的方式进行交流，当客户不需要服务器时，只要输入bye就可结束程序运行。

实验 17.4 基于UDP的通信程序设计

1. 实验目的

(1) 学习基于UDP的通信方式。

(2) 学习 DatagramPacket 类的使用。

(3) 学习 DatagramSocket 类的使用。

2. 实验要求

基于 UDP 编写一个聊天程序,悟空与八戒分别在两个 DOS 窗口进行对话。悟空 UDPWuKong 端主机与八戒 UDPBaJie 端主机两个程序运行结果分别如图 17.5 和图 17.6 所示。

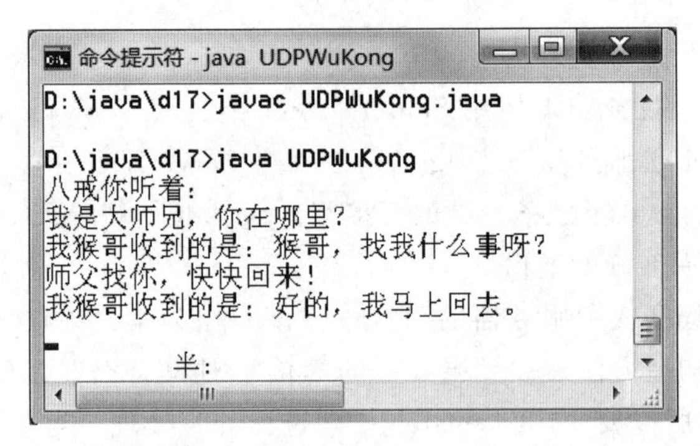

图 17.5 悟空 UDPWuKong 端主机

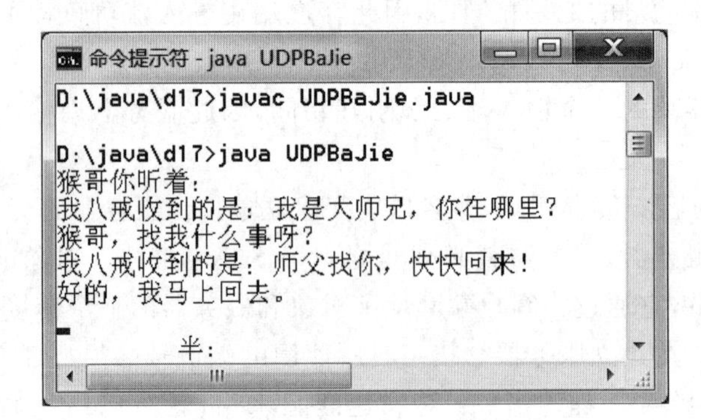

图 17.6 八戒 UDPBaJie 端主机

3. 程序模板

悟空主机的程序代码如下:

```
//FileName:UDPWuKong.java    我是悟空
import java.net.*;
import java.util.*;
public class UDPWuKong{
  public static void main(String[] args){
    InetAddress add = null;
    DatagramPacket dp = null;
    DatagramSocket ds = null;
    String str;
    Scanner sc = new Scanner(System.in);
    Thread th = null;
    ReceiveWuKong rec = new ReceiveWuKong();
    try{
      th = new Thread(rec);
```

```
      th.start();                          //启动线程,接收数据
      byte[] buf = new byte[256];
      add = InetAddress.getByName("localhost");
      dp = new DatagramPacket(buf,buf.length,add,6969);
      ds = new DatagramSocket();
      System.out.println("八戒你听着:");
      while(sc.hasNext()){
        str = sc.nextLine();
        buf = str.getBytes();              //将 str 字符串转换为字节数组
        if(str.length() == 0)
          System.exit(0);
        buf = str.getBytes();              //将 str 字符串转换为字节数组
        dp.setData(buf);
        ds.send(dp);
      }
    }
    catch(Exception e){
      System.out.println(e);
    }
  }
}
class ReceiveWuKong implements Runnable{
  public void run(){
    DatagramPacket dp = null;
    DatagramSocket ds = null;
    byte[] data =  new byte[256];
    try{
      dp = new DatagramPacket(data,data.length);
      ds = new DatagramSocket(8080);
    }
    catch(Exception e){}
    while(true){
      if(ds == null)                       //程序运行结束条件
        break;
      else
        try{
          ds.receive(dp);                  //接收数据报
          String str = new String(dp.getData(),0,dp.getLength());
          System.out.println("我猴哥收到的是:" + str);
        }
        catch(Exception e){}
    }
  }
}
```

八戒主机的程序代码如下:

```
//FileName:UDPBaJie.java    我是八戒
import java.net.*;
import java.util.*;
public class UDPBaJie{
```

```
    public static void main(String[ ] args){
      InetAddress add = null;
      DatagramPacket dp = null;
      DatagramSocket ds = null;
      String str;
      Scanner sc = new Scanner(System.in);
      Thread th = null;
      ReceiveBaJie rec = new ReceiveBaJie();
      try{
        th = new Thread(rec);
        th.start();                          //启动线程,接收数据
        byte[ ] buf = new byte[256];
        add = InetAddress.getByName("localhost");
        dp = new DatagramPacket(buf,buf.length,add,8080);
        ds = new DatagramSocket();
        System.out.println("猴哥你听着: ");
        while(sc.hasNext()){
          str = sc.nextLine();
          buf = str.getBytes();              //将 str 字符串转换为字节数组
          if(str.length() == 0)
            System.exit(0);
          buf = str.getBytes();              //将 str 字符串转换为字节数组
          dp.setData(buf);
          ds.send(dp);
        }
      }
      catch(Exception e){
        System.out.println(e);
      }
    }
  }
  class ReceiveBaJie implements Runnable{
    public void run(){
      DatagramPacket dp = null;
      DatagramSocket ds = null;
      byte[ ] data =  new byte[256];
      try{
        dp = new DatagramPacket(data,data.length);
        ds = new DatagramSocket(6969);
      }
      catch(Exception e){}
      while(true){
        if(ds == null)
          break;
        else
          try{
            ds.receive(dp);
            String str = new String(dp.getData(),0,dp.getLength());
            System.out.println("我八戒收到的是: " + str);
          }
          catch(Exception e){}
```

```
        }
    }
}
```

4. 实验指导

打开两个DOS窗口，分别在不同的窗口运行UDPWuKong.java和UDPBaJie.java这两个程序，然后就可以进行聊天，当输入null后结束程序运行。

数据报通信是基于UDP的网络信息传输方式。数据报(datagram)是网络层数据单元在介质上传输信息的一种逻辑分组形式。数据报是无连接的远程通信服务，它是一种在网络中传输的、独立的、自身包含地址信息的数据单位，不保证传送顺序和内容的准确性。

数据报通信也被比喻为邮寄信件，有人邮寄了一封信件，中途有许多邮递员根据信封上的地址将信件投递到收件人手中。邮寄信件的人并不知道信件是否发送到收信者手中，因此，使用数据报通信必须在数据报中包含有地址和端口信息，以便接收者识别数据报是从何处而来的。

数据报方式有一个很大的优点，即占用资源少。因此，常常用在通信质量要求不高或无法使用流通信方式的情况下，例如网络游戏和聊天程序。

数据报通信的基本模式是，首先将数据打包，形成数据报，这类似于将信件装入信封，然后将数据报发往目的地；其次是接收端收到别人发来的数据报，然后查看数据报中的内容，这类似于从信封中取出信件。

Java中用于无连接的数据报通信使用Java类库中java.net包中的两个类DatagramPacket和DatagramSocket。其中，DatagramPacket类在发送端用于将据报打包，在接收端则用于将接收到的数据拆包；DatagramSocket类用于实现数据报通信方式中数据报的发送与接收。

利用数据报通信时，发送方要使用DatagramPacket类将数据打包，即用DatagramPacket类创建一个数据报对象，它包含有需要传输的数据、数据报的长度、IP地址和端口号等信息，在接收端则利用DatagramPacket对象将接收到的数据拆包，该对象一般只包含要接收的数据和该数据长度两个参数。DatagramSocket类用于在发送主机中建立数据报通信方式，提出发送请求，实现数据报的发送与接收。

第17章实验参考答案

实验17.1

【代码1】：`URL url = new URL(urlname);`

【代码2】：`System.out.println("协议名：" + url.getProtocol());`

【代码3】：`System.out.println("主机名：" + url.getHost());`

【代码4】：`System.out.println("端口号：" + url.getPort());`

【代码5】：`System.out.println("文件名：" + url.getFile());`

实验17.2

【代码1】：`throws UnknownHostException`

【代码2】：`myIp = InetAddress.getLocalHost();`

【代码3】：`baiduIp = InetAddress.getByName("www.baidu.com");`

第 18 章 Java 数据库程序设计

本章知识点：数据库是按照一定的数据结构来组织、存储和管理数据的仓库，而数据库管理系统(Data Base Management System，DBMS)则是一种操纵和管理数据库的大型软件，用于建立、使用和维护数据库。为了能够使用户访问和更新数据库，需要在 DBMS 上建立应用程序。因此，可以把应用程序视为用户与数据库之间的接口。应用程序可以是单机上的应用程序，也可以是 Web 应用程序，并且可以在网络上访问多个不同的数据库系统。JDBC 是一种用于执行 SQL 语句的 Java API，它由一组 Java 类和接口组成。在 Java 应用程序中可以使用 JDBC 将 SQL 语句传送给数据库，实现对数据库的操作。使用 JDBC 访问数据库的基本步骤为：加载驱动程序、建立与数据库的连接、创建执行方式语句、执行 SQL 语句、处理返回结果和关闭创建的各种对象。

本章将指导读者学习使用 JDBC 实现对数据库中表记录的查询、增加、修改和删除等操作。

实验 18.1 MySQL 数据库与 JDBC 驱动程序

1. 实验目的

(1) 学习 MySQL 数据库的下载、安装与配置。

(2) 学习 Navicat 工具的安装与使用。

(3) 学习 MySQL 数据库驱动程序的下载与设置。

2. 实验指导

1) MySQL 的下载与安装

登录 MySQL 官方网站 https://www.mysql.com，下载 MySQL 安装软件。官方网站提供了安装包和压缩包两种形式的 MySQL 软件。安装包软件是以.msi 为扩展名的文件，例如 mysql-installer-community-8.0.22.0.msi。双击启动该安装文件，按安装向导进行 MySQL 安装。压缩包是以.zip 为扩展名的压缩文件，例如 mysql-8.0.22-winx64.zip。压缩包形式的 MySQL 不需要进行安装操作，只需解压该压缩文件并进行配置即可。由于 MySQL 是一个网络数据库管理系统，为了能使远程计算机访问它所管理的数据库，对于安装好的 MySQL，在初次启动之前还必须要对其进行初始化，其目的是初始化 data 目录，并授权一个 root 用户。要想完成对 MySQL 的初始化，首先必须以管理员身份运行 cmd，然后从 DOS 窗口进入 MySQL 安装目录的 bin 子目录，然后输入 mysqld -initialize --console

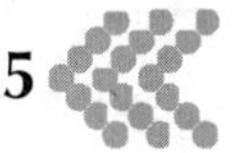

命令即可。执行成功后，在 MySQL 的安装目录下多了一个用于存放数据库的 data 子目录。

初始化完成后，还必须启动 MySQL 提供的数据库服务器(数据库引擎)，才能使远程的计算机客户访问到它所管理的数据库。启动 MySQL 数据库服务器的方法是通过在 MySQL 安装目录下的 bin 子目录下输入命令 mysqld -nt 或 net start mysql 完成的，MySQL 服务器默认使用的端口号是 3306。数据库服务器启动成功后，可以在当前的“命令提示符”窗口中输入 net stop mysql 命令关闭数据库服务器。

MySQL 数据库服务器启动后，MySQL 默认授权可以访问该服务器的只有一个 root 用户，密码由系统生成。应用程序以及 MySQL 客户端管理工具软件都必须借助 MySQL 授权的用户来访问数据库服务器。MySQL 数据库服务器启动后，不仅可以利用 root 用户访问数据库服务器，而且可以用 root 用户创建可以访问数据库服务器的新用户。虽然 MySQL 数据库服务器的 root 用户的密码是由系统生成的，但可以修改成用户指定的密码，如若要修改 root 用户的密码，进入到 MySQL 安装目录的 bin 子目录后执行命令 mysqladmin -u root -p password，然后根据提示进行操作即可。

2) MySQL 数据库管理和客户端管理工具 Navicat

Navicat 是一个目前比较流行的桌面版 MySQL 客户端管理工具，它是专门让客户端在 MySQL 服务器上建立和管理数据库的软件。它和微软 SQLServer 的管理器很像，易学易用。Navicat 使用图形化的用户界面，并且支持中文，可以让用户使用和管理更为轻松。登录 Navicat 官方网站的 https://www.navicat.com.cn/download/navicat-for-mysql，可下载 Navicat 的免费试用版的安装软件，其正式版是需要付费的。本书下载的是 navicat150_mysql_cs_x64.exe，双击启动 Navicat for MySQL 安装向导进行安装。Navicat 安装好后，运行 Navicat 软件，将出现如图 18.1 所示的界面。

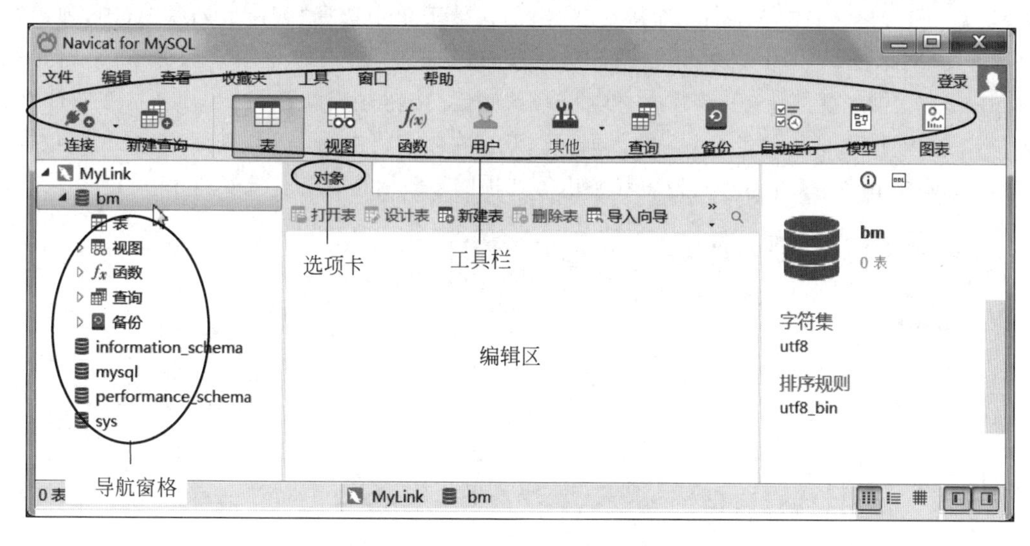

图 18.1　Navicat for MySQL 主界面

MySQL 管理工具必须和数据库服务器建立连接，然后才可以建立数据库及进行相关的操作，因此在使用 Navicat 之前需要先启动 MySQL 服务器。启动 Navicat 后，在工具栏中单击“连接”按钮，在下拉列表中选择 MySQL...，进入“MySQL-新建连接”对话框，在该对话框的“连接名”“主机”“端口”“用户名”和“密码”文本框中分别输入 MyLink、localhost、3306、root、123456 等内容，如图 18.2 所示。

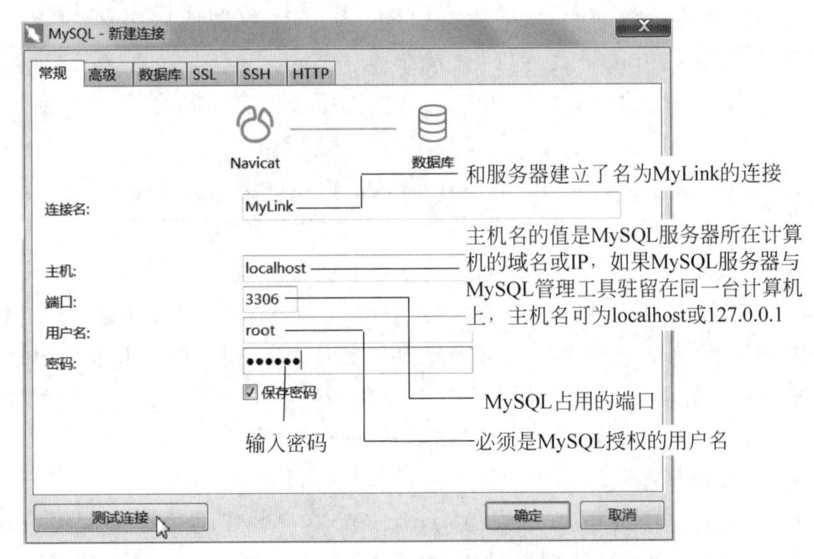

图 18.2 “新建连接”对话框

设置好后可单击“测试连接”按钮进行测试，如果弹出的对话框显示“连接成功”，则表示相关输入内容是正确的。最后单击“确定”按钮完成操作，这样就和 MySQL 服务器建立了名字为 MyLink 的连接。此时在 Navicat 窗口左侧的“导航”窗格中将显示建立好的连接。

创建数据库：双击“导航”窗格中的 MyLink 连接，将展开 MyLink 连接中的已经存在的数据库(见图 18.1)。右击 MyLink 连接，在弹出的快捷菜单中选择“新建数据库”选项，弹出“新建数据库”对话框，如图 18.3 所示。在该对话框的“数据库名”文本框中输入 bm，“字符集”选择 utf8 选项，排序规则选择 utf8_bin，然后单击“确定”按钮完成新建操作。此时，在左侧窗口的 MyLink 连接下将显示名为 bm 的数据库。双击左侧窗格中的 bm 数据库，将展开该数据库下的表、视图、函数、事件、查询、报表和备份等选项的导航窗格，如图 18.4 所示。

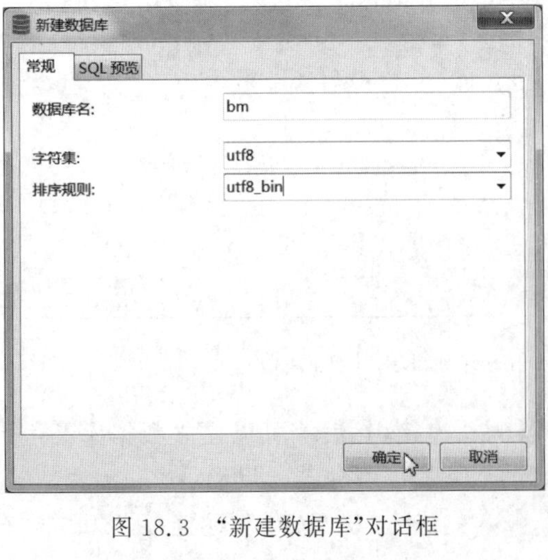

图 18.3 “新建数据库”对话框

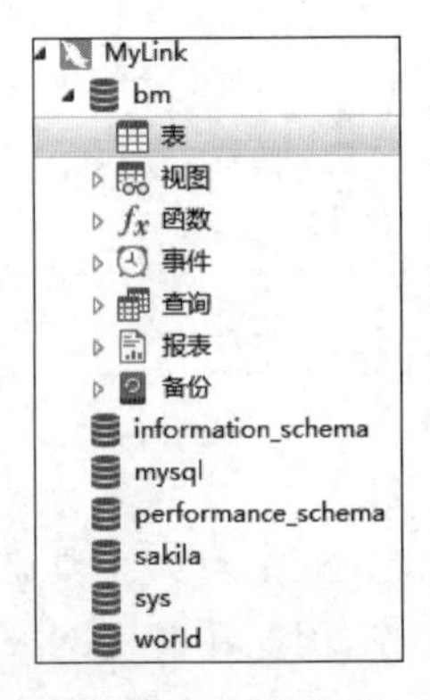

图 18.4 导航窗格

创建数据表：单击“导航”窗格列表中的 表 ，然后再单击“对象”选项卡下方的 新建表 按钮，将新增 无标题 @bm (MyLink) - 表 选项卡，在该选项卡的编辑区设定表的字段名、类型、长度、小数点等内容。单击选项卡上方的 添加字段 按钮，可以依次添加表中字段，如图 18.5 所示。单击选项卡下方的 保存 按钮，弹出“表名”对话框，在“输入表名”文本框中填写新增表的名称，如 book，然后单击“确定”按钮，完成新建表的操作。

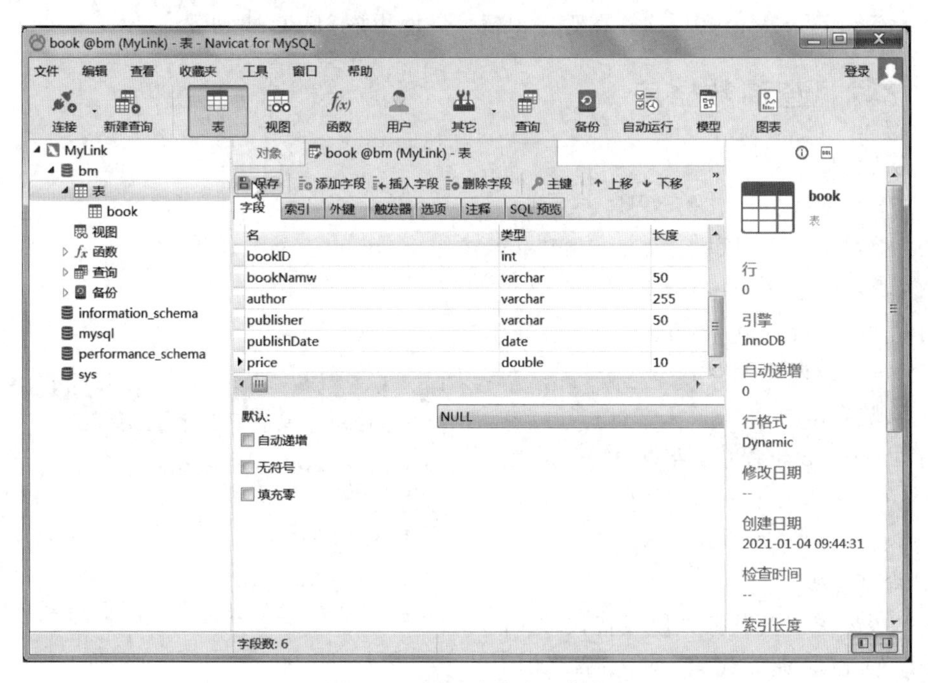

图 18.5 设置表中字段信息

编辑记录：双击“导航”窗格列表中的 表 ，将展开数据库 bm 中已存在的表。双击“导航”窗格中的 book 表，将出现 book @bm (MyLink) - 表 选项卡，在编辑区中添加 book 表的记录，如图 18.6 所示。单击选项卡底部的 + 按钮可以添加新记录，单击 - 按钮可以删除选项卡中选择的记录，单击 ✓ 按钮完成对表中记录的修改操作，单击 × 按钮撤销对表中记录的修改操作。

图 18.6 book 表的记录

3）JDBC 驱动程序的下载与设置

在 MySQL 官方网站的 https://www.mysql.com/cn/products/connector/中可下载 MySQL 数据库的 JDBC 驱动程序（JDBC Driver for MySQL）。本书下载的是 mysql-connector-java-8.0.22.zip 文件，将该文件解压后里面的 mysql-connector-java-8.0.22.jar 文件即为 MySQL 的 JDBC 驱动程序。将 mysql-connector-java-8.0.22.jar 的文件路径添加到系统变量 ClassPath 中，这样在程序中就可以使用该 JDBC 驱动程序了。

实验 18.2　查询数据库

1. 实验目的

（1）学习加载 JDBC 驱动程序。

（2）学习创建数据库连接。

（3）学习创建 Statement 对象。

（4）学习执行 SQL 语句。

（5）学习处理结果集。

2. 实验要求

编写一个 Java 程序，查询 MySQL 数据库 bm 中 book 表中的所有书名，使程序运行结果如图 18.7 所示。

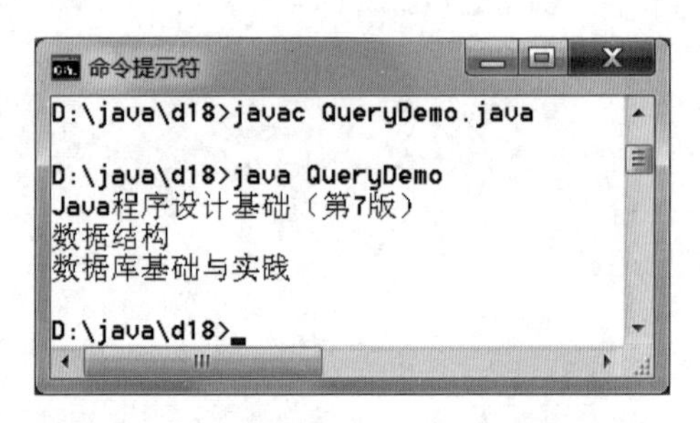

图 18.7　程序 QueryDemo 运行结果

3. 程序模板

按模板要求，将【代码 1】～【代码 5】替换为相应的 Java 程序代码，使之输出如图 18.7 所示的结果。

```
//FileName:QueryDemo.java
import java.sql.Connection;
import java.sql.Date;
import java.sql.DriverManager;
import java.sql.ResultSet;
import java.sql.Statement;
import java.sql.SQLException;
public class QueryDemo{
  public static void main(String[] args)
        throws SQLException,ClassNotFoundException{
    【代码 1】                      //加载 MySQL 数据库驱动程序
    try(Connection conn = DriverManager.getConnection(【代码 2】,"root","123456");
      【代码 3】                    //创建 Statement 对象
      ResultSet rs =【代码 4】      //返回 book 表中所有记录
    ){
      while(rs.next()){
        String name =【代码 5】     //获得当前行第 2 个字段的内容
        System.out.println(name);
      }
    }
    catch(Exception ex){
```

```
            ex.printStackTrace();
        }
    }
}
```

4. 实验指导

Java 程序使用 JDBC 访问数据库的基本步骤为：加载 JDBC 驱动程序、创建与数据库的连接、创建执行方式语句、执行 SQL 语句、处理返回结果和关闭创建的各种对象。

1）加载驱动程序

加载驱动程序语句为：

```
Class.forName("com.mysql.cj.jdbc.Driver");
```

2）创建与数据库的连接

使用 JDBC 操作数据库之前，必须使用 DriverManager 类创建一个数据库的连接，语句为：

```
Connection conn = DriverManager.getConnection("jdbc:mysql://127.0.0.1:3306/
            Bm?useSSL = true&serverTimezone = UTC ","root","123456");
```

说明：MySQL 建议应用程序和数据库服务器建立联系时明确设置 SSL（Secure Sockets Layer，安全套接字），即在连接字符串中明确使用 useSSL 参数，并设置为 true 或 false，如果不设置 useSSL 参数，程序运行时总是提示用户进行设置。使用 MySQL 数据库 6.0.X 以上版本的 JDBC API 与数据库服务器建立联系时，需要显式地设置时区（serverTimezone），serverTimezone＝UTC 表示为全球标准时间，serverTimezone＝Asia/Shanghai 则使用中国标准时间。

3）创建执行方式语句

创建完连接之后，接下来创建一个 Statement 类的对象，该对象负责将 SQL 语句发送给数据库，语句为：

```
Statement stmt = conn.createStatement();
```

4）执行 SQL 语句

获取 Statement 对象之后，就可以使用该对象调用 executeQuery(String sql)方法来执行 SQL 查询语句，查询结果在 ResultSet 中返回，语句为：

```
ResultSet rs = stmt.executeQuery("SELECT * FROM Book");
```

5）处理返回结果

在 JDBC 中，SQL 的查询结果保存在 ResultSet 对象中。ResultSet 保存有一个表，可以使用 getXXX()方法从当前行获取值，调用 ResultSet 对象的 next()方法，可以向下移一行。获得所有行第 2 个字段信息的语句为：

```
while(rs.next()){
  String name = rs.getString(2);
  System.out.println(name);
}
```

6）关闭创建的各种对象

该程序中使用了自动关闭资源的 try 语句，所以程序中创建的对象将自动关闭。

实验 18.3 Statement 接口

1. 实验目的

（1）学习使用 Statement 接口对 MySQL 数据库进行查询、增加、修改和删除操作。

（2）学习使用 Statement 对象的 executeQuery()和 executeUpdate()方法。

2. 实验要求

编写一个 Java 程序，对 MySQL 数据库 bm 中 book 表实现查询、增加、修改和删除操作，数据表 book 中已有实验 18.1 中输入的三条记录，使程序运行结果如图 18.8 所示。

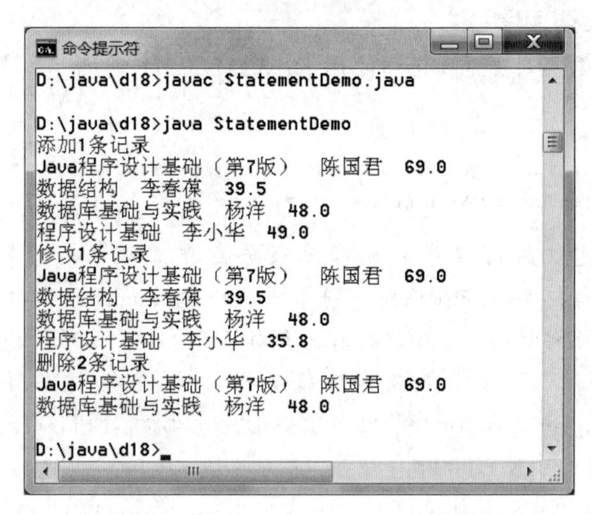

图 18.8 程序 StatementDemo 运行结果

3. 程序模板

按模板要求，将【代码 1】～【代码 6】替换为相应的 Java 程序代码，使之输出如图 18.8 所示的结果。

```
//FileName:StatementDemo.java
import java.sql.Connection;
import java.sql.Date;
import java.sql.DriverManager;
import java.sql.ResultSet;
import java.sql.Statement;
import java.sql.SQLException;
public class StatementDemo{
  public static void main(String[] args)
       throws SQLException,ClassNotFoundException{
    ResultSet rs;
    String selectSql = "SELECT * FROM book";
    String insertSql = "INSERT INTO book VALUES(4,'程序设计基础'," +
                "'李小华','机械工业出版社','2016-05-01',49.0)";
    String updateSql = "UPDATE book SET price = 35.80 WHERE bookID = 4";
```

```
    String deleteSql = "DELETE FROM book WHERE author LIKE '李 % '";
    Class.forName("com.mysql.cj.jdbc.Driver");
    try(Connection conn = DriverManager.getConnection("jdbc:mysql://127.0.0.1:3306/
          bm?useSSL = true&serverTimezone = UTC","root","123456");
      Statement stmt = conn.createStatement();)
    {
      int count =【代码 1】          //执行 insertSql 语句
      System.out.println("添加" + count + "条记录");
      rs =【代码 2】                  //执行 selectSql 语句
      while(rs.next())
        System.out.println(rs.getString("bookName") + "   " + rs.getString("author") +
                     "   " + rs.getDouble("price"));
      count =【代码 3】              //执行 updatetSql 语句
      System.out.println("修改" + count + "条记录");
      rs =【代码 4】                  //执行 selectSql 语句
      while(rs.next())
        System.out.println(rs.getString("bookName") + "   " + rs.getString("author") +
                     "  " + rs.getDouble("price"));
      count =【代码 5】              //执行 deleteSql 语句
      System.out.println("删除" + count + "条记录");
      rs =【代码 6】                  //执行 selectSql 语句
      while(rs.next())
        System.out.println(rs.getString("bookName") + "   " + rs.getString("author") +
                     "   " + rs.getDouble("price"));
      if(rs != null) rs.close();
    }
    catch(Exception ex){
      ex.printStackTrace();
    }
  }
}
```

4. 实验指导

Statement 接口一般用于执行静态的 SQL 语句,静态的 SQL 语句在执行时不接收任何参数。Statement 对象执行 excuteQuery()方法实现对数据库的查询操作,执行 executeUpdate()方法实现对数据库的添加、修改和删除操作。

实验 18.4 PreparedStatement 接口

1. 实验目的

(1) 学习使用 PreparedStatement 接口对 MySQL 数据库进行增加、查询操作。

(2) 学习使用 setString()、setInt()和 setDouble()方法完成对输入参数的赋值。

2. 实验要求

编写一个 Java 程序,使用 PreparedStatement 接口实现对数据库 bm 中的 book 表实现查询、增加操作,使程序运行结果如图 18.9 所示。

3. 程序模板

按模板要求,将【代码 1】~【代码 3】替换为相应的 Java 程序代码,使之输出如图 18.9

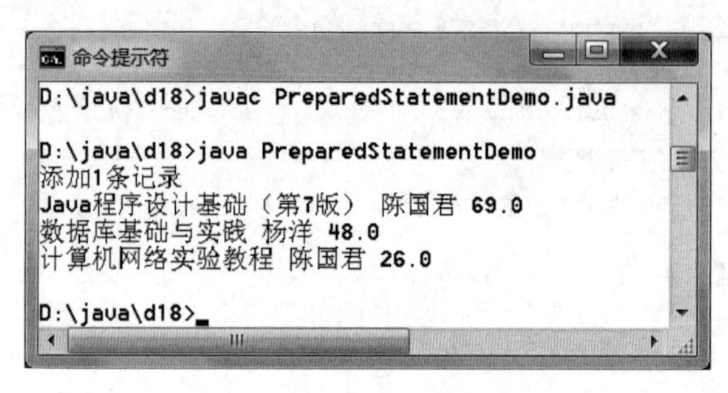

图 18.9 程序 PreparedStatementDemo 运行结果

所示的结果。

```
//FileName:PreparedStatementDemo.java
import java.sql.Connection;
import java.sql.DriverManager;
import java.sql.PreparedStatement;
import java.sql.ResultSet;
import java.sql.SQLException;
public class PreparedStatementDemo{
  public static void main(String[] args)
       throws SQLException,ClassNotFoundException{
    PreparedStatement ps;
    ResultSet rs;
    String selectSql = "SELECT * FROM book";
    String insertSql = "INSERT INTO book VALUES(?,?,?,?,'2021-07-01',?)";
    Class.forName("com.mysql.cj.jdbc.Driver");
    try(Connection conn = DriverManager.getConnection("jdbc:mysql://127.0.0.1:3306/
                 bm?useSSL = true&serverTimezone = UTC ","root","123456");
    ){
      ps = conn.prepareStatement(insertSql);
      【代码 1】  //设置 ps 第 1 个参数为整数 4
      【代码 2】  //设置 ps 第 2 个参数为字符串"计算机网络实验教程"
      ps.setString(3,"陈国君");
      ps.setString(4,"清华大学出版社");
      【代码 3】  //设置 ps 第 5 个参数为双精度浮点数 26.0
      int count = ps.executeUpdate();
      System.out.println("添加" + count + "条记录");
      rs = ps.executeQuery(selectSql);
      while(rs.next())
        System.out.println(rs.getString("bookName") + " " + rs.getString("author") +
                 " " + rs.getDouble("price"));
      if(rs!= null) rs.close();
      if(ps!= null) ps.close();
    }
    catch(Exception ex){
      ex.printStackTrace();
    }
  }
}
```

4. 实验指导

PreparedStatement 接口是 Statement 接口的子接口，是处理预编译语句的一个接口。预编译语句可以让数据库管理系统在内部通过预先编译，形成带参数的内部指令，并保存在接口 PreparedStatement 的对象中。在执行此类 SQL 语句时，只需要修改该对象中的参数值，再由数据库管理系统直接修改内部指令并执行，这样可以节省数据库管理系统编译 SQL 语句的时间，提高程序执行效率。

在创建用于 PreparedStatement 对象的动态 SQL 语句时，可使用"?"作为动态参数的占位符。在执行带参数的 SQL 语句前，必须对"?"进行赋值。PreparedStatement 接口中增加了大量的 setXXX()方法，通过占位符的索引完成对输入参数的赋值，XXX 根据不同的数据类型选择，如字符串的方法为 setString()、整数的方法为 setInt()、双精度浮点数的方法为 setDouble()等。

实验 18.5 DatabaseMetaData 与 ResultSetMetaData 接口

1. 实验目的

(1) 学习 DatabaseMetaData 接口的使用。

(2) 学习 ResultSetMetaData 接口的使用。

2. 实验要求

编写一个 Java 程序，使用 DatabaseMetaData 对象获取当前数据库连接的相关信息，使用 ResultSetMetaData 对象获取当前结果集的相关信息，使程序运行结果如图 18.10 所示。

```
命令提示符
D:\Java\d18>javac MetaDataDemo.java

D:\Java\d18>java MetaDataDemo
数据库产品: MySQL
数据库版本: 8.0.22
驱动器: MySQL Connector/J
数据库URL: jdbc:mysql://127.0.0.1:3306/Bm?useSSL=true&serverTimezone=UTC
总共有: 6列
列1:bookID,INT(10)
列2:bookName,VARCHAR(50)
列3:author,VARCHAR(12)
列4:publisher,VARCHAR(50)
列5:publishDate,DATE(10)
列6:price,DOUBLE(10)

D:\Java\d18>_
```

图 18.10 程序 MetaDataDemo 运行结果

3. 程序模板

```
//FileName:MetaDataDemo.java
import java.sql.Connection;
import java.sql.DatabaseMetaData;
import java.sql.DriverManager;
import java.sql.PreparedStatement;
import java.sql.ResultSet;
import java.sql.ResultSetMetaData;
```

```
import java.sql.Statement;
import java.sql.SQLException;
public class MetaDataDemo{
  public static void main(String[] args)
      throws SQLException,ClassNotFoundException{
    Class.forName("com.mysql.cj.jdbc.Driver");
    try(Connection conn = DriverManager.getConnection("jdbc:mysql://127.0.0.1:3306/
            Bm?useSSL = true&serverTimezone = UTC ","root","123456");
      Statement stmt = conn.createStatement();
      ResultSet rs  =  stmt.executeQuery("SELECT * FROM Book");
    ){
      DatabaseMetaData dmd  =  conn.getMetaData();
      System.out.println("数据库产品: " + dmd.getDatabaseProductName());
      System.out.println("数据库版本: " + dmd.getDatabaseProductVersion());
      System.out.println("驱动器: " + dmd.getDriverName());
      System.out.println("数据库 URL: " + dmd.getURL());
      ResultSetMetaData rsmd  =  rs.getMetaData();
      System.out.println("总共有: " + rsmd.getColumnCount() + "列");
      for(int i = 1;i <= rsmd.getColumnCount();i++){
        System.out.println("列" + i + ":" + rsmd.getColumnName(i) + ","
                + rsmd.getColumnTypeName(i) + "("
                + rsmd.getColumnDisplaySize(i) + ")");
      }
    }
    catch(Exception ex){
      ex.printStackTrace();
    }
  }
}
```

4. 实验指导

DatabaseMetaData 接口主要用来得到关于数据库的信息,如数据库中所有表的表名、表的列数、系统函数、关键字、数据库产品名和数据库支持的 JDBC 驱动器名。DatabaseMetaData 对象是通过 Connection 接口的 getMetaData()方法创建的。

ResultSetMetaData 接口主要用来获取结果集的结构。例如,结果集的列的数量、列的名字等。可以通过 ResultSet 接口的 getMetaData()方法获得对应的 ResultSetMetaData 对象。

实验 18.6 事务操作

1. 实验目的

(1) 学习在 JDBC 中实现事务操作。

(2) 学习使用 setAutoCommit()、commit()、rollback()和 setSavepoint()方法。

2. 实验要求

编写一个 Java 程序,对数据库 bm 中的 book 表进行批量添加记录操作,并设置保存点,如果操作失败则执行事务回滚操作,控制事务回滚到保存点,使程序运行结果如图 18.11 所示。

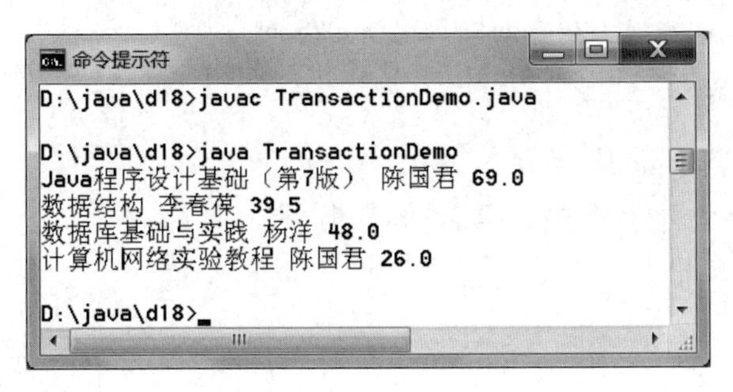

图 18.11 程序 TransactionDemo 运行结果

3. 程序模板

按模板要求，将【代码 1】～【代码 4】替换为相应的 Java 程序代码，使之输出如图 18.11 所示的结果。

```
//FileName:TransactionDemo.java
import java.sql.Connection;
import java.sql.DriverManager;
import java.sql.ResultSet;
import java.sql.Savepoint;
import java.sql.Statement;
import java.sql.SQLException;
public class TransactionDemo{
  public static void main(String[] args)
       throws SQLException,ClassNotFoundException{
    ResultSet rs = null;
    String insertSql1 = "INSERT INTO book VALUES(2,'数据结构', " +
                        "'李春葆','清华大学出版社', '2015-10-23',39.5)";
    String insertSql2 = "INSERT INTO book VALUES(5,'数据库基础与实践', " +
                        "'杨洋','清华大学出版社', '2016-05-01',48.0)";
    String insertSql3 = "INSERT INTO book VALUES(6,'设计模式之禅', " +
                        "'秦小波','机械工业出版社', '2016-06-01',89.0)";
    String selectSql = "SELECT * FROM Book";
    boolean ynRollback = true;
    Class.forName("com.mysql.cj.jdbc.Driver");
    try(Connection conn = DriverManager.getConnection("jdbc:mysql://127.0.0.1:3306/
             bm?useSSL = true&serverTimezone = UTC ","root","123456");
      Statement stmt = conn.createStatement();
    ){
      boolean autoCommit =【代码 1】        //返回是否为自动提交模式
      【代码 2】                            //设置取消自动提交模式
      stmt.executeUpdate(insertSql1);
      Savepoint s1 = conn.setSavepoint();
      stmt.executeUpdate(insertSql2);
      stmt.executeUpdate(insertSql3);
      if(ynRollback){
        【代码 3】                          //执行回滚操作,返回到保存点 s1 的位置
      }
      【代码 4】                            //执行提交操作
      conn.setAutoCommit(autoCommit);
      rs = stmt.executeQuery(selectSql);
      while(rs.next())
```

```
            System.out.println(rs.getString("bookName") + " " +
                    rs.getString("author") + " " + rs.getDouble("price"));
          if(rs!= null) rs.close();
        }
        catch (Exception e){
          System.out.println("bookID是主码不能相同");
        }
      }
    }
```

4. 实验指导

利用Connection对象的setAutoCommit()方法,可以开启或者关闭自动提交方式,如果参数为false,则表示关闭自动提交;如果为true,则表示打开自动提交。可以使用Connection对象的getAutoCommit()方法来检查自动提交方式是否打开。如果将自动提交功能关闭,就可以调用Connection类的commit()方法来提交所有更新或者用rollback()方法来取消更新。利用Connection对象的setSavePoint()方法设置保存点,可以控制事务的部分回滚。本实验中由于受主码bookID的限制,只要所插入记录的bookID值与表中已有记录的bookID值不同即可成功运行并看出效果。

第18章实验参考答案

实验18.2

【代码1】: `Class.forName("com.mysql.cj.jdbc.Driver");`

【代码2】: `"jdbc:mysql://127.0.0.1:3306/bm?useSSL = true&serverTimezone = UTC"`

【代码3】: `Statement stmt = conn.createStatement();`

【代码4】: `stmt.executeQuery("SELECT * FROM book");`

【代码5】: `rs.getString(2);`

实验18.3

【代码1】: `stmt.executeUpdate(insertSql);`

【代码2】: `stmt.executeQuery(selectSql);`

【代码3】: `stmt.executeUpdate(updateSql);`

【代码4】: `stmt.executeQuery(selectSql);`

【代码5】: `stmt.executeUpdate(deleteSql);`

【代码6】: `stmt.executeQuery(selectSql);`

实验18.4

【代码1】: `ps.setInt(1,4);`

【代码2】: `ps.setString(2,"计算机网络实验教程");`

【代码3】: `ps.setDouble(5,26.0);`

实验18.6

【代码1】: `conn.getAutoCommit();`

【代码2】: `conn.setAutoCommit(false);`

【代码3】: `conn.rollback(s1);`

【代码4】: `conn.commit();`

第二部分　习题解答

第1章　习题解答

1.1　Java语言有哪些特点?

【参考答案】 Java语言主要包括简单易学、面向对象、平台无关性、分布式、可靠性、安全性、支持多线程、支持网络编程、编译与解释并存等特点。

1.2　什么是字节码?采用字节码的最大好处是什么?

【参考答案】 Java程序的运行必须先通过编译过程,然后再利用解释的方式来运行,通过编译器,Java程序会被转换为与平台无关的机器码,这种机器码被称为字节码,字节码文件的扩展名为.class。采用字节码的最大好处是可跨平台运行,即Java字节码可以“编写一次,到处运行”。

1.3　什么是Java虚拟机?

【参考答案】 Java虚拟机(JVM)其实就是一个字节码解释器,任何一种可以运行Java字节码的软件都可被看成Java虚拟机。可以把Java字节码看成是在Java虚拟机上所运行的机器码。Java虚拟机就是以Java字节码为指令的“软CPU”。也就是说,Java虚拟机是可以运行Java字节码的假想计算机。它的作用类似于Windows操作系统,只不过在Windows上运行的是.exe文件,而在JVM上运行的是Java字节码.class文件。JVM是Java程序唯一识别的操作系统,对JVM来说可执行文件就是扩展名为.class的字节码文件。

1.4　什么是平台无关性?Java语言是怎样实现平台无关性的?

【参考答案】 首先要知道什么是平台。所谓平台其实就是指由操作系统和处理器所构成的运行环境。与平台无关就是指应用程序的运行不会因为操作系统或处理器的不同而无法运行或出现错误。也可以说平台无关性是指一个应用程序能够运行于各种不同的操作系统上。Java语言是通过虚拟机技术来实现平台无关性的,不同的操作系统必须安装专属该平台的Java虚拟机。对Java程序而言,只认识一种“操作系统”,这个“操作系统”就是JVM,机器码(.class文件)就是JVM的可执行文件。

1.5　Java应用程序的结构包含哪几个方面?

【参考答案】 Java应用程序是可以在Java平台上独立运行的程序,应用程序中包括至多一个package语句,0个或多个import语句和至少一个类三部分。

1.6　什么是Java应用程序的主类?应用程序的主类有何要求?

【参考答案】 主类是Java程序执行的入口点。Java应用程序的主类必须包含有一个定义为public static void main(String[] args)的主方法,主类并不一定要求是public类。

第2章　习题解答

2.1　什么是JDK？什么是JRE？JDK与JRE的关系是什么？

【参考答案】 Java SE可以分为四个部分：JVM、JRE、JDK和Java语言。JDK是Java Development Kits(Java开发工具包)，是一个编写Java Application(Java应用程序)的开发环境，其中包括一些Java开发工具和Java的核心类库(Java API)等，是所有Java开发工具的基础。Java运行环境(Java Runntime Environmene，JRE)是Java执行程序所必需的，JRE主要是为开发好的Java程序提供执行平台。JRE与JDK的关系是：JRE是一个运行环境，JDK是一个开发环境。JRE不包含开发工具，如编译器、调试器和其他工具等，而JDK包含了JRE以及开发过程中需要的一些工具程序，因此安装JDK后除了可以编辑Java程序外，也可以运行Java程序。所以说编写Java程序时需要JDK，而运行Java程序时需要JRE。

2.2　Java开发工具JDK 10安装后，在安装文件夹下生成几个子文件夹？这些子文件夹中包含的内容有哪些？

【参考答案】 在JDK安装文件夹下包含的子文件夹及相应子文件夹下所包含的内容如下。

bin：该文件夹存放javac.exe、java.exe、jmod.exe、jar.exe等命令程序；

conf：该文件夹存放的是一些可供开发者编辑的Java系统配置文件；

include：该文件夹存放支持本地代码编程与C程序相关的头文件；

jmods：该文件夹存放的是预编译的Java模块，相当于JDK 9之前的.jar文件；

legal：该文件夹存放的是有关Java每个模块的版权声明和许可协议等；

lib：该文件夹存放Java类库。

2.3　系统变量Path和ClassPath的作用是什么？如何设置Path系统变量？

【参考答案】 Path系统变量的作用是设置供操作系统去寻找和执行应用程序(扩展名为.exe、.com、.bat等)路径的顺序，对Java而言即Java的安装路径；ClassPath是JVM执行Java程序时搜索类的路径(类所在的文件夹)的顺序，以最先找到的为准。JVM除了在ClassPath系统变量指定的文件夹中查找要运行的类之外，默认是不会在当前文件夹下查找相应类的，除非设置在当前文件夹下查找。

设置Path系统变量的方法有两种：一种是在“控制面板”中“系统和安全”下的“系统”页面内(或右击“我的电脑”图标，在弹出的快捷菜单中选择“属性”选项)设置；另一种是在命令行窗口中利用set命令进行设置。见实验1.1。

系统变量ClassPath在Java 10中不用设置，Java程序完全可以编译与运行。

2.4 编写 Java 程序有哪些注意事项？

【参考答案】 首先要安装 JDK，然后必须设置系统变量 Path。还需注意的是必须要按程序的命名规则给程序命名。程序中的每个类都有类名与类体，类体中通常包含两种成分：一种是成员变量；另一种是成员方法。方法体中的每个语句以分号“；”结尾，方法体内不能再定义其他方法。另外 Java 是严格区分大小写的语言。

2.5 Java 应用程序源文件的命名有什么规定？

【参考答案】 Java 应用程序源文件的命名规则：首先源文件的扩展名必须是.java；如果源文件中有多个类，则最多只能有一个 public 类，如果有，那么源文件的名字必须与这个 public 类的名字相同（文件名的大小写可以与 public 类名的大小写不同），如果源文件没有 public 类，那么源文件的名字由用户任意命名。

2.6 Java 应用程序的主类是什么样的类？

【参考答案】 主类是 Java 程序执行的入口点，一个 Java 程序可以有多个类，但只能有一个类是主类。对应用程序而言其主类必须是包含有 main()方法的类。

2.7 如何在命令行方式下编译与运行 Java 应用程序？

【参考答案】 首先在命令行窗口将应用程序源文件使用“javac 文件名.java”命令编译成扩展名为.class 的字节码文件，然后运行字节码文件即可，即在命令行提示符下输入“java 主类名”。需注意的是，源文件名和主类名可能不同，所以编译和运行程序时要注意区别。

第3章 习题解答

3.1 Java语言定义了哪几种基本数据类型?

【参考答案】 Java语言定义了布尔型、字节型、短整型、整型、长整型、单精度浮点型、双精度浮点型和字符型八种基本数据类型。

3.2 表示整数类型数据的关键字有哪几个?它们各占用几字节?

【参考答案】 表示整数类型数据的关键字有byte、short、int、long等。字节型byte占1字节、短整型short占2字节、整型int占4字节、长整型long占8字节。

3.3 单精度浮点型(float)和双精度浮点型(double)的区别是什么?

【参考答案】 单精度浮点型和双精度浮点型表示的都是实数,双精度浮点型数占8字节,而单精度浮点型数占4字节,双精度浮点型数的精度是单精度浮点型数精度的2倍。

3.4 字符型常量与字符串常量的主要区别是什么?

【参考答案】 字符型常量是用单引号括起来的单个字符,而字符串常量是用双引号括起来的多个字符,且字符的个数可以是0个。

3.5 简述Java语言对定义标识符的规定。

【参考答案】 标识符(identifier)是用来表示变量名、类名、方法名、数组名和文件名的有效字符序列。标识符要满足如下规定。

(1) 标识符可以由字母、数字和下画线(_)、美元符号($)等组合而成;

(2) 标识符必须以字母、下画线或美元符号开头,不能以数字开头。

应注意,Java语言是大小写敏感的语言。例如,class和Class,System和system分别代表不同的标识符,在定义和使用时要特别注意这一点。

用Java语言编程时,应遵循以下命名习惯(不是强制性的):类名首字母大写;变量名、方法名及对象名的首字母小写。对于所有标识符,其中包含的所有单词都应紧靠在一起,而且大写中间单词的首字母。若定义常量时,则大写所有字母,这样便可标识出它们是属于编译期的常数。Java包(package)属于一种特殊情况,它们全都是小写字母,即便中间的单词也是如此。

3.6 Java语言采用何种编码方案?有何特点?

【参考答案】 Java语言中的字符采用的是Unicode字符集编码方案,在内存中占2字节,是16位无符号的整数,一共有65 536个,字符的取值范围为0~65 535,表示其在Unicode字符集中的排序位置。Unicode字符是用"\u0000"到"\uFFFF"之间的十六进制数值来表示的,前缀"\u"表示是一个Unicode值,后面的4个十六进制数值表示是哪个

Unicode 字符。Unicode 字符表的前 128 个字符刚好是 ASCII 码表。每个国家的字母表的字母都是 Unicode 表中的一些字符。由于 Java 语言的字符类型采用了 Unicode 这种新的国际标准编码方案,因而便于中文字符和西文字符的处理。

3.7　什么是强制类型转换?在什么情况下需要用强制类型转换?

【参考答案】　如果要将较长的数据转换为较短的数据时,就要进行强制类型转换。强制类型转换必须在程序中用"(欲转换的数据类型)变量名"形式的语句显性说明将变量名的类型强制转换为什么类型。需说明的是,指定的变量名及其数据本身将不会因此而转变。

3.8　自动类型转换的前提是什么?转换时从"短"到"长"的优先级顺序是怎样的?

【参考答案】　Java 语言会在下列条件同时成立的前提下,自动进行数据类型的转换:

① 转换前的数据类型与转换后的类型兼容。

② 转换后数据类型的表示范围比转换前数据类型的表示范围大。

转换从"短"到"长"的优先关系为:

低 $\xrightarrow{\text{byte→short→char→int→long→float→double}}$ 高

3.9　数字字符串转换为数值型数据时,所使用的方法有哪些?

【参考答案】　见主教材表 3.7。

3.10　写出由键盘输入数据的两种基本格式。

【参考答案】　见主教材 3.7 节。

3.11　编写程序,从键盘上输入一个浮点数,然后将该浮点数的整数部分输出。

【参考答案】　代码如下:

```
//FileName: Exercises3_11.java
import java.util. * ;
public class Exercises3_11{
  public static void main(String[ ] args){
    double d;
    Scanner reader = new Scanner(System.in);
    System.out.print("请输入一个实数: ");
    d = reader.nextDouble();
    System.out.println(d + "整数部分为: " + (long)d);
  }
}
```

3.12　编写程序,从键盘上输入两个数,然后计算它们相除后得到的结果并输出。

【参考答案】　代码如下:

```
//FileName: Exercises3_12.java
import java.util. * ;
public class Exercises3_12{
  public static void main(String[ ] args){
    int num1;
    double num2;
    Scanner reader = new Scanner(System.in);
    System.out.print("请输入第一个数: ");
    num1 =  reader.nextInt();
    System.out.print("请输入第二个数: ");
```

```
        num2 = reader.nextDouble();
        System.out.println(num1 + "/" + num2 + " = " + (num1/num2));
    }
}
```

3.13 编写程序，从键盘上输入圆柱体的底半径 r 和高 h，然后计算其体积并输出。

【参考答案】 代码如下：

```
//FileName: Exercises3_13.java
import java.util.*;
public class Exercises3_13{
  public static void main(String[] args){
    double r,h,pi = 3.14;
    Scanner reader = new Scanner(System.in);
    System.out.print("请输入底半径：");
    r = reader.nextDouble();
    System.out.print("请输入圆柱体的高：");
    h = reader.nextDouble();
    System.out.println("圆柱体体积 = " + pi * r * r * h);
  }
}
```

3.14 Java语言有哪些算术运算符、关系运算符、逻辑运算符和赋值运算符？

【参考答案】 见主教材表 3.8～表 3.13。

3.15 逻辑运算符中的"逻辑与、逻辑或"和"简洁与、简洁或"的区别是什么？

【参考答案】 简洁运算(&&、||)与非简洁运算(&、|)的区别在于：非简洁运算在必须计算完运算符左右两个表达式之后，才取结果值；而简洁运算可能只计算运算符左边的表达式而不需要计算右边的表达式，即对于 &&，只要左边的表达式为 false，就不用计算右边的表达式，则整个表达式为 false；对于||，只要左边的表达式为 true，就不用计算右边的表达式，则整个表达式为 true。

3.16 逻辑运算符与位运算符的区别是什么？

【参考答案】 位运算符的操作数只能为整型或字符型数据，但逻辑运算符的操作数为布尔型的量。

3.17 什么是运算符的优先级和结合性？

【参考答案】 运算符的优先级决定了表达式中不同运算符执行的先后顺序；结合性决定了并列的多个同级运算符的先后执行顺序。

3.18 写出下列表达式的值，设 int x=3，y=17，i=0，boolean yn=true。

(1) x+y*x-- (2) -x*y+y (3) x<y && yn (4) x>y || ! yn (5) y! = ++x ? x : y (6) y++/--x (7) i=i++ 赋值后的 i 值。

【参考答案】 (1) 54 (2) -34 (3) true (4) false (5) 4 (6) 8 (7) 0

第 4 章　习题解答

4.1　将学生的学习成绩按不同的分数段分为优(90～100 分)、良(80～89 分)、中(70～79 分)、及格(60～69 分)和不及格(0～59 分)五个等级，从键盘上输入一个 0～100 的成绩，输出相应的等级。要求用 switch 语句实现。

【参考答案】 代码如下：

```
//FileName: Exercises4_1.java
import java.util.*;
public class Exercises4_1{
  public static void main(String[] args){
    int testScore,x;
    char grade;
    Scanner reader = new Scanner(System.in);
    System.out.print("请输入成绩: ");
    testScore =  reader.nextInt();
    x = testScore/10;
    switch(x){
      case 10:
      case 9:
        grade = 'A';
        break;
      case 8:
        grade = 'B';
        break;
      case 7:
        grade = 'C';
        break;
      case 6:
        grade = 'D';
        break;
      default:
        grade = 'E';
    }
    System.out.println("评定成绩为: " + grade);
  }
}
```

4.2　设学生的学习成绩按如下的分数段评定为四个等级：85～100 分为 A，70～84 分为 B,60～69 分为 C,0～59 分为 D。从键盘上输入一个 0～100 的成绩,要求用 switch 语句根据成绩,评定并输出相应的等级。

【参考答案】 代码如下:

```
//FileName: Exercises4_2.java
import java.util.*;
public class Exercises4_2{
  public static void main(String[] args){
    int n,testScore;
    Scanner reader = new Scanner(System.in);
    System.out.print("请输入一个分数: ");
    testScore = reader.nextInt();
    n = testScore/5;
    if(testScore < 60)
      n = 11;
    switch(n){
      case 20:
      case 19:
      case 18:
      case 17:
        System.out.println("你的评定成绩为: A");
        break;
      case 16:
      case 15:
      case 14:
        System.out.println("你的评定成绩为: B");
        break;
      case 13:
      case 12:
        System.out.println("你的评定成绩为: C");
        break;
      case 11:
        System.out.println("你的评定成绩为: D");
    }
  }
}
```

4.3 随机生成若干字符,判断其是元音字母还是辅音字母。

【参考答案】 代码如下:

```
//FileName: Exercises4_3.java
public class Exercises4_3{
  public static void main(String[] args){
    char c = ' ';
    for(int i = 1;i <= 15;i++){
      c = (char)(Math.random() * 26 + 'a');
      System.out.print(c + "是 ");
      switch(c){
        case 'a':
        case 'e':
```

```
            case 'i':
            case 'o':
            case 'u':
              System.out.println("元音");
              break;
            case 'y':
            case 'w':
              System.out.println("有时作为元音");
              break;
            default:
              System.out.println("辅音");
          }
        }
      }
    }
```

4.4 编写一个Java应用程序，输出1～100可被3整除或可被7整除和既可被3整除又可被7整除的数及相应的个数(既可被3整除又可被7整除的数的个数中不包括或被3整除或被7整除的个数)。

【参考答案】 代码如下：

```
//FileName: Exercises4_4.java
public class Exercises4_4{
  public static void main(String[] args){
    int i1 = 0,i2 = 0,i3 = 0;
    for(int i = 1;i <= 100;i++){
      if(i % 3 == 0 && i % 7 == 0){
        i3 += 1;
        System.out.println(i + "既可被 3 整除也可被 7 整除");
      }
      else if(i % 3 == 0){
        i1 += 1;
        System.out.println(i + "可被 3 整除");
      }
      else if(i % 7 == 0){
        i2 += 1;
        System.out.println(i + "可被 7 整除");
      }
    }
    System.out.print("可被 3 整除有: " + i1);
    System.out.print("个; 可被 7 整除有: " + i2);
    System.out.print("个;即可被 3 整除也可被 7 整除有" + i3 + "个");
  }
}
```

4.5 编写一个Java应用程序，在键盘上输入数n，计算并输出1!+2!+…+n!的结果。

【参考答案】 代码如下：

```
//FileName: Exercises4_5.java
```

```
import java.util.*;
public class Exercises4_5{
  public static void main(String[] args){
    int n;
    long s = 1,sum = 0;
    Scanner buf = new Scanner(System.in);
    do{
       System.out.print("请输入 n = ");
       n = buf.nextInt();
    }while(n<= 0);
    for(int i = 1;i<= n;i++){
       s = s * i;
       sum = sum + s;
     }
    System.out.print("sum = " + sum);
  }
}
```

4.6　在键盘上输入数 n,编程计算 $sum=1-\frac{1}{2!}+\frac{1}{3!}+\cdots+(-1)^{n-1}\frac{1}{n!}$。

【参考答案】 代码如下:

```
//FileName: Exercises4_6.java
import java.util.*;
public class Exercises4_6{
  public static void main(String[] args){
    int n,i = 1;
    double s = 1,sum = 0;
    Scanner buf = new Scanner(System.in);
    do{
      System.out.print("输入 n 的值:");
      n = buf.nextInt();
    }while(n<= 0);
    do{
       sum = sum + s;
       i++;
       s = - s/i;
    }while(i<= n);
    System.out.print("sum = " + sum);
  }
}
```

4.7　水仙花数是指其个位、十位和百位三个数字的立方和等于这个三位数本身,求出所有的水仙花数。

【参考答案】 代码如下:

```
//FileName: Exercises4_7.java
public class Exercises4_7{
  public static void main(String[] args){
    int k,n,s,i = 100;
    do{
      s = 0;
```

```
      n = i;
      while(n!= 0){
        k = n % 10;
        n = n/10;
        s = s + k * k * k;
      }
      if(i == s) System.out.print(s + " ");
      i++;
    }while(i < 999);
  }
}
```

4.8　从键盘输入一个整数,判断该数是否是完全数。完全数是指其所有因数(包括1但不包括其自身)的和等于该数自身的数。例如28=1+2+4+7+14就是一个完全数。

【参考答案】　代码如下:

```
//FileName: Exercises4_8.java
import java.util. * ;
public class Exercises4_8{
  public static void main(String[ ] args){
    int i,a,b = 0;
    Scanner reader = new Scanner(System.in);
    System.out.print("输入非数值退出!!否则输入数");
    while(reader.hasNextInt()){
      b = 0;
      a = reader.nextInt();
      for(i = 1;i < = a/2;i++)
        if(a % i == 0) b += i;
      if(a == b)
        System.out.println("\n 您所输入的数【" + a + "】是完全数");
      else
        System.out.println("\n 您所输入的数【" + a + "】不是完全数");
      System.out.print("\n 输入非数值退出!!否则输入数");
    }
  }
}
```

4.9　计算并输出一个整数的各位数字之和。如5423的各位数字之和为5+4+2+3。

【参考答案】　代码如下:

```
//FileName: Exercises4_9.java
import java.util. * ;
public class Exercises4_9{
  public static void main(String[ ] args){
    int n,s,sum = 0;
    Scanner buf  = new Scanner(System.in);
    System.out.print("请输入 n = ");
    n = buf.nextInt();
    while(n > 0){
      s = n % 10;
      n = (n - s)/10;
```

```
            sum = sum + s;
        }
        System.out.print("各位数字之和 = " + sum);
    }
}
```

4.10　从键盘上输入一个浮点型数，然后将该浮点数的整数部分和小数部分分别输出。

【参考答案】　代码如下：

```
//FileName: Exercises4_10.java
import java.util.*;
public class Exercises4_10{
    public static void main(String args[ ]){
        double x;
        String zs,xs,s;
        System.out.println("请输入一个浮点数：");
        Scanner reader = new Scanner(System.in);
        x = reader.nextDouble();
        s = "" + x;
        int i;
        i = s.indexOf('.');
        zs = s.substring(0,i);
        xs = s.substring(i + 1);
        System.out.println("整数部分是：" + zs);
        System.out.println("小数部分是：0." + xs);
    }
}
```

4.11　设有一长为 3000m 的绳子，每天减去一半，问需几天时间，绳子长度会短于 5m。

【参考答案】　代码如下：

```
//FileName: Exercises4_11.java
public class Exercises4_11{
    public static void main(String[ ] args){
        float length = 3000;
        int dayCount = 0;
        do{
            length = length/2;
            dayCount++;
        }while(length >= 5);
        System.out.println("需要：" + dayCount + " 天时间");
    }
}
```

4.12　从键盘上输入十进制正整数 n，利用循环将其转换为八进制数。

【参考答案】　代码如下：

```
//FileName: Exercises4_12.java
import java.util.Scanner;
public class Exercises4_12{
    public static void main(String[ ] args){
```

```
        Scanner input = new Scanner(System.in);
        System.out.print("请输入十进制正整数 n = ");
        int n = input.nextInt();
        String octal = "";
        for (int i = n; i > 0; i/ = 8)
            octal  = i % 8  +  octal;
        System.out.println(n + "转换为八进制 = " + octal);
    }
}
```

4.13 编程输出如下数字图案。

```
1    3    6    10   15
2    5    9    14
4    8    13
7    12
11
```

【参考答案】 代码如下：

```
//FileName: Exercises4_13.java
public class Exercises4_13{
    public static void main(String[ ] args){
        int i,n,k,m = 5,s = 1;
        for(i = 0;i < m;i++){
            s += i;
            n = 1;
            k = s;
            do{
                System.out.print(k + "\t");
                n++;
                k += n + i;
            }while(n <= m - i);
            System.out.println();
        }
    }
}
```

4.14 从键盘上输入实数 x 和正整数 n，利用递归算法求 x 的 n 次方 x^n。

【参考答案】 代码如下：

```
//FileName: Exercises4_14.java
import java.util.Scanner;
public class Exercises4_14{
    public static void main(String[ ] args){
        Scanner input = new Scanner(System.in);
        System.out.print("x = ");
        double x = input.nextDouble();
        System.out.print("n = ");
        int n = input.nextInt();
        System.out.print(x + "的" + n + "次方 = " + f(x,n));
    }
```

```
  public static double f(double x,int m){
    if(m == 0)
      return 1;
    else
      return x * f(x,m - 1);
  }
}
```

4.15 利用递归方法求 $s=1+3+5+7+\cdots+(2n+1)$。

【参考答案】 代码如下：

```
//FileName: Exercises4_15.java
import java.util.Scanner;
public class Exercises4_15{
  public static void main(String[] args){
    Scanner inp = new Scanner(System.in);
    System.out.print("请输入一个非负数: ");
    int n = inp.nextInt();
    if(n % 2 == 0)
      n--;
    System.out.print("和为: " + f(n));
  }
  public static int f(int n){
    if(n == 1)
      return 1;
    else
      return n + f(n - 2);
  }
}
```

4.16 从键盘上输入正整数 n,利用递归方法求 $s=\frac{1}{3}+\frac{2}{5}+\cdots+\frac{i}{2i+1}$。

【参考答案】 代码如下：

```
//FileName: Exercises4_16.java
import java.util.Scanner;
public class Exercises4_16{
  public static void main(String[] args){
    Scanner input = new Scanner(System.in);
    System.out.print("n = ");
    int n = input.nextInt();
    System.out.print("1/3 + 2/5 + … + " + n + "/(2 * " + n + " + 1) = " + s(n));
  }
  public static double s(int m){
    if(m == 1)
      return 1.0/3;
    else
      return s(m - 1) + 1.0 * m/(2 * m + 1);
  }
}
```

4.17 从键盘上输入两个正整数,利用递归方法求这两个正整数的最大公约数。

【参考答案】 代码如下:

```
//FileName: Exercises4_17.java
import java.util.Scanner;
public class Exercises4_17{
  public static void main(String[] args){
    Scanner input = new Scanner(System.in);
    System.out.print("m = ");
    int m = input.nextInt();
    System.out.print("n = ");
    int n = input.nextInt();
    System.out.print(m + "与" + n + "的最大公约数是: " + MinDivisor(m,n));
  }
  public static int MinDivisor(int m, int n){
    if(m % n == 0)
      return n;
    else
      return MinDivisor(n,m % n);
  }
}
```

4.18 用递归方法编程实现 4.9 题。即从键盘上输入整数,利用递归方法编程计算该整数的各位数字之和。

【参考答案】 代码如下:

```
//FileName: Exercises4_18.java
import java.util.Scanner;
public class Exercises4_18{
  public static void main(String[] args){
    Scanner input = new Scanner(System.in);
    System.out.print("请输入整数 n = ");
    int n = input.nextInt();
    System.out.println(n + "的各位数字之和: " + sumDigits(n));
  }
  public static int sumDigits(int m){
   if(m/10 == 0)
     return m % 10;
    else
     return m % 10 + sumDigits(m/10);
  }
}
```

4.19 从键盘上输入整数,利用递归方法编程将该整数的各位数字逆序显示。

【参考答案】 代码如下:

```
//FileName: Exercises4_19.java
import java.util.Scanner;
public class Exercises4_19{
  public static void main(String[] args){
    Scanner input = new Scanner(System.in);
```

```
    System.out.print("请输入整数 n = ");
    int n = input.nextInt();
    xMethod(n);
  }
  public static void xMethod(int m){
    if(m > 0){
      System.out.print(m % 10 + "    ");
      xMethod(m/10);
    }
  }
}
```

4.20 从键盘上输入字符串,利用递归方法编程实现将字符串逆序输出。

【参考答案】 代码如下:

```
//FileName: Exercises4_20.java
import java.util.Scanner;
public class Exercises4_20{
  public static void main(String[ ] args){
    System.out.print("请输入字符串 S = ");
    String value = new Scanner(System.in).nextLine();
    reverseDisplay(value);
  }
  private static void reverseDisplay(String value){
    if(value.length() == 0)
      return;
    System.out.print(value.substring(value.length() - 1));
    reverseDisplay(value.substring(0,value.length() - 1));
  }
}
```

4.21 利用递归方法判断字符串是否为回文。

【参考答案】 代码如下:

```
//FileName: Exercises4_21.java
import java.util.Scanner;
public class Exercises4_21{
  public static void main(String[ ] args){
    Scanner input = new Scanner(System.in);
    System.out.print("str = ");
    String str = input.nextLine();
    System.out.print(str + "是回文字符串吗?" + isPS(str));
  }
  public static boolean isPS(String s){
    if(s.length()<= 1)   //终止条件
      return true;
    else if(s.charAt(0)!= s.charAt(s.length() - 1))
      return false;
    else
      return isPS(s.substring(1,s.length() - 1));
  }
}
```

第5章　习题解答

5.1　从键盘输入 n 个数,输出这些数中大于其平均值的数。

【参考答案】　代码如下:

```
//FileName: Exercises5_1.java
import java.util.*;
public class Exercises5_1{
  public static void main(String[] args){
    int n;
    double sum = 0,average;
    Scanner reader = new Scanner(System.in);
    System.out.print("请输入个数 n = ");
    n = reader.nextInt();
    int[] a = new int[n];
    if(n > 0){
      for(int i = 0;i < n;i++){
        System.out.print("请输入第" + (i + 1) + "个数:");
        a[i] = reader.nextInt();
        sum = sum + a[i];
      }
      average = sum/n;
      System.out.println("数据的平均数是: " + average);
      System.out.println("大于平均数是: " + average + "的数有: ");
      for(int i = 0;i < n;i++){
        if(a[i]> average)
          System.out.print("   " + a[i]);
      }
    }
    else
      System.out.print("没有数据");
  }
}
```

5.2　从键盘输入 n 个数,求这 n 个数中的最大数与最小数并输出。

【参考答案】　代码如下:

```
//FileName: Exercises5_2.java
import java.util.*;
public class Exercises5_2{
```

```
  public static void main(String[ ] args){
    int n,max,min;
    Scanner reader = new Scanner(System.in);
    System.out.print("请输入个数 n = ");
    n = reader.nextInt();
    int[ ] a = new int[n];
    if(n > 0){
      for(int i = 0;i < n;i++){
        System.out.print("请输入第" + (i + 1) + "个数:");
        a[i] = reader.nextInt();
      }
      min = Integer.MAX_VALUE;
      max = Integer.MIN_VALUE;
      for(int i = 0;i < n;i++){
        if(a[i]> max)
          max = a[i];
        if(a[i]< min)
          min = a[i];
      }
      System.out.println("最大数 Max = " + max);
      System.out.println("最小数 Min = " + min);
    }
    else
      System.out.print("没有数据");
  }
}
```

5.3 求一个3阶方阵的对角线上各元素之和。

【参考答案】 代码如下：

```
//FileName: Exercises5_3.java
import java.util.*;
public class Exercises5_3{
  public static void main(String[ ] args){
    Scanner buf = new Scanner (System.in);
    int[ ][ ] nums = new int[3][3];
    int i,j,sum = 0;
    System.out.println("输入一个 3 阶方阵:");
    for(i = 0;i < 3;i++)
      for(j = 0;j < 3;j++)
        nums[i][j] = buf.nextInt();
    for(i = 0;i < 3;i++)
      sum = sum + nums[i][i];
    System.out.print("对角线的和数是" + sum);
  }
}
```

5.4 找出4×5矩阵中值最小和最大元素,并分别输出其值及所在的行号和列号。

【参考答案】 代码如下：

```
//FileName: Exercises5_4.java
```

```
import java.util.*;
public class Exercises5_4{
  public static void main(String[] args){
    Scanner buf = new Scanner (System.in);
    int[][] nums = new int[4][5];
    int i = 0,j = 0,min,max,row1 = 0,row2 = 0,col1 = 0,col2 = 0;
    System.out.print("输出一个四行五列的矩阵:");
    System.out.println();
    for(i = 0;i < 4;i++)
      for(j = 0;j < 5;j++)
        nums[i][j] = buf.nextInt();
    for(i = 0;i < 4;i++){
      for(j = 0;j < 5;j++)
        System.out.print("    " + nums[i][j]);
      System.out.println();
    }
    min = Integer.MAX_VALUE;
    max = Integer.MIN_VALUE;
    for(i = 0;i < 4;i++){
      for(j = 0;j < 5;j++){
        if(nums[i][j]< min){
          min = nums[i][j];
          row1 = i;
          col1 = j;
        }
        if(nums[i][j]> max){
          max = nums[i][j];
          row2 = i;
          col2 = j;
        }
      }
    }
    System.out.print("最小数是" + min);
    System.out.println(",在【" + (row1 + 1) + "】行【" + (col1 + 1) + "】列");
    System.out.print("最大数是" + max);
    System.out.println(",在【" + (row2 + 1) + "】行【" + (col2 + 1) + "】列");
  }
}
```

5.5 产生 0～100 的 8 个随机整数,并利用冒泡排序法将其升序排序后输出(冒泡排序算法：每次进行相邻两数的比较,若次序不对,则交换两数的次序)。

【参考答案】 代码如下：

```
//FileName: Exercises5_5.java
public class Exercises5_5{
  public static void main(String[] args){
    int[] num = new int[8];
    int temp;
    System.out.println("产生的随机数为：");
    for(int i = 0;i < num.length;i++){
      num[i] = (int)(100 * Math.random());
```

```
          System.out.print("    " + num[i]);
        }
        for(int i = 0;i < num.length - 1;i++)
          for(int j = i + 1;j < num.length;j++){
            if(num[i]> num[j]){
              temp = num[i];
              num[i] = num[j];
              num[j] = temp;
            }
          }
        System.out.println("\n 排序后：");
        for(int i = 0;i < num.length;i++)
          System.out.print("    " + num[i]);
      }
    }
```

5.6 有 15 红球和 15 个绿球排成一圈，从第 1 个球开始数，当数到第 13 个球时就拿出此球，然后再从下一个球开始数，当再数到第 13 个球时又取出此球，如此循环进行，直到仅剩 15 个球为止，问怎样排法才能使每次取出的球都是红球。

【参考答案】 代码如下：

```
//FileName: Exercises5_6.java
import java.util. * ;
public class Exercises5_6{
   public static void main (String[ ] args){
     int[ ] a = new int[31];
     int i,j,k = 1;
     for(i = 1;i <= 15;i++){
       for(j = 1;j <= 13;j++,k++){
         if(k > 30) k = 1;
         while(a[k]!= 0)
           if(++k > 30)
             k = 1;
       }
       a[k - 1] = 1;
     }
     for(i = 1;i <= 30;i++)
       System.out.print(" " + a[i]);
      System.out.println ("\n    1:表示红球, 0:表示绿球");
   }
}
```

5.7 编写 Java 应用程序，比较命令行中给出的两个字符串是否相等，并输出比较的结果。

【参考答案】 代码如下：

```
//FileName: Exercises5_7.java
import java.util. * ;
public class Exercises5_7{
  public static void main(String[ ] args){
```

```
        boolean yn = false;
        if(args.length<=1)
          System.out.println("命令行中数据个数不对");
        else if(args[0].equals(args[1])){
          yn = true;
          System.out.println("命令行给出的两字符串比较结果是: " + yn);
        }
        else
          System.out.println("命令行给出的两字符串比较结果是: " + yn);
      }
    }
```

5.8 从键盘上输入一个字符串和子串的开始位置与长度,截取该字符串的子串并输出。

【参考答案】 代码如下:

```
//FileName: Exercises5_8.java
import java.util.*;
public class Exercises5_8{
  public static void main(String[] args){
    String str,substr = "";
    int begin,len;
    Scanner buf = new Scanner (System.in);
    System.out.print("输入字符串:");
    str = buf.nextLine();
    System.out.print("输入子串开始位置:");
    begin = buf.nextInt();
    System.out.print("输入截取长度:");
    len = buf.nextInt();
    if((begin - 1 + len)<= str.length()){
      substr = str.substring(begin - 1,begin + len - 1);
      System.out.println("输入的字符串是: " + str);
      System.out.println("截取的子串是: " + substr);
    }
    else
      System.out.print("数据输入错误");
  }
}
```

5.9 从键盘上输入一个字符串和一个字符,从该字符串中删除给定的字符。

【参考答案】 代码如下:

```
//FileName: Exercises5_9.java
import java.util.*;
public class Exercises5_9{
  public static void main(String[] args) throws Exception{
    String str,newStr = "";
    char sChar,cChar;
    int n;
    Scanner buf = new Scanner(System.in);
    System.out.print("输入字符串:");
```

```
        str = buf.nextLine();
        System.out.print("输入欲删除字符:");
        sChar = (char)System.in.read();
        n = str.length();
        for(int i = 0;i < n;i++){
          cChar = str.charAt(i);
          if(cChar!= sChar)
            newStr = newStr + cChar;
        }
        System.out.print("新字符串是:" + newStr);
      }
    }
```

5.10 编程统计用户从键盘输入的字符串中所包含的字母、数字和其他字符的个数。

【参考答案】 代码如下：

```
//FileName: Exercises5_10.java
import java.util.*;
public class Exercises5_10{
  public static void main(String[] args){
    String s;
    char c = ' ';
    int nDig,nChar,nOther;
    nDig = nChar = nOther = 0;
    Scanner reader = new Scanner(System.in);
    System.out.print("请输入字符串: ");
    s = reader.nextLine();
    for(int i = 0;i < s.length();i++){
      c = s.charAt(i);
      if(c >= 'a' && c <= 'z' || c >= 'A' && c <= 'Z')
        nChar++;
      else if(c >= '0' && c <= '9')
        nDig++;
      else
        nOther++;
    }
    System.out.println("字符串中含有字母: " + nChar + "个");
    System.out.println("字符串中含有数字: " + nDig + "个");
    System.out.println("字符串中含有其他符号: " + nOther + "个");
  }
}
```

5.11 将用户从键盘输入的每行数据都显示输出，直到输入"exit"字符串，程序运行结束。

【参考答案】 代码如下：

```
//FileName: Exercises5_11.java
import java.io.*;
public class Exercises5_11{
  public static void main(String[] args) throws IOException{
    String str;
```

```
      BufferedReader buf;
      buf = new BufferedReader(new InputStreamReader(System.in));
      System.out.print("请输入字符串,输入 exit 退出: ");
      do{
        str = buf.readLine();
        System.out.println(str);
      }while(!str.equals("exit"));
    }
  }
```

5.12　利用正则表达式判断输入的字符串是否合法,要求字符串由 7 个字符组成,并且第 1 位必须是大写字母,第 2～4 位必须是小写字母,后 3 位必须是数字。

【参考答案】 代码如下:

```
//FileName: Exercises5_12.java
import java.util.Scanner;
import java.util.regex.Pattern;
import java.util.regex.Matcher;
public class Exercises5_12{
  public static void main(String[] args){
    String regex = "\\p{Upper}\\p{Lower}{3}\\d{3}";
    Scanner scan = new Scanner(System.in);
    System.out.print("请输入: ");
      String input = scan.next();
      Pattern pa = Pattern.compile(regex);
      Matcher ma = pa.matcher(input);
      if(ma.matches())
        System.out.println(input + ": 格式正确!");
      else
        System.out.println(input + ": 格式错误!");
  }
}
```

5.13　利用正则表达式判断输入的 IP 地址是否合法,IP 地址以 x.x.x.x 的形式表示,其中每个 x 都是一个 0～255 的十进制数。

【参考答案】 代码如下:

```
//FileName: Exercises5_13.java
import java.util.Scanner;
import java.util.regex.Pattern;
import java.util.regex.Matcher;
public class Exercises5_13{
  public static void main(String[] args){
  String regex = "((2[0-4]\\d|25[0-5]|[01]?\\d\\d?)\\.){3}(2[0-4]\\d|25[0-5]|[01]?\\d\\d?)";
    Scanner scan = new Scanner(System.in);
    System.out.print("请输入 IP 地址: ");
    String input = scan.next();
    Pattern pa = Pattern.compile(regex);
    Matcher ma = pa.matcher(input);
    if(ma.matches())
```

```
            System.out.println("IP 地址【" + input + "】正确!");
        else
            System.out.println("IP 地址【" + input + "】错误!");
    }
}
```

第 6 章　习题解答

6.1　类与对象的区别是什么？

【参考答案】 在面向对象的程序设计语言中，"类"就是把事物的数据与相关功能封装在一起，形成一种特殊的数据结构，用以表达真实事物的一种抽象。类是由成员变量与成员方法封装而成的，其中成员变量表示类的属性，成员方法表示类的行为。而对象则是该类事物具体的个体，也称为实例。所以说类描述了对象的属性和行为。

6.2　如何定义一个类？类的结构是怎样的？

【参考答案】 定义类要使用关键字 class，类的内部既可以定义成员变量，也可以定义成员方法。其一般的语法结构如下：

```
[类修饰符] class 类名称{
  [修饰符] 数据类型 成员变量名称;
     ⋮
  [修饰符] 返回值的数据类型 方法名(参数 1,参数 2,…){
       语句序列;
       return [表达式];
  }
     ⋮
}
```

6.3　定义一个类时所使用的修饰符有哪几个？每个修饰符的作用是什么？是否可以混用？

【参考答案】 类修饰符分为公共访问控制符、抽象类说明符、最终类说明符和缺省访问控制符四种。

公共访问控制符：public，表示将一个类声明为公共类；

抽象类说明符：abstract，表示将一个类声明为抽象类；

最终类说明符：final，表示将一个类声明为最终类；

缺省访问控制符：表示只有在相同包中的对象才能访问该类。

有些修饰符可混用，但 abstract 和 final 相互对立，所以不能同时应用在一个类的定义中。

6.4　成员变量的修饰符有哪些？各修饰符的功能是什么？是否可以混用？

【参考答案】 成员变量的修饰符有访问控制符、静态修饰符、最终修饰符、过渡修饰符和易失修饰符等。

其中访问控制符有四个：公共访问控制符 public 指定该变量为公共的；私有访问控制符 private 指定该变量只允许自己类的方法访问，其他任何类(包括子类)中的方法均不能访问此变量；保护访问控制符 protected 指定该变量只可以被它自己的类及其子类或同一包中的其他类访问；缺省访问控制符表示该成员变量只能被同一个包中的类所访问，而其他包中的类不能访问该成员变量。

静态修饰符 static 指定该变量是隶属于类的变量，可被所有对象共享。

最终修饰符 final 指定此变量的值不能改变。

过渡修饰符 transient 指定该变量是一个系统保留，暂无特别作用的临时性变量。

易失修饰符 volatile 指定该变量可以同时被几个线程控制和修改。

一个成员变量可以同时被两个以上的修饰符同时修饰，但有些修饰符是不能同时定义在一起的。

6.5　成员方法的修饰符有哪些？各修饰符的功能是什么？是否可以混用？

【参考答案】 成员方法的修饰符包括访问控制符、静态修饰符、抽象修饰符、最终修饰符、同步修饰符和本地修饰符等。

其中访问控制符有四个：公共访问控制符 public 指定该方法为公共的；私有访问控制符 private 指定该方法只允许自己类的方法访问，其他任何类(包括子类)中的方法均不能访问此方法；保护访问控制符 protected 指定该方法只可以被它的类及其子类或同一包中的其他类访问；缺省访问控制符时，则表示该成员方法只能被同一个包中的类所调用，而其他包中的类不能访问该成员方法。

静态修饰符 static 指定该方法是隶属于类的方法，可以直接使用类名调用该方法。

抽象修饰符 abstract 指定该方法只声明方法头，而没有方法体，抽象方法需在子类中被覆盖并实现。

最终修饰符 final 指定该方法不能被覆盖。

同步修饰符 synchronized 在多线程程序中用于对同步资源加锁。

本地修饰 native 指定此方法的方法体是用其他语言(如 C)在程序外部编写的。

6.6　成员变量与局部变量的区别有哪些？

【参考答案】 类的成员变量与方法中的局部变量的区别主要有如下几个方面。

(1) 从语法形式上看，成员变量是属于类的，而局部变量是在方法中定义的变量或是方法的参数；成员变量可以被 public、private、static 等修饰符所修饰，而局部变量则不能被访问控制修饰符及 static 所修饰；成员变量和局部变量都可以被 final 所修饰。

(2) 从变量在内存中的存储方式上看，成员变量是对象的一部分，对象是存在于堆内存的，而局部变量是存在于栈内存的。

(3) 从变量在内存中的生存时间上看，成员变量是对象的一部分，它随着对象的创建而存在，而局部变量随着方法的调用而产生，随着方法调用的结束而自动消失。

(4) 成员变量如果没有被赋初值，则会自动以类型的默认值赋值；而局部变量则不会自动赋值，必须显式地赋值后才能使用。

6.7　创建一个对象使用什么运算符？对象实体与对象引用有何不同？

【参考答案】 声明对象时使用 new 运算符创建对象，创建的对象实体是存放在堆内存中的，而对象的引用变量是存放在栈内存中的，引用变量中存放的是对象在堆内存中的首地址。

6.8 对象的成员如何表示？

【参考答案】 对象成员主要是通过对象名来引用的，其格式如下：

```
对象名.对象成员
```

6.9 在成员变量或成员方法前加上关键字 this 表示什么含义？

【参考答案】 在成员变量或成员方法前加上关键字 this，表示强调对象本身的成员，即此时 this 表示调用此成员的对象。

6.10 什么是方法的返回值？返回值在类的方法中的作用是什么？

【参考答案】 方法的返回值是指在方法体中进行的计算并能回传的值，其作用就是将其计算结果传回给调用该方法的语句。

6.11 在方法调用中，使用对象作为参数进行传递时，是"传值"还是"传址"？对象作参数起到什么作用？

【参考答案】 在方法调用中，使用对象作为参数进行传递时，即当参数是引用型的变量时，则是传址方式调用。对象作为参数传递给方法后，方法实际是通过引用变量对存放在堆中的对象进行操作的，所以其引用变量的值不会改变。

6.12 具有可变参数的方法中，可变参数的格式是什么样的？它位于参数列表的什么位置？可变参数是怎样被接收的？

【参考答案】 在具有可变参数的方法中，可变参数的格式为"数据类型…可变参数名"。可变参数必须位于参数列表的最后一项。个数可变的形参相当于数组，所以在向方法传递可变实参后，可变实参则以数组的形式被接收，其"可变参数名"就是保存可变实参的数组名，数组的长度由可变实参的个数决定。

6.13 什么叫匿名对象？一般在什么情况下使用匿名对象？

【参考答案】 当一个对象被创建之后，在调用该对象的方法时，也可以不定义对象的引用变量，而直接调用这个对象的方法，这样的对象叫作匿名对象。

使用匿名对象通常有如下两种情况。

(1) 如果对一个对象只需要进行一次方法调用，那么就可以使用匿名对象。

(2) 将匿名对象作为实参传递给一个方法调用。

6.14 以 m 行 n 列二维数组为参数进行方法调用，分别计算二维数组各列元素之和，返回并输出所计算的结果。

【参考答案】 代码如下：

```
//FileName: Exercises6_14.java
import java.util.*;
public class Exercises6_14{
  public static void main(String[] args){
    Scanner reader = new Scanner(System.in);
    int i,j;
    int m,n;
    System.out.print("输入行数 M = ");
    m = reader.nextInt();
    System.out.print("输入列数 N = ");
```

```
    n = reader.nextInt();
    int[][] a = new int[m][n];
    int[] col = new int[n];
    System.out.println("请输入【" + m + " * " + n + "】数组的数据");
    for(i = 0;i < m;i++)
      for(j = 0;j < n;j++)
        a[i][j] = reader.nextInt();
    SumNum sumnum = new SumNum();
    col = sumnum.colnum(a);
    for(i = 0;i < col.length;i++)
     System.out.println("第" + (i + 1) + "列数的和 = " + col[i]);
  }
}
class SumNum{
  int[] colnum(int[][] array){
    int[] temp = new int[array[0].length];
    for(int j = 0;j < array[0].length;j++)
      for(int i = 0;i < array.length;i++)
        temp[j] += array[i][j];
    return temp;
  }
}
```

6.15 编程实现,求个数不确定的整数的最大公约数。

【参考答案】 代码如下:

```
//FileName: Exercises6_15.java
import java.util.Scanner;
public class Exercises6_15{
  static final int SIZE = 5;
  public static void main(String[] args){
    int[] numbers = new int[SIZE];
    Scanner input = new Scanner(System.in);
    System.out.print("请输入" + SIZE + "个整数: ");
    for(int i = 0;i < numbers.length;i++)
      numbers[i] = input.nextInt();
    System.out.println("这" + SIZE + "个数的最大公约数是" + gcd(numbers));
  }
  public static int gcd(int...numbers){
    int gcd = 1;
    boolean isDivisor;
    for(int i = 2;i <= getMin(numbers);i++){
      isDivisor = true;
      for(int e: numbers)
        if (e % i != 0)
          isDivisor = false;
      if (isDivisor)
        gcd = i;
    }
    return gcd;
  }
```

```
    public static int getMin(int... numbers){
        int min = numbers[0];
        for(int e: numbers)
            if(e < min)
                min = e;
        return min;
    }
}
```

第7章　习题解答

7.1　一个类的公共成员与私有成员有何区别？

【参考答案】 公共成员不仅可以被该类自身所访问，还可以被所有其他的类所访问；私有成员无法从该类的外部访问到，只能被该类自身访问和修改，而不能被任何其他类，包括该类的子类来获取或引用。

7.2　什么是方法的重载？

【参考答案】 在面向对象的程序设计语言中，有一些方法的含义相同，但带有不同的参数，这些方法使用相同的名字，这就叫方法的重载。换句话说，在同一个类内具有相同名称的多个方法，这多个同名方法如果参数个数不同，或者参数个数相同，但类型不同，则这些同名的方法就具有不同的功能，这就是方法的重载。方法的重载中参数的类型是关键，仅仅参数的变量名不同是不行的，也不允许参数个数或参数类型完全相同，而只有返回值类型不同的重载。

7.3　一个类的构造方法的作用是什么？若一个类没有声明构造方法，该程序能正确执行吗？为什么？

【参考答案】 构造方法是一种特殊的、与类名相同的方法，专门用于在创建对象时完成初始化工作；若一个类没有定义构造方法，依然可以创建新的对象，并能正确地运行程序，这是因为如果省略构造方法，Java 编译器会自动为该类生成一个默认的构造方法，程序在创建对象时会自动调用默认构造方法。默认构造方法没有参数，在其方法体中也没有任何代码，即什么也不做。

7.4　构造方法有哪些特性？

【参考答案】 构造方法的特性主要包括如下几个方面。

(1) 构造方法的方法名与类名相同；

(2) 构造方法没有返回值，但不能写 void；

(3) 构造方法的主要作用是完成对类对象的初始化工作；

(4) 构造方法一般不能由编程人员显式地直接调用，而是用 new 运算符来调用；

(5) 在创建一个类的对象的同时，系统会自动调用该类的构造方法为新对象初始化。

7.5　在一个构造方法内可以调用同类的另一个构造方法吗？如果可以，如何调用？

【参考答案】 如果一个类定义了多个构造方法，则在类内从某一构造方法内可以调用另一个构造方法；在某一构造方法内调用另一构造方法，是在第一行中使用语句 this()来调用另一个构造方法的。

7.6 静态变量与实例变量有哪些不同?

【参考答案】 实例变量是隶属于对象的,而每个不同的对象均有各自的存储空间来保存自己的值,不与其他对象共享。也就是说,不同对象的成员变量各自独立,且存于不同的内存之中。静态变量是隶属于类的变量,不是属于任何一个类的具体对象。也就是说,对于该类的任何一个具体对象而言,静态变量是一个公共的存储单元,不是保存在某个对象的内存空间中,而是保存在类的内存空间的公共存储单元中,所以任何一个对象对静态变量进行修改,该类的所有对象的这个静态变量均被修改。实例变量必须由对象名调用,而静态变量既可用对象名调用也可用类名调用。

7.7 静态方法与实例方法有哪些不同?

【参考答案】 与静态变量的意义相同,静态方法也是属于整个类的方法,所以静态方法不但可以通过对象名来调用也可以直接用类名来调用。而实例方法是属于某个具体对象的方法,所以必须先创建对象,然后再通过对象名来访问实例方法。

7.8 在一个静态方法内调用一个非静态成员为什么是非法的?

【参考答案】 由于静态方法是属于整个类的,因此它不能操纵和处理属于某个对象的成员,而只能处理属于整个类的成员,即静态方法只能访问静态成员变量或调用静态成员方法,所以说在静态方法中不能访问实例变量与实例方法。由于非静态成员只能通过对象来访问,因此可以先在静态方法中创建该类的一个对象,然后再通过该对象名调用静态成员进行访问,参见实验 6.5。

7.9 对象的相等与指向它们的引用相等,两者有什么不同?

【参考答案】 对象的相等一般指对象本身所包含的内容相等,指向对象的引用相等则是指指向对象的首地址相同,所以两者有着本质的不同。

7.10 什么是静态初始化器?其作用是什么?静态初始化器由谁在何时执行?它与构造方法有何不同?

【参考答案】 静态初始化器是由关键字 static 修饰的一对花括号“{}”括起来的语句组,其作用是对类自身进行初始化。静态初始化器在所属的类被加载入内存时由系统自动调用执行。静态初始化器与构造方法的不同主要有如下几个方面。

(1) 构造方法是对每个新创建的对象初始化,而静态初始化器是对类自身进行初始化。

(2) 构造方法是在用 new 运算符创建新对象时由系统自动调用执行,而静态初始化器不能由程序来调用,它是在所属的类被加载入内存时由系统自动调用执行。

(3) 用 new 运算符创建多少个新对象,构造方法就被调用多少次,但静态初始化器则在类被加载入内存时只执行一次,与创建多少个对象无关。

(4) 不同于构造方法,静态初始化器不是方法,因而没有方法名、返回值和参数。

7.11 Java 语言中怎样清除没有被引用的对象?能否控制 Java 系统中垃圾的回收时间?

【参考答案】 Java 运行环境提供了一个垃圾回收器线程,负责自动回收那些没有被引用的对象所占用的内存,这种清除无用对象进行内存回收的过程就叫作垃圾回收。垃圾回收器负责释放没有引用与之关联的对象所占用的内存,但是在任何时候,程序员都不能通过程序强迫垃圾回收器立即执行。

第8章　习题解答

8.1　子类将继承父类的所有成员吗？为什么？

【参考答案】　子类可以从父类那里继承所有非 private 的成员作为自己的成员，因为父类中的所有 private 成员只允许父类自己的方法访问。

8.2　在子类中可以调用父类的构造方法吗？若可以，如何调用？

【参考答案】　在子类的构造方法中可以调用父类的构造方法，调用方式是在子类构造方法的第一行使用 super()语句来调用父类特定的构造方法。

8.3　在调用子类的构造方法之前，若没指定调用父类的特定构造方法，则会先自动调用父类中没有参数的构造方法，其目的是什么？

【参考答案】　Java 程序在执行子类的构造方法之前，若在子类的构造方法中没有用 super()语句调用父类中特定的构造方法，则会先自动调用父类中没有参数的构造方法，其目的是帮助继承自父类的成员做初始化的操作。

8.4　在子类中可以访问父类的成员吗？若可以，用什么方式访问？

【参考答案】　在子类中使用关键字 super 可以访问父类中的非 private 成员，在子类中访问父类成员的格式如下：

```
super.变量名;
super.方法名();
```

8.5　用父类对象可以访问子类的成员方法吗？若可以，则只限于什么情况？

【参考答案】　当声明的父类对象指向子类对象时，则可以通过父类的对象访问子类的成员方法，但只限于“覆盖”的情况发生时。也就是说，父类与子类的方法名称、参数个数与类型必须完全相同，才可以通过父类的对象调用子类的方法。

8.6　什么是“多态”机制？Java 语言中是如何实现多态的？

【参考答案】　多态是指一个程序中同名的多个方法共存的情况，Java 语言的多态主要是通过方法“重载”和“覆盖”的方式来实现的。

8.7　方法的“覆盖”与方法的“重载”有何不同？

【参考答案】　重载是指在同一个类内定义名称相同，但参数个数或类型不同的多个方法，Java 虚拟机可根据参数的个数或类型的不同来调用相应的方法；而覆盖则是指在子类中，定义名称、参数个数与类型均与父类中的方法完全相同的方法，用以重写父类中同名方法的功能。

8.8　this 和 super 分别有什么特殊的含义？

【参考答案】　如果要强调是对象本身的成员，则可以在成员名前加 this，即“this.成员

名”,此时 this 表示调用此成员的对象,如果同一类内的成员变量与局部变量的名称相同,也可以利用 this 来调用同一类内的成员变量。另外,可以在构造方法内用 this()语句来调用同一类内的其他构造方法。在子类中可以用“super.成员名”的形式来访问父类中的成员变量或成员方法,还可以在子类的构造方法中利用 super()语句来调用父类的构造方法。

8.9 什么是最终类与最终方法?它们的作用是什么?

【参考答案】 如果一个类被 final 修饰符所修饰,则说明这个类不能再被其他类所继承,即该类不可能有子类,这种类被称为最终类。如果一个成员方法用 final 修饰,则该成员方法不能再被子类的同名方法所覆盖,即该方法为最终方法。最终类与最终方法的作用主要是增加代码的安全性。

8.10 什么是抽象类与抽象方法?使用时应注意哪些问题?

【参考答案】 Java 语言的抽象类是用 abstract 修饰符来修饰的类,抽象类是专门用来当作父类的。抽象类类似“模板”的作用,其目的是要用户根据它的格式来修改并创建新的类。抽象类的方法可分为两种:一种是一般的方法,另一种是以关键字 abstract 开头的“抽象方法”。抽象类中不一定包含抽象方法,但包含抽象方法的类一定要声明为抽象类。

抽象类本身不具备实际的功能,只能用于派生其子类,而定义为抽象的方法必须在子类派生时被覆盖。所以说一个类被定义为抽象类,则该类就不能用 new 运算符创建对象,而必须通过覆盖的方式来实现抽象类中的方法。一个类不能既是最终类,又是抽象类,即关键字 abstract 与 final 不能合用,另外,abstract 不能与 private、static、final 或 native 并列修饰同一个方法。

8.11 什么是接口?为什么要定义接口?

【参考答案】 接口是一个特殊的数据结构,它的结构与抽象类相似。接口本身具有数据成员、抽象方法、静态方法、私有方法和默认方法,Java 语言定义接口的目的主要是帮助实现类似于类的多重继承功能。

8.12 如何定义接口?接口与抽象类有哪些异同?

【参考答案】 接口定义的语法格式如下:

```
[public] interface 接口名称 [extends 父接口名列表] {
  [public][static][final]数据类型 常量名 = 常量;
    ⋮
  [public][abstract]返回值的数据类型 方法名(参数表);
    ⋮
  private 返回值的数据类型 方法名(参数表){
    方法体
  }
  ⋮
  [public] static 返回值的数据类型 方法名(参数表) {
    方法体
  }
    ⋮
  [public] default 返回值的数据类型 方法名(参数表) {
    方法体
  }
    ⋮
}
```

接口与抽象类的相同点是都具有成员，不同点主要有两个：一是接口的数据成员必须是静态的且一定要初始化，且此值不能再被修改，若省略数据成员的修饰符，则系统默认为 public static final；而抽象类的数据成员则可以不进行初始化。二是接口中的方法除了有用 abstract 声明的抽象方法外还可以有私有方法、默认方法和静态方法，但不能有一般的方法，若抽象方法前省略了修饰符，系统默认为 public abstract；而抽象类的中可以定义一般的方法，也可以声明 abstract 方法。

8.13　在多个父接口的实现类中，多个接口中的方法名冲突问题有几种形式？如何解决？

【参考答案】 如果一个类实现了多个接口，要解决方法名冲突问题，有如下几种情况。

(1) 如果多个父接口中的同名方法均是默认方法，则在实现这多个接口的类中解决名字冲突问题有两种办法：一种提供同名方法的一个新实现；另一种是委托某个父接口的默认方法。

(2) 如果多个父接口中的多个同名方法中既有默认方法又有抽象方法，则解决办法同(1)，也是在实现这多个接口的类中提供同名方法的一个新实现或委托某父接口的默认方法。

(3) 如果多个父接口中的同名方法都是抽象方法，则不会发生名字冲突，实现这些接口的类可以实现该同名方法即可，或者不实现该方法而将自己也声明为抽象类。

(4) 如果一个类继承一个父类并实现了多个接口，而从父类和接口中继承了同名的方法，此时采用"类比接口优先"的原则，即只继承父类的方法，而忽略来自接口的默认方法。

8.14　编程题，定义一个表示一周七天的枚举，并在主方法 main()中遍历枚举所有成员。

【参考答案】

```
//FileName: Exercises8_14.java
enum Week{
  MONDAY,TUESDAY,WEDNESDAY,THURSDAY,FRIDAY,SATURDAY,SUNDAY
}
public class Exercises8_14{
  public static void main(String[ ] args){
    Week day = Week.MONDAY;
    Week day1 = Week.valueOf("MONDAY");
    System.out.println(day);
    System.out.println("  " + day1);
    for(Week d:Week.values())
      System.out.println("序号:" + d.ordinal() + " 的值为: " + d.name());
  }
}
```

8.15　什么是包？它的作用是什么？如何创建包？如何引用包中的类？

【参考答案】 所谓包就是 Java 语言提供的一种区别类名空间的机制，是类的组织方式。每个包对应一个文件夹，包中还可以再有包，称为包等级。若要创建自己的包，就必须以 package 语句作为 Java 源文件的第一条语句，指明该文件中定义的类所在的包，并将源文件存放到该包所对应的文件夹中；如果要使用 Java 包中的类，必须在源文件中用 import 语句导入所需要的包和类。

第 9 章 习题解答

9.1 什么是异常？简述 Java 语言的异常处理机制。

【参考答案】 异常是指程序在运行过程中发生的由于算法考虑不周或软件设计错误等导致的程序异常事件，这个事件将中断程序的正常运行。Java 语言的异常处理机制是程序运行时发现异常的代码可以“抛出”一个异常，运行系统“捕获”该异常，并交由程序员编写的相应代码进行异常处理。

9.2 Throwable 类的两个直接子类 Error 和 Exception 的功能各是什么？用户可以捕获到的异常是哪个类的异常？

【参考答案】 Error 类及子类的对象是由 Java 虚拟机生成并抛出给系统，这种错误有内存溢出错、栈溢出错、动态链接错等。通常 Java 程序不对这种错误进行直接处理，必须交由操作系统处理；而 Exception 子类则是供应用程序使用的，它是用户程序能够捕获到的异常情况，用户可以捕获到的异常通常是指由 Exception 类及其子类所产生的异常。

9.3 Exception 类有何作用？Exception 类的每个子类对象代表了什么？

【参考答案】 Exception 类对象是 Java 程序抛出和处理的对象，Exception 类有各种不同的子类分别对应于各种不同类型的异常类。每个异常类的对象都代表一种运行错误，异常类对象中包含了该运行错误的信息和处理错误的方法等内容。

9.4 什么是运行时异常？什么是非运行时异常？

【参考答案】 在 Exception 类中有一个子类 RuntimeException 代表运行时异常，它是程序运行时自动地对某些错误做出反应而产生的，所以 RuntimeException 可以不编写异常处理的程序代码，依然可以成功编译，因为它是在程序运行时才有可能产生的，这类异常应通过程序调试尽量避免而不是使用 try-catch-finally 语句去捕获它；除 RuntimeException 之外，其他则是非运行时异常，这种异常经常是在程序运行过程中由环境原因造成的异常，这类异常必须在程序中使用 try-catch-finally 语句去捕获它并进行相应的处理，否则编译不能通过。

9.5 抛出异常有哪两种方式？

【参考答案】 抛出异常的两种方式如下。

(1) 系统自动抛出的异常。所有系统定义的运行时异常都可以由系统自动抛出。

(2) 指定方法抛出异常。指定方法抛出异常需要使用关键字 throw 或 throws 来明确指定在方法内抛出异常。

9.6 在捕获异常时,为什么要在 catch()括号内有一个变量 e?

【参考答案】 catch()括号内的异常类后边有一个变量,该变量一般用字母 e 表示,但用其他字母也可以,其作用是如果捕获到异常,Java 系统会创建该异常类的一个对象然后传递给 catch(),变量 e 的作用就是接收这个异常类对象,利用此变量 e 便能进一步提取有关异常的信息。

9.7 在异常处理机制中,用 catch()括号内的变量 e 接收异常类对象的步骤有哪些?

【参考答案】 可以将 catch()括号中的内容想象成是方法的参数,因此变量 e 就是相应异常类的变量,变量 e 接收到由异常类所产生的对象之后,利用此变量便能进一步提取有关异常的信息,然后进入到相应的 catch()块进行处理。

9.8 在什么情况下,方法的头部必须列出可能抛出的异常?

【参考答案】 如果不想在当前方法中使用 try-catch 语句来处理异常,也没有在方法内使用 throw 语句说明抛出异常,则必须在方法声明的头部使用 throws 语句列出可能抛出的异常。

9.9 若 try 语句结构中有多个 catch()子句,这些子句的排列顺序与程序运行效果是否有关?为什么?

【参考答案】 有关。因为异常对象与 catch 块的匹配是按照 catch 块的先后排列顺序进行的,所以在处理多异常时应注意认真设计各 catch 块的排列顺序。一般地,应将处理较具体、较常见异常的 catch 块放在前面,而将与多种异常类型相匹配的 catch 块放在较后的位置。若将子类异常的 catch 语句块放在父类异常 catch 语句块的后面,则编译不能通过。

9.10 什么是抛出异常?系统定义的异常如何抛出?用户自定义的异常又如何抛出?

【参考答案】 在一个程序运行过程中,如果发生了异常事件,则产生代表该异常的一个"异常对象",并把它交给运行系统,再由运行系统寻找相应的代码来处理这一异常,生成异常对象并把它提交给运行系统的过程称为抛出异常。

所有系统定义的异常都可以由系统自动抛出或使用关键字 throw 或 throws 来明确在指定方法内抛出。用户自定义的异常不可能依靠系统自动抛出,这种情况就必须借助于 throw 或 throws 语句抛出用户自定义异常。

9.11 自动关闭资源语句,为什么只能关闭实现 java. lang. AutoCloseable 接口的资源?

【参考答案】 因为 java. lang. AutoCloseable 接口中只包含一个抽象方法 close(),实现 AutoCloseable 接口的类都实现了 close()方法。若在自动关闭资源的 try-with-resources 语句中所使用的是实现了 AutoCloseable 接口的资源 res,则在退出该语句块时会自动调用 res. close()方法关闭资源。

9.12 系统定义的异常与用户自定义的异常有何不同?如何使用这两类异常?

【参考答案】 系统定义的异常类主要用来处理系统可以预见的较常见的运行错误,对于某个应用程序所特有的运行错误,则需要编程人员根据程序的特殊逻辑关系在用户程序中自己创建用户自定义的异常类和异常对象。这两类异常的使用方法基本相同,只是用户自定义异常不能由系统自动抛出,必须借助于 throw 或 throws 语句来定义何种情况算是产生了此种异常对应的错误,并应该抛出这个异常类的对象。

第 10 章　习题解答

10.1　什么是数据的输入与输出？

【参考答案】 将数据从外设或外存(如屏幕、打印机、文件等)传递到应用程序称为数据的输入；将数据从应用程序传递到外设或外存称为数据的输出。

10.2　什么是流？Java 语言中分为哪两种流？这两种流有何差异？

【参考答案】 流是指计算机各部件之间的数据流动；按照数据的传输方向，Java 语言将流分为输入流与输出流两种。从流的内容上划分，流分为字节流和字符流。字节流每次读写 8 位二进制数，由于它只能将数据以二进制的原始方式读写，因此字节流又被称为二进制字节流(binary byte stream)或位流(bits stream)；而字符流一次读写 16 位二进制数，并将其作为一个字符而不是二进制位来处理。

10.3　InputStream、OutputStream、Reader 和 Writer 四个类在功能上有何异同？

【参考答案】 InputStream 和 OutputStream 类是 Java 语言中用来处理以位(b)为主的字节流，它除了可用来处理二进制文件(图片、音频、视频等)数据之外，也可用来处理文本文件；Reader 和 Write 类则是用来处理“字符流”的，也就是文本文件。

10.4　利用基本输入输出流实现从键盘上读入一个字符，然后显示在屏幕上。

【参考答案】 代码如下：

```
//FileName: Exercises10_4.java
import java.io.*;
public class Exercises10_4{
  public static void main(String[] args){
    char ch;
    try(FileInputStream fin = new FileInputStream(FileDescriptor.in);
       FileOutputStream fout = new FileOutputStream(FileDescriptor.out);)
    {
      System.out.println("请输入一个字符");
      ch = (char) fin.read();      //读取键盘输入的一个字符
      System.out.println("您输入的字符是");
      fout.write(ch);              //显示读入的字符在屏幕上
    }
    catch (Exception e){}
  }
}
```

10.5 顺序流与管道流的区别是什么?

【参考答案】 顺序流 SequenceInputStream 是 InputStream 的直接子类,其功能是将多个输入流顺序连接在一起,形成单一的输入数据流,没有对应的输出数据流存在;管道流用来将一个程序或线程的输出连接到另外一个程序或线程作为输入,使得相连线程能够通过 PipedInputStream 和 PipedOutputStream 流进行数据交换,从而可以实现程序内部线程间的通信或不同程序间的通信。

10.6 Java 语言中定义的三个标准输入输出流是什么?它们分别对应什么设备?

【参考答案】 Java 语言中定义的三个标准输入输出流分别是 System.in、System.out 和 System.err。其中,System.in 对应于输入流,通常指键盘输入设备;System.out 对应于输出流,指显示器、打印机或磁盘文件等信息输出设备;System.err 对应于标准错误输出设备,通常是显示器。

10.7 利用文件输出流创建一个文件 file1.txt,写入字符"文件已被成功创建!",然后用记事本打开该文件,看一下是否正确写入。

【参考答案】 代码如下:

```
//FileName: Exercises10_7.java
import java.io.*;
public class Exercises10_7{
  public static void main(String args[]) throws IOException{
    File f = new File("file1.txt");
    f.createNewFile();
    FileWriter fw = new FileWriter(f);
    String str = "文件已被成功创建!";
    fw.write(str);
    fw.close();
  }
}
```

10.8 利用文件输入流打开 10.7 题中创建的文件 file1.txt,读出其内容并显示在屏幕上。

【参考答案】 代码如下:

```
//FileName: Exercises10_8.java
import java.io.*;
public class Exercises10_8{
  public static void main(String args[]) throws IOException{
    char c[] = new char[500];
    FileReader fr = new FileReader("file1.txt");
    int num = fr.read(c);
    String str = new String(c,0,num);
    System.out.println(str);
    fr.close();
  }
}
```

10.9 利用文件输入输出流打开 10.7 题创建的文件 file1.txt,然后在文件的末尾追加一行字符串"又添加了一行文字!"。

【参考答案】 代码如下：

```
//FileName: Exercises10_9.java
import java.io.*;
public class Exercises10_9{
  public static void main(String args[]) throws IOException{
    FileWriter fw = new FileWriter("file1.txt",true);
    fw.write("\r\n 又添加了一行文字!");
    fw.close();
  }
}
```

10.10　产生15个20～9999的随机整数，然后利用BufferedWriter类将其写入文件file2.txt中；之后再读取该文件中的数据并按升序排序。

【参考答案】 代码如下：

```
//FileName: Exercises10_10.java
import java.util.Random;
import java.util.Arrays;
import java.io.*;
class Exercises10_10{
  public static void main(String args[]) throws IOException{
    Random rand = new Random();              //Random类在java.util包中
    BufferedWriter output = new BufferedWriter(new FileWriter("file2.txt"));
    int[] num1 = new int[15];
    for (int i = 0;i < num1.length;i++){
      num1[i] = 20 + rand.nextInt(9979);  //生成20～9999之间的随机整数赋给num1[i]
      output.write(num1[i] + "");
      output.newLine();
    }
    output.close();
    BufferedReader input = new BufferedReader(new FileReader("file2.txt"));
    int[] num2 = new int[15];
    for (int i = 0; i < num2.length;i++)
      num2[i] = Integer.parseInt(input.readLine());
    input.close();
    Arrays.sort(num2);
    for (int i = 0; i < num2.length;i++)
      System.out.println(num2[i]);
  }
}
```

10.11　编程实现，用一个新的字符串替换文本文件中所有出现某个字符串的地方，并将替换后的文件保存在另一文件中，要求文件名和字符串都作为命令行参数传递。

【参考答案】 代码如下：

```
//FileName: Exercises10_11.java
import java.io.*;
import java.util.*;
public class Exercises10_11{
  public static void main(String[] args) throws Exception{
```

```
        if (args.length!= 4){
          System.out.println("需 4 个参数: 源文件名 目标文件 被替换字符串 新字符串");
          System.exit(1);
        }
        File sourceFile = new File(args[0]);
        if (!sourceFile.exists()){
          System.out.println("源文件: " + args[0] + "不存在");
          System.exit(2);
        }
        File targetFile = new File(args[1]);
        if (targetFile.exists()){
          System.out.println("目标文件" + args[1] + "已经存在");
          System.exit(3);
        }
        try(Scanner input = new Scanner(sourceFile);
            PrintWriter output = new PrintWriter(targetFile);)
        {
          while (input.hasNext()){
            String s1 = input.nextLine();
            String s2 = s1.replaceAll(args[2], args[3]);
            output.println(s2);
          }
        }
      }
    }
```

10.12 从键盘上输入一个目录名,利用递归方法计算出该目录下所有文件大小之和(字节数),包括该目录下的子目录中的文件。

【参考答案】 代码如下:

```
//FileName: Exercises10_12.java
import java.util.Scanner;
import java.io.File;
public class Exercises10_12{
  public static void main(String[] args){
    Scanner input = new Scanner(System.in);
    System.out.print("请输入文件或目录");
    String dir = input.nextLine();
    System.out.println("文件或目录共: " + getSize(new File(dir)) + " 字节");
  }
  public static long getSize(File f){
    long size = 0;
    if(f.isDirectory()){
      File[] files = f.listFiles();
      for(int i = 0;files!= null && i < files.length;i++)
        size += getSize(files[i]);
    }
    else
      size += f.length();
    return size;
  }
```

```
}
```

10.13 利用递归方法，使用 File 类的相关方法实现 DOS 的 tree 命令输出的结果。

【参考答案】 代码如下：

```
//FileName: Exercises10_13.java
import java.util.Scanner;
import java.io.File;
public class Exercises10_13{
  static void displayDir(File dir, String prefix){
    System.out.print(prefix);
    System.out.println(dir.getName());
    prefix = prefix.replace("├", "│");
    prefix = prefix.replace("└", " ");
    if(dir.isFile())
      return;
    File[] files = dir.listFiles();
    for(int i = 0;files!= null && i < files.length;i++){
      if(i == files.length - 1)
        displayDir(files[i],prefix + "└");
      else
        displayDir(files[i],prefix + "├");
    }
  }
  public static void main(String[] args){
    Scanner input = new Scanner(System.in);
    System.out.print("请输入文件或目录");
    String targetDirName  = input.nextLine();
    displayDir(new File(targetDirName), "");
  }
}
```

10.14 Java 语言中使用什么类来对文件与文件夹进行管理？

【参考答案】 Java 语言中使用 File 类和 RandomAccessFile 类来对文件与文件夹进行管理和对文件进行随机访问。

10.15 利用 copy()方法复制文件，源文件和目标文件都在命令行上指定。

【参考答案】 代码如下：

```
//FileName: Exercises10_15.java
import java.io.*;
import java.nio.*;
import java.nio.file.*;
import java.nio.channels.*;
public class Exercises10_15{
  public static void main(String[] args){
    if(args.length!= 2){
      System.out.println("参数不正确");
      return;
    }
    try{Path source = Paths.get(args[0]);
```

```
            Path target = Paths.get(args[1]);
            Files.copy(source,target,StandardCopyOption.REPLACE_EXISTING);
        }catch(InvalidPathException e){
          System.out.println("路径错: " + e);
        }catch(IOException e){
          System.out.println("I/O 错: " + e);
        }
    }
}
```

第11章　习题解答

11.1　什么是泛型的类型参数？泛型的主要优点是什么？在什么情况下使用泛型方法？泛型类与泛型方法传递类型实参的主要区别是什么？

【参考答案】 泛型的实质是指参数化类型的能力。泛型是在定义类、接口或方法时通过为其增加“类型参数”来实现的。即泛型所操作的数据类型被指定为一个参数，这个参数被称为类型参数(type parameters)。使用泛型主要有两个优点：一是泛型使一个类或一个方法可在多种不同类型的对象上进行操作，运用泛型意味着编写的代码可以被很多类型不同的对象所重用；二是能够在编译时而不是在运行时检测出错误，从而减少数据类型转换的潜在错误。设计泛型方法的目的主要是针对具有容器类型参数的方法的，如果编写的代码并不接收和处理容器类型，就根本不需要使用泛型方法。泛型方法与泛型类在传递类型实参方面的一个主要区别是，对于泛型方法，不需要把实际的类型传递给泛型方法，但泛型类却恰恰相反，即必须把实际的类型参数传递给泛型类。

11.2　已知 Integer 是 Number 的子类，GeneralType < Integer >是 GeneralType < Number >的子类吗？GeneralType < Object >是 GeneralType < T >的父类吗？

【参考答案】 虽然 Integer 是 Number 的子类，但 GeneralType < Integer >却不是 GeneralType < Number >的子类，即它们之间没有父子关系，因为在利用泛型进行实例化时，若泛型的实际参数的类之间有父子关系，参数化后得到的泛型类之间并不具有同样的父子关系。同理可知 GeneralType < Object >也不是 GeneralType < T >的父类。

11.3　在泛型中，类型通配符的主要作用是什么？

【参考答案】 类型通配符“?”的主要作用有两个方面：一是用于创建可重新赋值但不可修改其内容的泛型对象；二是用在方法的参数中，限制传入不想要的类型实参。

11.4　分别简述 LinkedList < E >与 ArrayList < E >、HashSet < E >与 TreeSet < E >、HashMap < K，V >与 TreeMap < K，V >有何异同。

【参考答案】 LinkedList < E >与 ArrayList < E >都是线性表，且元素可以重复，也可以是空值 null。LinkedList < E >链表类采用链表结构保存对象，使用循环双链表实现 List < E >。这种结构在向链表中任意位置插入、删除元素时不需要移动其他元素，链表的大小是可以动态增大或减小的，但不具有随机存取特性。ArrayList < E >数组列表类使用一维数组实现 List < E >，该类实现的是可变数组，允许所有元素，包括 null。具有随机存取特性，插入、删除元素时需要移动其他元素，当元素很多时插入、删除操作的速度较慢。

HashSet < E >与 TreeSet < E >中的元素不能重复。HashSet < E >根据哈希码来确定

元素在集合中的存储位置，HashSet < E >类不保证迭代顺序，但允许元素值为 null。TreeSet < E >中的元素总是处于有序状态。

HashMap < K，V >和 TreeMap < K，V >中的元素提供了键(key)到值(value)的映射，键决定了元素的存储位置，一个键和它所对应的值构成一个条目，即“键-值”对，真正存储的是这个条目。HashMap < K，V >类是基于哈希表的 Map < K，V >接口的实现，因此对于添加和删除映射关系效率较高，并且允许使用 null 值和 null 键，但必须保证键的唯一性；而类 TreeMap < K，V >中的映射关系存在一定的顺序，由于 TreeMap < K，V >类实现的 Map < K，V >集合中的映射关系是根据键对象按照一定的顺序排列的，因此不允许键对象是 null。

11.5　将 1～10 的整数存放到一个线性表 LinkedList < E >的对象中，然后将其下标为 4 的元素从列表中删除。

【参考答案】 代码如下：

```
//FileName: Exercises11_5.java
import java.util.*;
public class Exercises11_5{
  public static void main(String[] args){
    List<Integer> ld = new LinkedList<>(); //创建 LinkedList 对象 ld
    for(int i = 0;i < 10;i++)
      ld.add(i);
    System.out.println("链表中的数据: " + ld);
    int n = ld.remove(4);    //删除下标为 4 的元素
    ListIterator<Integer> listIter = ld.listIterator();
    System.out.print("删除元素后的数据: ");
    while(listIter.hasNext())
      System.out.print(listIter.next() + " ");
  }
}
```

11.6　利用 ArrayList < E >类创建一个对象，并向其添加若干个字符串型元素，然后随机选一个元素输出。

【参考答案】 代码如下：

```
//FileName: Exercises11_6.java
import java.util.*;
public class Exercises11_6{
  public static void main(String[] args){
    List<String> al = new ArrayList<>();
    al.add("唐　僧");
    al.add("孙悟空");
    al.add("猪八戒");
    al.add("沙和尚");
    int i = (int)(Math.random() * (al.size() - 1));    //获取 0～(al.size() - 1)的随机数
    System.out.print("被选中除妖的是: " + al.get(i));
  }
}
```

11.7　集合 A＝{1，2，3，4}和 B＝{1，3，5，7，9，11}，编程求 A 与 B 的交集、并集和

差集。

【参考答案】 代码如下：

```
//FileName: Exercises11_7.java
import java.util. * ;
public class Exercises11_7{
  public static void main(String[ ] args){
    boolean yn;
    Set < Integer > a = new HashSet <>();
    Set < Integer > b = new HashSet <>();
    for(int i = 1;i < = 4;i++)
      a.add(i);
    for(int i = 1;i < = 11;i = i + 2)
      b.add(i);
    yn = a.retainAll(b);
    System.out.println("A 与 B 的交集: " + a);
    for(int i = 1;i < = 4;i++)
      a.add(i);
    yn = a.addAll(b);
    System.out.println("A 与 B 的并集: " + a);
    for(int i = 1;i < = 4;i++)
      a.add(i);
    yn = a.removeAll(b);
    System.out.println("A 与 B 的差集: " + a);
  }
}
```

11.8 利用随机函数生成10个随机数，并将它们存入一个 HashSet < E >对象中，然后利用迭代器输出。

【参考答案】 代码如下：

```
//FileName: Exercises11_8.java
import java.util. * ;
public class Exercises11_8{
  public static void main(String[ ] args){
    Random value = new Random();
    HashSet < Integer > hs = new HashSet <>();
    Integer data;
    for(int i = 0;i < 10;i++){
      data = value.nextInt() % 100;    //产生一个随机数
      hs.add(data);
    }
    Iterator it = hs.iterator();
    while(it.hasNext())
      System.out.print(it.next() + "   ");
  }
}
```

11.9 利用随机函数生成10个随机数，并将它们有序地存入一个 TreeSet < E >对象中，然后利用迭代器有序地输出。

【参考答案】 代码如下：

```
//FileName: Exercises11_9.java
```

```
import java.util. * ;
public class Exercises11_9{
  public static void main(String[ ] args){
    Random value = new Random();
    Set < Integer > ts = new TreeSet <>();
    Integer data;
    for(int i = 0;i < 10;i++){
      data = value.nextInt() % 100;    //产生一个随机数
      ts.add(data);
    }
    Iterator it = ts.iterator();
    while(it.hasNext())
      System.out.print(it.next() + "   ");
  }
}
```

11.10 利用 HashMap < K,V >类对象存储公司电话号码簿,其中包含公司的电话号码和公司名称,然后删除一个公司和查询一个公司的操作。

【参考答案】 代码如下：

```
//FileName: Exercises11_10.java
import java.util. * ;
public class Exercises11_10{
  public static void main(String[ ] args){
    HashMap < String,String > hm = new HashMap <>();
    hm.put("01234567","大力公司");          //添加对象到 hm 中
    hm.put("11234567","新发公司");
    hm.put("21234567","有为公司");
    hm.put("31234567","恒远公司");
    Set keys = hm.keySet();                  //获取 hm 的键集合
    Iterator ki = keys.iterator();
    while(ki.hasNext()){
      String phoneNum = (String)ki.next();
      String nextName = hm.get(phoneNum);
      System.out.println(nextName + ":" + phoneNum);
    }
    String phone = hm.remove("21234567");
    System.out.println("删除了电话号码为: 21234567 的" + phone);
    Iterator kiter = keys.iterator();
    while(kiter.hasNext()){
      String phoneNum = (String)kiter.next();
      String nextName = hm.get(phoneNum);
      System.out.println(nextName + ":" + phoneNum);
    }
    HashMap < String,String > newHm = new HashMap <>();
    newHm.putAll(hm);
    int s = newHm.size();
    System.out.println("删除后剩如下" + s + "个公司");
    String name = newHm.get("31234567");
    System.out.println("电话 31234567 是" + name + "公司的");
  }
}
```

第12章 习题解答

12.1 什么是注解？根据注解的作用，注解分几种？

【参考答案】 注解也叫元数据，就是用来描述数据的数据，主要用于告知编译器要做什么事情，在程序中可对任何程序元素进行注解。注解并不影响程序代码的运行，无论增加还是删除注解，代码都始终如一地运行。根据注解的作用可以将注解分为基本注解、元注解(或称元数据注解)与自定义注解三种。其中，基本注解有5种，元注解有6种。

12.2 编写一个Java程序，使用JDK的基本注解，对覆盖方法使用@Override，再对另一方法使用@Deprecated。

【参考答案】 略。

12.3 反射的作用是什么？

【参考答案】 Java的反射(reflection)机制是指在程序的运行状态中，动态获取程序信息以及动态调用对象的功能。反射可以构造任意一个类的对象，可以了解任意一个对象所属的类，可以了解任意一个类的成员变量和方法，可以调用任意一个对象的属性和方法。

12.4 编写具有反射功能的Java程序时，可使用哪三种方式获取指定类的Class对象？

【参考答案】 在Java中程序获得Class对象有如下三种方式。

(1) 使用Class类的静态方法forName(String className)，其中，参数className表示所需类的全名。如“Class cObj＝Class.forName("java.lang.String");”。

(2) 用类名调用该类的class属性来获得该类对应的Class对象，即“类名.class”。

(3) 用对象调用getClass()方法来获得该类对应的Class对象，即“对象.getClass()”。该方法是Object类中的一个方法，因此所有对象调用该方法都可以返回所属类对应的Class对象。

12.5 内部类的类型有几种？分别在什么情况下使用？它们所起的作用有哪些？

【参考答案】 类作为成员可分为内部类和匿名内部类两种。内部类是定义在类中的类，所以当一个类作为一个成员使用时，则应将该类定义为内部类，此时内部类所起的作用就是一个成员；匿名类是一种特殊的内部类，它没有类名，在定义类的同时，就生成该类的一个对象，由于不会在其他地方用到该类，因此不用取名字。匿名内部类的主要用途：一是用来弥补内部类里没有定义到的方法；二是编写事件处理程序。

12.6 内部类与外部类的使用有何不同？

【参考答案】 包含内部类的类称为“外部类”，内部类不能与外部类同名，否则编译器将无法区分内部类与外部类。如果内部类还有内部类，则内部类的内部类不能与它的任何一层外部类同名。Java 将内部类作为一个成员，就如同成员变量或成员方法。内部类可以被声明为 private 或 protected。因此外部类与内部类的访问原则是：在外部类中，通过一个内部类的对象引用内部类中的成员；反之，在内部类中可以直接引用它的外部类的成员，包括静态成员、实例成员及私有成员。内部类也可以通过创建对象从外部类之外被调用，但必须将内部类声明为 public。

12.7 怎样创建匿名内部类对象？

【参考答案】 匿名内部类能在一步内完成声明内部类和创建该类的一个对象，并利用该对象访问到类中的成员。这种类不取名字，而直接用其父类的名字或者它所实现的接口的名字，而且匿名内部类的定义与创建该类的一个实例同时进行，即类的定义前面有一个 new 运算符，而不是使用关键字 class，同时带上圆括号“()”表示创建对象。

12.8 什么是 Lambda 表达式？Lambda 表达式的语法是什么样？

【参考答案】 Lambda 表达式是可以传递给方法的一段代码。可以是一条语句，也可以是一个代码块，因为不需要方法名，所以说 Lambda 表达式是一种匿名方法。Lambda 表达式通常由参数列表、箭头和方法体三部分组成，其语法格式如下：

```
(类型 1 参数 1,类型 2 参数 2, …) ->{方法体}
```

12.9 什么是函数式接口？为什么 Lambda 表达式只适用于函数式接口？

【参考答案】 函数式接口(Functional Interface,FI)是指只包含一个抽象方法的接口，因此也称为单抽象方法接口。由 Lambda 表达式的语法格式可以看出，Lambda 表达式只适用于包含一个抽象方法的接口，对于包含有多个抽象方法的接口，编辑器则无法编译 Lambda 表达式。所以如果要编译器理解 Lambda 表达式，接口就必须是只包含一个抽象方法的函数式接口。

12.10 Lambda 表达式与匿名内部类有什么样的关系？函数式接口为什么重要？

【参考答案】 每一个 Lambda 表达式都对应一个函数式接口，可以将 Lambda 表达式看作是实现函数式接口的匿名内部类的一个对象。函数式接口之所以重要是因为可以使用 Lambda 表达式创建一个与匿名内部类等价的对象，正因为如此，Lambda 表达式可以被看作是使用精简语法的匿名内部类。

Java 中任何 Lambda 表达式必定有对应的函数式接口，正是因为 Lambda 表达式已经明确要求是在函数式接口上进行的一种操作，所以建议最好在接口上使用“@FunctionalInterface”注解声明。

12.11 Java 定义了哪 4 种方法引用方式？对方法引用有什么要求？

【参考答案】 对于方法引用，Java 定义了如下 4 种引用方式。

(1) 对象名::实例方法名 //用对象名引用实例方法

(2) 类名::静态方法名 //用类名引用静态方法

(3) 类名::实例方法名 //用类名引用实例方法

(4) 类名::new //用类名引用构造方法

前 3 种被引用的方法名后不能有圆括号，并且被引用方法的参数列表和返回值类型，必须与函数式接口中抽象方法的参数列表和方法返回值类型一致。第 4 种方式用类名引用构造方法，构造方法的引用不同于其他方法引用，构造方法引用需使用 new 运算符。

第 13 章　习题解答

13.1　JavaFX 窗口的结构包含哪些内容？

【参考答案】 JavaFX 程序中必须要有一个窗口，窗口是一个 Stage 类的对象。它是应用程序界面的顶层。舞台 Stage 中摆放的是场景 Scene，场景 Scene 中可以包含各种布局面板和控件共同组成用户界面。

13.2　JavaFX 程序的主舞台是如何生成的？主舞台与其他舞台有何区别？如何显示一个舞台？

【参考答案】 主舞台是在应用程序启动时由系统创建的，通过 start()方法的参数获得，用户不能自己创建。主舞台是应用程序自动访问的一个 Stage 对象。除主舞台之外，用户还可以根据需要在应用程序中创建其他舞台。其他舞台与主舞台的区别是这种舞台不是系统创建的，而是用户自己创建的，相同的是都要在舞台中创建场景图。默认情况下舞台是不显示的，必须用舞台对象调用 show()方法将窗口显示出来。

13.3　如何创建 Scene 对象？如何在舞台中设置场景？

【参考答案】 在舞台上要摆放场景，场景是 javafx. scene. Scene 类的对象，通过其构造方法创建一个 Scene 对象。设置场景是通过舞台对象调用 setScene(scene)方法设置的。

13.4　什么是节点？什么是面板？什么是场景图？

【参考答案】 节点是可视化的控件，可以是面板、控件、图像视图、形状等。面板是一个容器，面板中可以摆放各种节点。在场景中设置一个面板作为根节点，然后再在根节点上放置其他面板或节点，这样由面板和节点所形成的树形结构就构成了场景图。场景图是场景中所有节点构成的一个树形结构图。

13.5　可以直接将控件 Control 和面板 Pane 加入到场景 Scene 中吗？可以直接将形状 Shape 或者图像视图 ImageView 加入场景中吗？

【参考答案】 场景 Scene 中可以包含面板 Pane 或控件 Control，但不能包含形状 Shape 和图像显示类 ImageView。虽然可以直接将节点置于场景中，但更好的办法是先将节点放入面板中，然后再将面板放入场景中。

13.6　什么是属性绑定？单向绑定和双向绑定有何区别？是否所有属性都可进行双向绑定？

【参考答案】 属性绑定是指将一个目标对象与一个源对象绑定，如果源对象中的值改变了，目标对象的值也将自动改变。利用 bind()方法进行属性绑定时，只是目标对象随着源对象的变化而变化，这种绑定称为单向绑定。使用 bindBidirectional()方法可以进行属性的双向绑定,属性双向绑定后,两者中不管哪一个发生变化,另一方也会被相应地更新。但只有当目标和源双方都既是绑定对象也是可观察对象时才可双向绑定。

13.7 创建 Color 对象一定要用其构造方法吗?创建 Font 对象一定要用其构造方法吗?

【参考答案】 Color 对象既可以使用其构造方法也可以使用其静态方法 color()进行创建。同样 Font 对象也是既可以使用其构造方法,也可以使用其静态方法 font()进行创建。

13.8 编程实现输出系统中所有可用的字体。

【参考答案】 可使用如下代码输出系统中可用字体的名称。

```
//FileName: Exercises13_8.java
import java.util.*;
import javafx.scene.text.Font;
import java.util.List;
public class Exercises13_8{
  public static void main(String[] args){
    List<String> f = Font.getFontNames();     //或用 Font.getFamilies();
    ListIterator<String> iter = f.listIterator();
    System.out.print("系统中可用字体的名称: ");
    while(iter.hasNext())
      System.out.print(iter.next() + "\n");
  }
}
```

13.9 可以将一个 Image 对象设置到多个 ImageView 对象上吗?可以将一个 ImageView 对象显示多次吗?

【参考答案】 一个 Image 对象可以被多个 ImageView 对象所共享。但 ImageView 对象是不可以共享的,即不能将一个 ImageView 对象多次放入一个面板或一个场景中。

13.10 如何将一个节点加入到面板中?

【参考答案】 每个面板包含一个存放节点的列表类 ObservableList 的对象。在向面板中添加节点时,实际上是添加到这个列表对象中。面板对象调用它的 getChildren()来返回用于存放节点的列表,然后再调用它的 add(node)方法可以将一个节点添加到面板中,调用 addAll(node1,node2,…,noden)方法可以将多个节点同时添加到面板中。

13.11 创建一个 HBox 面板对象,并设置其上控件间距为 10 像素,然后将两个带有文字和图像的按钮添加到 HBox 面板中,然后再将 HBox 面板对象添加到窗口中。

【参考答案】 代码如下:

```
//FileName: Exercises13_11.java
import javafx.application.Application;
import javafx.stage.Stage;
import javafx.scene.Scene;
import javafx.scene.control.Button;
import javafx.scene.image.Image;
import javafx.scene.image.ImageView;
import javafx.scene.layout.HBox;
import javafx.geometry.Pos;
public class Exercises13_11 extends Application{
```

```
    @Override
    public void start(Stage primaryStage){
      Image imb = new Image("中国灯笼.jpg");
      ImageView iv1 = new ImageView(imb);
      Button bt1 = new Button("您好",iv1);
      Button bt2 = new Button("中国",new ImageView("中国心.jpg"));
      HBox box = new HBox(10);
      box.getChildren().addAll(bt1,bt2);
      box.setAlignment(Pos.CENTER);
      Scene scene = new Scene(box,180,50);
      primaryStage.setTitle("水平面板");
      primaryStage.setScene(scene);
      primaryStage.show();
    }
}
```

13.12　创建一个栈面板对象，并将一幅图像放置在栈面板中，然后将栈面板逆时针旋转45°，再将栈面板添加到窗口中。

【参考答案】 代码如下：

```
//FileName: Exercises13_12.java
import javafx.application.Application;
import javafx.stage.Stage;
import javafx.scene.Scene;
import javafx.scene.image.Image;
import javafx.scene.image.ImageView;
import javafx.scene.layout.StackPane;
public class Exercises13_12 extends Application{
    @Override
    public void start(Stage primaryStage){
      Image im = new Image("国旗.jpg");
      ImageView iv = new ImageView();
      iv.setImage(im);
      iv.setFitWidth(100);
      iv.setPreserveRatio(true);
      iv.setSmooth(true);
      iv.setCache(true);
      StackPane sPane = new StackPane();
      sPane.getChildren().add(iv);
      sPane.setRotate(-45);
      Scene scene = new Scene(sPane,200,150);
      primaryStage.setTitle("图像显示");
      primaryStage.setScene(scene);
      primaryStage.show();
    }
}
```

13.13　编写一个JavaFX程序，在网格面板中，第一行放置标签和文本框，第二行设置文本区和按钮。

【参考答案】 代码如下：

```
//FileName: Exercises13_13.java
import javafx.application.Application;
import javafx.stage.Stage;
import javafx.scene.Scene;
import javafx.scene.control.Label;
import javafx.scene.control.Button;
import javafx.scene.control.TextField;
import javafx.scene.control.TextArea;
import javafx.scene.layout.GridPane;
public class Exercises13_13 extends Application{
  final Label lab = new Label("我是标签");
  final TextField tf = new TextField("我是文本框");
  final TextArea ta = new TextArea("我是文本区");
  final Button but = new Button("我是按钮");
  @Override
  public void start(Stage primaryStage){
    GridPane rootGP = new GridPane();
    rootGP.setHgap(5);
    rootGP.setVgap(5);
    rootGP.add(lab,0,0);
    rootGP.add(tf,1,0);
    rootGP.add(ta,0,1);
    rootGP.add(but,1,1);
    ta.setPrefColumnCount(12);
    Scene scene = new Scene(rootGP,200,80);
    primaryStage.setTitle("网格与控件");
    primaryStage.setScene(scene);
    primaryStage.show();
  }
}
```

13.14 编写一个 JavaFX 程序,顺时针旋转 90°显示三行文字,并对每行文字设置一个随机颜色和透明度,且设置不同的外观样式。

【参考答案】 代码如下:

```
//FileName: Exercises13_14.java
import javafx.application.Application;
import javafx.geometry.Pos;
import javafx.scene.Scene;
import javafx.scene.control.Label;
import javafx.scene.layout.GridPane;
import javafx.scene.paint.Color;
import javafx.scene.text.Font;
import javafx.scene.text.FontPosture;
import javafx.scene.text.FontWeight;
import javafx.stage.Stage;
public class Exercises13_14 extends Application{
  @Override
  public void start(Stage primaryStage){
    GridPane pane = new GridPane();
```

```
        pane.setAlignment(Pos.CENTER);
        Label[] labels = new Label[3];
        for (int i = 0;i < labels.length;i++){
            labels[i] = new Label("Java");
            labels[i].setFont(Font.font("Times New Roman",
                    FontWeight.BOLD,FontPosture.ITALIC,20));
            labels[i].setTextFill(getRandomColor());
            labels[i].setRotate(90);
            pane.add(labels[i],i,0);
        }
        Scene scene = new Scene(pane,200,100);
        primaryStage.setTitle("JavaFX 文本");
        primaryStage.setScene(scene);
        primaryStage.show();
    }
    private Color getRandomColor(){
        return new Color(Math.random(),Math.random(),Math.random(),Math.random());
    }
}
```

13.15 创建一个具有三个选项卡的选项卡面板,在每个选项卡中放置一个带有文字的标签。

【参考答案】 代码如下:

```
//FileName: Exercises13_15.java
import javafx.application.Application;
import javafx.stage.Stage;
import javafx.scene.Scene;
import javafx.scene.control.TabPane;
import javafx.scene.control.Tab;
import javafx.scene.control.Label;
public class Exercises13_15 extends Application{
    @Override
    public void start(Stage stage){
        TabPane tabPane = new TabPane();
        Tab tab1 = new Tab();
        tab1.setText("第一个选项卡");
        tab1.setClosable(false);
        tab1.setContent(new Label("标签 1"));
        Tab tab2 = new Tab("第二个选项卡");
        tab2.setContent(new Label("标签 2"));
        Tab tab3 = new Tab("第三个选项卡");
        tab3.setContent(new Label("标签 3"));
        tabPane.getTabs().addAll(tab1,tab2,tab3);
        Scene scene = new Scene(tabPane,280,120);
        stage.setTitle("选项卡面板与选项卡");
        stage.setScene(scene);
        stage.show();
    }
}
```

第 14 章　习题解答

14.1　什么是事件？简述 Java 语言的委托事件模型。

【参考答案】 事件就是用户使用鼠标或键盘与窗口中的控件进行交互所发生的事情。委托事件模型是将事件源和对事件做出具体处理的程序分离开来。一般情况下，控件（事件源）不处理自己的事件，而是将事件处理委托给外部的处理实体（监听者），这种事件处理模型就是事件委托处理模型，即事件源将事件处理任务委托给了监听者。也就是说，委托事件模型就是由产生事件的对象（事件源）、事件对象以及事件监听者对象之间所组成的关联关系。其中的“事件监听者”就是用来处理事件的对象，即监听者对象会等待事件的发生，并在事件发生时收到通知。事件源会在事件发生时，将关于该事件的信息封装在一个对象中，这个对象被称为“事件对象”，并将该事件对象作为参数传递给事件监听者，监听者就可以根据该“事件对象”内的信息决定适当的处理方式，即调用相应的事件处理程序进行处理。

14.2　若要处理事件，就必须要有事件监听者，担任监听者需满足什么条件？

【参考答案】 一个对象要成为事件源的事件监听者，满足两个条件即可。

(1) 事件监听者必须是一个对应的事件监听者接口的实例，从而保证该监听者具有正确的事件处理方法。JavaFX 定义了一个对于事件 T 的统一的监听者接口 EventHandler < T extends Event >，即定义了所有监听者的共同行为。该接口中声明了 handle(T e)方法用于处理事件。例如，对于动作事件 ActionEvent 来说，监听者接口是 EventHandler < ActionEvent >。ActionEvent 的每个监听者接口都应实现 handle(ActionEvent e)方法从而处理一个动作事件 ActionEvent。

(2) 事件监听者对象必须通过事件源进行注册，注册方法依赖于事件类型。对于动作事件 ActionEvent 而言，事件源是使用 setOnAction()方法进行注册的；对于鼠标按下事件，事件源是使用 setOnMousePressed()方法进行注册的；对于一个按键事件，事件源是使用 setOnKeyPressed()方法进行注册的。

14.3　写出控件与可能触发的事件之间的对应关系。

【参考答案】 参见主教材表 14.1 和表 14.2。

14.4　对于按下键和释放键的事件，使用什么方法来获得键的编码值？使用什么方法从一个键的单击事件中获得该键的字符？

【参考答案】 对于按下键 Pressed 和释放键 Released 事件，调用 getCode()方法返回键编码值，getText()方法返回键编码对应的字符串，而 getCharacter()方法则返回一个空字符串；对于单击键事件 KeyTyped，getCode()方法返回 UNDEFINED，getCharacter()方法返回相应的 Unicode 字符或与单击键事件相关的一个字符序列。

14.5 设计一个窗口,在窗口内摆放一个按钮,当不断地单击该按钮时,在其上显示它被单击的次数。

【参考答案】 代码如下:

```
//FileName: Exercises14_5.java
import javafx.application.Application;
import javafx.stage.Stage;
import javafx.scene.Scene;
import javafx.scene.control.Button;
import javafx.scene.layout.StackPane;
public class Exercises14_5 extends Application{
  private Button but = new Button("开始单击我");
  private int i = 0;
  @Override
  public void start(Stage primaryStage){
    StackPane sPane = new StackPane();
    sPane.getChildren().add(but);
    but.setOnAction(e -> but.setText("单击了" + (++i) + "次"));
    Scene scene = new Scene(sPane,180,60);
    primaryStage.setTitle("动作事件");
    primaryStage.setScene(scene);
    primaryStage.show();
  }
}
```

14.6 创建一个窗口,隐藏窗口的标题栏和边框,并在其上添加一个"退出"按钮。将鼠标指针放在窗口内的任意位置进行拖动窗口,当单击"退出"命令按钮后,结束程序运行。

【参考答案】 代码如下:

```
//FileName: Exercises14_6.java
import javafx.application.Application;
import javafx.stage.Stage;
import javafx.scene.Scene;
import javafx.scene.input.MouseEvent;
import javafx.scene.control.Button;
import javafx.scene.control.Label;
import javafx.scene.layout.VBox;
import javafx.stage.StageStyle;
public class Exercises14_6 extends Application{
  private Stage stage;
  private double dragOffsetX,dragOffsetY;
  @Override
  public void start(Stage stage){
    this.stage = stage;
    Label lab = new Label("用鼠标拖我");
    Button bt = new Button("关闭");
    bt.setOnAction(e -> stage.close());
    VBox root = new VBox();
    root.getChildren().addAll(lab,bt);
```

```
        Scene scene = new Scene(root,300,200);
        scene.setOnMousePressed(e -> handleMousePressed(e));
        scene.setOnMouseDragged(e -> handleMouseDragged(e));
        stage.setTitle("拖动操作");
        stage.setScene(scene);
        stage.initStyle(StageStyle.UNDECORATED);  //隐藏窗口的标题栏
        stage.show();
    }
    protected void handleMousePressed(MouseEvent e){
        this.dragOffsetX = e.getScreenX() - stage.getX();
        this.dragOffsetY = e.getScreenY() - stage.getY();
    }
    protected void handleMouseDragged(MouseEvent e){
        stage.setX(e.getScreenX() - this.dragOffsetX);
        stage.setY(e.getScreenY() - this.dragOffsetY);
    }
}
```

14.7 在窗口的中央区域放置一个文本区控件,在窗口的下部区域添加“红色”“绿色”“蓝色”三个单选按钮,并用其设置文本区中文本的颜色。

【参考答案】 代码如下:

```
//FileName: Exercises14_7.java
import javafx.application.Application;
import javafx.stage.Stage;
import javafx.scene.Scene;
import javafx.scene.text.Text;
import javafx.scene.control.RadioButton;
import javafx.scene.control.ToggleGroup;
import javafx.scene.layout.BorderPane;
import javafx.scene.paint.Color;
import javafx.scene.layout.HBox;
import javafx.geometry.Pos;
public class Exercises14_7 extends Application{
    RadioButton r = new RadioButton("红色");
    RadioButton g = new RadioButton("绿色");
    RadioButton b = new RadioButton("蓝色");
    Text t = new Text("我喜欢 JavaFX 编程");
    @Override
    public void start(Stage primaryStage){
        HBox hB = new HBox(10);
        hB.getChildren().addAll(r,g,b);
        hB.setAlignment(Pos.CENTER);
        ToggleGroup gro = new ToggleGroup();
        r.setToggleGroup(gro);
        g.setToggleGroup(gro);
        b.setToggleGroup(gro);
        BorderPane rootBP = new BorderPane();
        rootBP.setCenter(t);
        rootBP.setBottom(hB);
        r.setOnAction(e -> t.setFill(Color.RED));
```

```
        g.setOnAction(e -> t.setFill(Color.GREEN));
        b.setOnAction(e -> t.setFill(Color.BLUE));
        Scene scene = new Scene(rootBP,200,60);
        primaryStage.setTitle("设置文字颜色");
        primaryStage.setScene(scene);
        primaryStage.show();
    }
}
```

14.8　在窗口的中央区域放置一个文本区控件，在窗口的下部区域添加“粗体”和“斜体”两个复选框，并用其设置文本区中文本的字体。

【参考答案】 代码如下：

```
//FileName: Exercises14_8.java
import javafx.application.Application;
import javafx.stage.Stage;
import javafx.scene.Scene;
import javafx.scene.text.Text;
import javafx.scene.control.CheckBox;
import javafx.scene.layout.BorderPane;
import javafx.scene.text.Font;
import javafx.scene.text.FontWeight;
import javafx.scene.text.FontPosture;
import javafx.scene.layout.HBox;
import javafx.geometry.Pos;
import javafx.event.ActionEvent;
import javafx.event.EventHandler;
public class Exercises14_8 extends Application{
  Font fN = Font.font("Times New Roman",FontWeight.NORMAL,
                FontPosture.REGULAR,16);
  Font fB = Font.font("Times New Roman",FontWeight.BOLD,
                FontPosture.REGULAR,16);
  Font fI = Font.font("Times New Roman",FontWeight.NORMAL,
                FontPosture.ITALIC,16);
  Font fBI = Font.font("Times New Roman",FontWeight.BOLD,
                FontPosture.ITALIC,16);
  CheckBox chkB = new CheckBox("粗体");
  CheckBox chkI = new CheckBox("斜体");
  Text t = new Text("我喜欢 JavaFX 编程");
  @Override
  public void start(Stage primaryStage){
    HBox hB = new HBox(10);
    hB.getChildren().addAll(chkB,chkI);
    hB.setAlignment(Pos.CENTER);
    BorderPane rootBP = new BorderPane();
    t.setFont(fN);
    rootBP.setCenter(t);
    rootBP.setBottom(hB);
    Han hand = new Han();
    chkB.setOnAction(hand);
    chkI.setOnAction(hand);
```

```
    Scene scene = new Scene(rootBP,260,60);
    primaryStage.setTitle("设置字体");
    primaryStage.setScene(scene);
    primaryStage.show();
  }
  class Han implements EventHandler<ActionEvent>{
    @Override
    public void handle(ActionEvent e){
      if(chkB.isSelected() && chkI.isSelected())
        t.setFont(fBI);
      else if(chkB.isSelected())
        t.setFont(fB);
      else if(chkI.isSelected())
        t.setFont(fI);
      else
        t.setFont(fN);
    }
  }
}
```

14.9 编程,实现利用在滑动条中拖动滑块的方法对文本字体的大小进行设置。

【参考答案】 代码如下:

```
//FileName: Exercises14_9.java
import javafx.application.Application;
import javafx.stage.Stage;
import javafx.scene.Scene;
import javafx.scene.control.Slider;
import javafx.scene.text.Text;
import javafx.scene.text.Font;
import javafx.scene.layout.BorderPane;
public class Exercises14_9 extends Application{
  private Slider sl = new Slider();
  private Text t = new Text("JavaFX 编程");
  @Override
  public void start(Stage primaryStage){
    sl.setShowTickLabels(true);
    sl.setShowTickMarks(true);
    sl.setValue(t.getFont().getSize());
    sl.valueProperty().addListener(ov ->{
          double size = sl.getValue();
          Font font = new Font(size);
          t.setFont(font);
      });
    BorderPane rootBP = new BorderPane();
    rootBP.setBottom(sl);
    rootBP.setCenter(t);
    Scene scene = new Scene(rootBP,300,100);
    primaryStage.setTitle("拖动滑块设置字号");
    primaryStage.setScene(scene);
    primaryStage.show();
```

```
    }
}
```

14.10 编写一个简单的音频播放器程序，在其中创建一个 MediaPlayer 对象，并用命令按钮实现播放、暂停和重放功能。

【参考答案】 代码如下：

```
//FileName: Exercises14_10.java
import javafx.application.Application;
import javafx.stage.Stage;
import javafx.scene.Scene;
import javafx.geometry.Pos;
import javafx.scene.control.Button;
import javafx.scene.control.Label;
import javafx.scene.control.Slider;
import javafx.scene.layout.HBox;
import javafx.scene.media.Media;
import javafx.scene.media.MediaPlayer;
import javafx.util.Duration;
public class Exercises14_10 extends Application{
  String eURL = "file:///H:/java/想你.mp3";
  @Override
  public void start(Stage stage){
    Media media = new Media(eURL);
    MediaPlayer mPlayer = new MediaPlayer(media);
    Button pBut = new Button(">");
    pBut.setOnAction(e ->{
        if(pBut.getText().equals(">")){
          mPlayer.play();
          pBut.setText("||");
        }
        else{
          mPlayer.pause();
          pBut.setText(">");
        }
      });
    Button rBut = new Button("<<");
    rBut.setOnAction(e -> mPlayer.seek(Duration.ZERO));
    Slider sVol = new Slider();
    sVol.setMinWidth(30);
    sVol.setPrefWidth(150);
    sVol.setValue(50);
    mPlayer.volumeProperty().bind(sVol.valueProperty().divide(100));
    HBox hB = new HBox(10);
    hB.setAlignment(Pos.CENTER);
    Label vol = new Label("音量");
    hB.getChildren().addAll(pBut,rBut,vol,sVol);
    Scene scene = new Scene(hB);
    stage.setTitle("音乐播放器");
    stage.setScene(scene);
    stage.show();
  }
}
```

第15章 习题解答

15.1 编程题,画一个圆角矩形,宽度为200像素,高度为100像素,左上角位于(20,20),圆角处的水平直径为30像素,垂直直径为20像素,并用红色填充。

【参考答案】 代码如下:

```
//FileName: Exercises15_1.java
import javafx.application.Application;
import javafx.stage.Stage;
import javafx.scene.Scene;
import javafx.scene.paint.Color;
import javafx.scene.shape.Rectangle;
import javafx.scene.layout.Pane;
public class Exercises15_1 extends Application{
  @Override
  public void start(Stage stage){
    Pane pane = new Pane();
    Rectangle r = new Rectangle(20,20,200,100);
    r.setArcWidth(30);
    r.setArcHeight(20);
    r.setFill(Color.RED);
    pane.getChildren().add(r);
    Scene scene = new Scene(pane,250,140);
    stage.setTitle("矩形程序设计");
    stage.setScene(scene);
    stage.show();
  }
}
```

15.2 编程题,画椭圆,中心在(150,100),水平半径为100像素,垂直半径为50像素,画笔颜色随机产生,不填充颜色,生成16个椭圆,每个椭圆都旋转一个角度后添加到面板中。

【参考答案】 代码如下:

```
//FileName: Exercises15_2.java
import javafx.application.Application;
import javafx.stage.Stage;
import javafx.scene.Scene;
import javafx.scene.layout.Pane;
```

```
import javafx.scene.shape.Ellipse;
import javafx.scene.paint.Color;
public class Exercises15_2 extends Application{
  @Override
  public void start(Stage stage){
    Pane rPane = new Pane();
    for(int i = 1;i < 16;i++){
      Ellipse elli = new Ellipse(150,100,100,50);
      elli.setStroke(Color.color(Math.random(),Math.random(),Math.random()));
      elli.setFill(Color.WHITE);                    //将椭圆填充为白色
      elli.setRotate(i * 180/16);
      rPane.getChildren().add(elli);
    }
    Scene scene = new Scene(rPane,300,200);
    stage.setTitle("椭圆程序设计");
    stage.setScene(scene);
    stage.show();
  }
}
```

15.3 编程题,画一个半径为50像素的上半圆的轮廓。

【参考答案】 代码如下:

```
//FileName: Exercises15_3.java
import javafx.application.Application;
import javafx.stage.Stage;
import javafx.scene.Scene;
import javafx.scene.layout.Pane;
import javafx.scene.shape.Arc;
import javafx.scene.shape.ArcType;
import javafx.scene.paint.Color;
public class Exercises15_3 extends Application{
  @Override
  public void start(Stage stage){
    Pane rPane = new Pane();
    Arc arc = new Arc(150,100,80,80,0,180);
    arc.setFill(Color.WHITE);
    arc.setStroke(Color.BLACK);
    arc.setType(ArcType.OPEN);
    rPane.getChildren().addAll(arc);
    Scene scene = new Scene(rPane,300,200);
    stage.setTitle("上半圆");
    stage.setScene(scene);
    stage.show();
  }
}
```

15.4 编程题,画一个半径为50像素的下半圆,并用蓝色填充。

【参考答案】 代码如下:

```
//FileName: Exercises15_4.java
```

```
import javafx.application.Application;
import javafx.stage.Stage;
import javafx.scene.Scene;
import javafx.scene.layout.Pane;
import javafx.scene.shape.Arc;
import javafx.scene.shape.ArcType;
import javafx.scene.paint.Color;
public class Exercises15_4 extends Application{
  @Override
  public void start(Stage stage){
    Pane rPane = new Pane();
    Arc arc = new Arc(150,100,80,80,0, -180);
    arc.setFill(Color.BLUE);
    arc.setStroke(Color.RED);
    arc.setType(ArcType.ROUND);
    rPane.getChildren().addAll(arc);
    Scene scene = new Scene(rPane,300,200);
    stage.setTitle("下半圆");
    stage.setScene(scene);
    stage.show();
  }
}
```

15.5　编程题,绘制一个立方体,使该立方体随窗口的伸缩而自动伸缩。

【参考答案】 代码如下:

```
//FileName: Exercises15_5.java
import javafx.application.Application;
import javafx.scene.Scene;
import javafx.scene.layout.Pane;
import javafx.scene.paint.Color;
import javafx.scene.shape.Line;
import javafx.scene.shape.Rectangle;
import javafx.scene.shape.Shape;
import javafx.stage.Stage;
import java.util.ArrayList;
public class Exercises15_5 extends Application{
  @Override
  public void start(Stage primaryStage){
    Pane pane = new Pane();
    ArrayList<Shape> shapes = new ArrayList<>();
    Rectangle rec1 = new Rectangle(0,0,Color.TRANSPARENT);
    rec1.setStroke(Color.RED);
    rec1.xProperty().bind(pane.widthProperty().divide(4).subtract(25));
    rec1.yProperty().bind(pane.heightProperty().divide(4).add(25));
    rec1.widthProperty().bind(pane.widthProperty().divide(2));
    rec1.heightProperty().bind(pane.widthProperty().divide(2));
    shapes.add(rec1);
    Rectangle rec2 = new Rectangle(0,0,Color.TRANSPARENT);
    rec2.setStroke(Color.BLUE);
    rec2.xProperty().bind(pane.widthProperty().divide(4).add(25));
```

```
    rec2.yProperty().bind(pane.heightProperty().divide(4).subtract(25));
    rec2.widthProperty().bind(pane.widthProperty().divide(2));
    rec2.heightProperty().bind(pane.widthProperty().divide(2));
    shapes.add(rec2);
    Line line1 = new Line();
    line1.startXProperty().bind(rec1.xProperty());
    line1.startYProperty().bind(rec1.yProperty());
    line1.endXProperty().bind(rec2.xProperty());
    line1.endYProperty().bind(rec2.yProperty());
    shapes.add(line1);
    Line line2 = new Line();
    line2.startXProperty().bind(rec1.xProperty());
    line2.startYProperty().bind(rec1.yProperty().add(rec1.heightProperty()));
    line2.endXProperty().bind(rec2.xProperty());
    line2.endYProperty().bind(rec2.yProperty().add(rec1.heightProperty()));
    shapes.add(line2);
    Line line3 = new Line();
    line3.startXProperty().bind(rec1.xProperty().add(rec1.widthProperty()));
    line3.startYProperty().bind(rec1.yProperty().add(rec1.heightProperty()));
    line3.endXProperty().bind(rec2.xProperty().add(rec1.widthProperty()));
    line3.endYProperty().bind(rec2.yProperty().add(rec1.heightProperty()));
    shapes.add(line3);
    Line line4 = new Line();
    line4.startXProperty().bind(rec1.xProperty().add(rec1.widthProperty()));
    line4.startYProperty().bind(rec1.yProperty());
    line4.endXProperty().bind(rec2.xProperty().add(rec1.widthProperty()));
    line4.endYProperty().bind(rec2.yProperty());
    shapes.add(line4);
    pane.getChildren().addAll(shapes);
    Scene scene = new Scene(pane,400,400);
    scene.xProperty().add(scene.yProperty());
    primaryStage.setTitle("立方体");
    primaryStage.setScene(scene);
    primaryStage.show();
  }
}
```

15.6 编程题,窗口中放置“顺转”和“逆转”两个按钮,当单击按钮时,将椭圆每次旋转30°。

【参考答案】 代码如下:

```
//FileName: Exercises15_6.java
import javafx.application.Application;
import javafx.event.ActionEvent;
import javafx.event.EventHandler;
import javafx.geometry.Pos;
import javafx.scene.Scene;
import javafx.scene.control.Button;
import javafx.scene.layout.StackPane;
import javafx.scene.layout.HBox;
import javafx.scene.layout.BorderPane;
```

```
import javafx.scene.shape.Ellipse;
import javafx.scene.paint.Color;
import javafx.stage.Stage;
public class Exercises15_6 extends Application{
  Button nz = new Button("顺转");
  Button sz = new Button("逆转");
  Ellipse elli = new Ellipse(150,100,65,40);
  int i = 0;
  @Override
  public void start(Stage stage){
    StackPane pane = new StackPane();
    elli.setStroke(Color.RED);
    elli.setFill(Color.WHITE);
    pane.getChildren().add(elli);
    HBox hBox = new HBox();
    hBox.setSpacing(10);
    hBox.setAlignment(Pos.CENTER);
    hBox.getChildren().addAll(nz,sz);
    nz.setOnAction(new IRHandler());
    sz.setOnAction(new IRHandler());
    BorderPane bPane = new BorderPane();
    bPane.setCenter(pane);
    bPane.setBottom(hBox);
    Scene scene = new Scene(bPane,200,150);
    stage.setTitle("旋转椭圆");
    stage.setScene(scene);
    stage.show();
  }
  class IRHandler implements EventHandler<ActionEvent>{
    public void handle(ActionEvent e){
      if(e.getSource() == nz) i++;
      else i--;
      elli.setRotate(i * 30);
    }
  }
}
```

15.7　编程题，画一个以(20,40)、(30,50)、(40,90)、(90,10)和(10,30)为顶点的多边形。

【参考答案】 代码如下：

```
//FileName: Exercises15_7.java
import javafx.application.Application;
import javafx.stage.Stage;
import javafx.scene.Scene;
import javafx.scene.layout.Pane;
import javafx.scene.shape.Polygon;
import javafx.scene.paint.Color;
public class Exercises15_7 extends Application{
  @Override
  public void start(Stage stage){
```

```
            Pane rPane = new Pane();
            Polygon pg = new Polygon(new double[]{20,40,30,50,40,90,90,10,10,30});
            pg.setFill(null);
            pg.setStroke(Color.RED);
            rPane.getChildren().addAll(pg);
            Scene scene = new Scene(rPane,220,130);
            stage.setTitle("多边形应用");
            stage.setScene(scene);
            stage.show();
        }
    }
```

15.8 编程题，画一个以(20,40)、(30,50)、(40,90)、(90,10)和(10,30)为顶点的折线。

【参考答案】 代码如下：

```
//FileName: Exercises15_8.java
import javafx.application.Application;
import javafx.stage.Stage;
import javafx.scene.Scene;
import javafx.scene.layout.Pane;
import javafx.scene.shape.Polyline;
import javafx.scene.paint.Color;
public class Exercises15_8 extends Application{
    @Override
    public void start(Stage stage){
        Pane rPane = new Pane();
        Polyline pg = new Polyline(new double[]{20,40,30,50,40,90,90,10,10,30});
        pg.setStroke(Color.BLUE);
        rPane.getChildren().addAll(pg);
        Scene scene = new Scene(rPane,220,130);
        stage.setTitle("折线应用");
        stage.setScene(scene);
        stage.show();
    }
}
```

15.9 利用动画技术制作一个表盘时钟，运行效果如图15.17所示。

【参考答案】 问题分析：计算秒针、分针和时针的方法是通过指针12点的夹角α来计算的。设表盘的中心坐标为(centerX,centerY)，handLength表示指针的长度，指针的起点在表盘的中心，终点坐标为(endX,endY)。则有

endX=centerX+handLength * sin(α)

endY=centerY-handLength * con(α)

因为1min=60s，一周的弧度为2π，所以秒针的角度为second * (2π/60)。

分针的位置是由分钟和秒钟来决定的。所以包含秒数的准确分钟数是minute+second/60，如果时

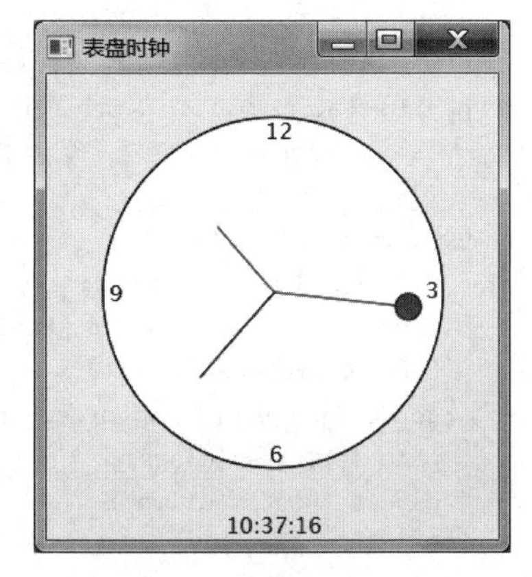

图15.17 表盘时钟运行效果

间是 8min30s,那总分钟是 8.5min。由于 1h=60min,于是得到分针转过角度为(minute+second/60) * (2π/60)。若忽略秒针数,则分针转过角度为 minute * (2π/60)。

而包含秒数和分钟数的精确小时数是 hour+minute/60+second/(60 * 60),由于一个圆被分为 12h,因此时针转过的准确角度为(hour+minute/60+(second/(60 * 60))) * (2π/12)。

若忽略秒针数,则时针转过的角度为(hour+minute/60) * (2π/12)。

综上分析可得,秒针、分针和时针端点的坐标计算公式如下:

xSecond=centerX+secondHandLength * sin(second * (2π/60))

ySecond=centerY−secondHandLength * cos(second * (2π/60))

xMinute=centerX+minuteHandLength * sin(minute * (2π/60))

yMinute=centerY−minuteHandLength * cos((minute * (2π/60))

xHour=centerX+hourHandLength * sin((hour+minute/60) * (2π/12))

yHour=centerY−hourHandLength * cos((hour+minute/60) * (2π/12))

通过上面的分析,代码如下:

```
//FileName: Exercises15_9.java  带数字显示
import javafx.application.Application;
import javafx.stage.Stage;
import javafx.scene.Scene;
import javafx.animation.KeyFrame;
import javafx.animation.Timeline;
import javafx.event.ActionEvent;
import javafx.event.EventHandler;
import javafx.util.Duration;
import javafx.geometry.Pos;
import javafx.scene.control.Label;
import javafx.scene.layout.BorderPane;
import java.util.Calendar;
import java.util.GregorianCalendar;
import javafx.scene.layout.Pane;
import javafx.scene.paint.Color;
import javafx.scene.shape.Circle;
import javafx.scene.shape.Line;
import javafx.scene.text.Text;
public class Exercises15_9 extends Application{
  public static void main(String[] args){
    launch(args);
  }
  @Override
  public void start(Stage primaryStage){
    ClockPane clock = new ClockPane();
    Label dTime = new Label();
    BorderPane pane = new BorderPane();
    pane.setCenter(clock);
    pane.setBottom(dTime);
    BorderPane.setAlignment(dTime,Pos.TOP_CENTER);
    EventHandler<ActionEvent> eventHandler = e->{
```

```
        clock.setCurrentTime();
        dTime.setText(clock.getHour() + ":" + clock.getMinute()
                        + ":" + clock.getSecond());
      };
      Timeline animation = new Timeline(new KeyFrame(
                        Duration.millis(1000),eventHandler));
      animation.setCycleCount(Timeline.INDEFINITE);
      animation.play();
      Scene scene = new Scene(pane, 250, 250);
      primaryStage.setTitle("表盘时钟");
      primaryStage.setScene(scene);
      primaryStage.show();
    }
}
class ClockPane extends Pane{
    private int hour;
    private int minute;
    private int second;
    public ClockPane(){
      setCurrentTime();
    }
    public ClockPane(int hour,int minute,int second){
      this.hour = hour;
      this.minute = minute;
      this.second = second;
    }
    public int getHour(){
      return hour;
    }
    public void setHour(int hour){
      this.hour = hour;
      paintClock();
    }
    public int getMinute(){
      return minute;
    }
    public void setMinute(int minute){
      this.minute = minute;
      paintClock();
    }
    public int getSecond(){
      return second;
    }
    public void setSecond(int second){
      this.second = second;
      paintClock();
    }
    public void setCurrentTime(){
      Calendar calendar = new GregorianCalendar();
      this.hour = calendar.get(Calendar.HOUR_OF_DAY);
      this.minute = calendar.get(Calendar.MINUTE);
```

```
        this.second = calendar.get(Calendar.SECOND);
        paintClock();                    //重画时钟
    }
    private void paintClock(){
        double clockRadius = Math.min(getWidth(),getHeight()) * 0.8 * 0.5;
        double centerX = getWidth()/2;
        double centerY = getHeight()/2;
        //画表盘
        Circle circle = new Circle(centerX,centerY,clockRadius);
        circle.setFill(Color.WHITE);
        circle.setStroke(Color.BLACK);
        Text t1 = new Text(centerX - 5,centerY - clockRadius + 12,"12");
        Text t2 = new Text(centerX - clockRadius + 3,centerY + 5,"9");
        Text t3 = new Text(centerX + clockRadius - 10,centerY + 3,"3");
        Text t4 = new Text(centerX - 3,centerY + clockRadius - 3,"6");
        //画秒针
        double sLength = clockRadius * 0.8;
        double xSecond = centerX + sLength * Math.sin(second * (2 * Math.PI/60));
        double ySecond = centerY - sLength * Math.cos(second * (2 * Math.PI/60));
        Line sLine = new Line(centerX,centerY,xSecond,ySecond);
        sLine.setStroke(Color.RED);
        Circle c = new Circle(xSecond,ySecond,7);  //秒针上加一个小圆点
        c.setStroke(Color.BLUE);
        c.setFill(Color.RED);
        //画分针
        double mLength = clockRadius * 0.65;
        double xMinute = centerX + mLength * Math.sin(minute * (2 * Math.PI/60));
        double yMinute = centerY - mLength * Math.cos(minute * (2 * Math.PI/60));
        Line mLine = new Line(centerX,centerY,xMinute,yMinute);
        mLine.setStroke(Color.BLUE);
        //画时针
        double hLength = clockRadius * 0.5;
        double xHour = centerX + hLength * Math.sin(
                    (hour % 12 + minute/60.0) * (2 * Math.PI/12));
        double yHour = centerY - hLength * Math.cos(
                    (hour % 12 + minute/60.0) * (2 * Math.PI/12));
        Line hLine = new Line(centerX,centerY,xHour,yHour);
        hLine.setStroke(Color.GREEN);
        getChildren().clear();
        getChildren().addAll(circle,t1,t2,t3,t4,sLine,mLine,hLine,c);
    }
    @Override
    public void setWidth(double width){
        super.setWidth(width);
        paintClock();
    }
    @Override
    public void setHeight(double height){
        super.setHeight(height);
        paintClock();
    }
}
```

15.10　编程题，用动画实现一个钟摆，即一条直线上端固定，下端连接一个小球，小球来回摆动。

【参考答案】　代码如下：

```
//FileName: Exercises15_10.java        动画：钟摆
import javafx.application.Application;
import javafx.stage.Stage;
import javafx.scene.Scene;
import javafx.scene.layout.Pane;
import javafx.scene.shape.Arc;
import javafx.scene.shape.ArcType;
import javafx.scene.shape.Circle;
import javafx.scene.shape.Line;
import javafx.scene.paint.Color;
import javafx.animation.Animation;
import javafx.animation.PathTransition;
import javafx.util.Duration;
public class Exercises15_10 extends Application{
  @Override
  public void start(Stage stage){
    Pane rPane = new Pane();
    Arc arc = new Arc(150,50,80,80,225,90);          //创建弧
    arc.setFill(null);
    arc.setStroke(Color.WHITE);                      //设置画笔的颜色为底色
    arc.setType(ArcType.OPEN);
    Circle c = new Circle(150,80 + 50,10);
    Line line = new Line(150,50,150,80 + 50);
    line.endXProperty().bind(c.translateXProperty().add(c.getCenterX()));
    line.endYProperty().bind(c.translateYProperty().add(c.getCenterY()));
    PathTransition pt = new PathTransition();        //创建动画移动路径
    pt.setDuration(Duration.millis(1000));           //设置播放待续时间为1s
    pt.setPath(arc);                                 //设置弧线为路径
    pt.setNode(c);                                   //设置c为动画节点
    pt.setOrientation(PathTransition.OrientationType.NONE);
    pt.setCycleCount(Animation.INDEFINITE);          //设置无限次播放
    pt.setAutoReverse(true);
    pt.play();
    rPane.getChildren().addAll(arc,c,line);
    Scene scene = new Scene(rPane,300,200);
    stage.setTitle("钟摆动画");
    stage.setScene(scene);
    stage.show();
  }
}
```

15.11　利用时间轴动画，编程实现一个小球在窗口中跳动，并可用上、下箭头键增减小球的速度。当用鼠标按下时动画暂停，当鼠标释放时动画恢复运行。

【参考答案】　代码如下：

```
//FileName: Exercises15_11.java     弹跳球
import javafx.animation.KeyFrame;
import javafx.animation.Timeline;
import javafx.beans.property.DoubleProperty;
import javafx.scene.layout.Pane;
import javafx.scene.paint.Color;
import javafx.scene.shape.Circle;
import javafx.util.Duration;
import javafx.application.Application;
import javafx.stage.Stage;
import javafx.scene.Scene;
import javafx.scene.input.KeyCode;
class BallPane extends Pane{
  public final double radius = 20;
  private double x = radius, y = radius;
  private double dx = 1, dy = 1;
  private Circle ball = new Circle(x,y,radius);
  private Timeline animation;
  public BallPane(){
    ball.setFill(Color.GOLD);
    getChildren().add(ball);
    animation = new Timeline(
        new KeyFrame(Duration.millis(50),e -> moveBall()));
    animation.setCycleCount(Timeline.INDEFINITE) ;
    animation.play();
  }
  public void play(){
    animation. play();
  }
  public void pause(){
    animation.pause();
  }
  public void incSpeed(){
    animation.setRate(animation.getRate() + 0.1);
  }
  public void decSpeed(){
    animation.setRate(animation.getRate()> 0 ? animation.getRate() - 0.1:0);
  }
  public DoubleProperty rateProperty(){
    return animation.rateProperty();
  }
  protected void moveBall(){
    if(x < radius||x > getWidth() - radius)
      dx * = -1;
    if(y < radius||y > getHeight() - radius)
      dy * = -1;
    x += dx;
    y += dy;
    ball.setCenterX(x);
    ball.setCenterY(y);
  }
```

```
}
public class Exercises15_11 extends Application{
  @Override
  public void start(Stage primaryStage){
    BallPane bPane = new BallPane();
    bPane.setOnMousePressed(e -> bPane.pause());
    bPane.setOnMouseReleased(e -> bPane.play());
    bPane.setOnKeyPressed(e ->{
        if(e.getCode() == KeyCode.UP)
          bPane.incSpeed();
        else if(e.getCode() == KeyCode.DOWN)
          bPane.decSpeed();
      });
    Scene scene = new Scene(bPane,250,150);
    primaryStage.setTitle("弹跳球");
    primaryStage.setScene(scene);
    primaryStage.show();
    bPane.requestFocus();
  }
}
```

15.12 利用时间轴动画，编程实现一个文本在屏幕上左右来回滚动。

【参考答案】 代码如下：

```
//FileName: Exercises15_12.java
import javafx.application.Application;
import javafx.animation.Timeline;
import javafx.animation.KeyFrame;
import javafx.animation.KeyValue;
import javafx.animation.Interpolator;
import javafx.geometry.VPos;
import javafx.scene.Scene;
import javafx.scene.layout.Pane;
import javafx.scene.text.Font;
import javafx.scene.text.Text;
import javafx.stage.Stage;
import javafx.util.Duration;
public class Exercises15_12 extends Application{
  @Override
  public void start(Stage stage){
    Text t =  new Text("左右滚动");
    t.setTextOrigin(VPos.TOP);
    t.setFont(Font.font(24));
    Pane root = new Pane(t);
    root.setPrefSize(500,60);
    Scene scene = new Scene(root);
    stage.setScene(scene);
    stage.setTitle("左右跳动");
    stage.show();
    double start = scene.getWidth();
    double end =  -1.0 * t.getLayoutBounds().getWidth();
```

```
        KeyFrame[] frame = new KeyFrame[11];
        for(int i = 0;i <= 10;i++){
          double pos = start - (start - end) * i/10.0;
          double duration = i/5.0;
          KeyValue keyValue = new KeyValue(t.translateXProperty(),
                 pos,Interpolator.DISCRETE);
          frame[i] = new KeyFrame(Duration.seconds(duration),keyValue);
        }
        Timeline timeline = new Timeline();
        timeline.getKeyFrames().addAll(frame);
        timeline.setCycleCount(Timeline.INDEFINITE);
        timeline.setAutoReverse(true);
        timeline.play();
    }
}
```

第 16 章　习题解答

16.1　简述线程的基本概念。程序、进程、线程的关系是什么？

【参考答案】　进程是一个执行中的程序，但线程是一个比进程更小的执行单位。

程序是含有指令和数据的文件，被存储在磁盘或其他的数据存储设备中，程序是静态的代码；进程是程序的一次执行过程，是系统运行程序的基本单位，进程是动态的；一个进程在其执行过程中可以产生多个线程，形成多条执行路径。

16.2　什么是多线程？为什么程序的多线程功能是必要的？

【参考答案】　所谓多线程就是同时执行一个以上的线程，一个线程的执行不必等待另一个线程执行完后才执行，所有线程都可以发生在同一时刻。由于每一个进程的内部数据和状态都是完全独立的，因此即使它们是同一个程序所产生的，也必须重复许多数据复制工作，而且在交换彼此数据的时候，也要再使用一些进程间通信的机制，这样就增加了系统负担。由于同一进程的各个线程之间可以共享相同的内存空间，并利用这些共享内存来完成数据交换、实时通信及必要的同步工作，因此各线程之间的通信速度很快，线程之间进行切换所占用的系统资源也较少，所以引入多线程功能是必要的。

16.3　多线程与多任务的差异是什么？

【参考答案】　多任务与多线程是两个完全不同的概念：多任务是针对操作系统而言的，表示操作系统可以同时运行多个应用程序；而多线程是指一个进程而言的，表示在一个进程内部可以同时执行多个线程。

16.4　线程有哪些基本状态？这些状态是如何定义的？

【参考答案】　线程有五种基本状态，分别是新建状态、就绪状态、运行状态、阻塞状态和消亡状态。新建状态是当一个 Thread 类或其子类的对象被声明并创建，但还未被执行的这段时间里，处于一种特殊的新建状态中；就绪状态是指处于新建状态的线程被启动后，将进入线程队列排队等待 CPU 时间片，此时它已具备了运行的条件；运行状态表示线程正在运行，该线程已经拥有了对 CPU 的控制权；阻塞状态是指一个正在执行的线程如果在某些特殊情况下，将让出 CPU 并暂时中止自己的执行；消亡状态是指线程不具有继续运行的能力。

16.5　Java 程序实现多线程有哪两种途径？

【参考答案】　Java 语言中实现多线程的方法有两种：一种是继承 java.lang 包中的 Thread 类；另一种是用户在定义自己的类时实现 Runnable 接口。无论用哪种方式实现多线程，都需将要执行的任务代码编写在 run()方法中，然后启动线程从 run()方法开始执行。

16.6　在什么情况下,必须以类实现 Runnable 接口来创建线程?

【参考答案】　如果一个类本身已经继承了某个父类,由于 Java 语言不允许类的多重继承,因此就无法再继承 Thread 类,这种情况下若要实现多线程的功能可以创建一个类,该类必须实现 Runnable 接口。

16.7　什么是线程的同步?程序中为什么要实现线程的同步?是如何实现同步的?

【参考答案】　同步指的是处理数据的线程不能处理其他线程当前还没有处理完毕的数据;程序中要实现线程同步的原因是多个线程之间共享数据时会使共享的数据不安全或不符合逻辑;要实现对共享数据的同步,当一个线程对共享的数据进行操作时,应使之成为一个"原子操作",即在没有完成相关操作之前,不允许其他线程打断它,具体的办法就是使用关键字 synchronized 来标识同步资源,这样各线程就可互斥地操作该同步资源。

16.8　假设某家银行可接收顾客的存款,每次进行一次存款,便可计算出存款的总额。现有两名顾客,每人分三次,每次存入 100 元。试编程来模拟顾客的存款操作。

【参考答案】　代码如下:

```
//FileName: Exercises16_8.java
class Bank{
  private static int sum = 0;
  public synchronized static void add(int n){
    int tmp = sum;
    tmp = tmp + n;
    try{
      Thread.sleep((int)(1000 * Math.random()));
    }
    catch(InterruptedException e){}
    sum = tmp;
    System.out.println("Sum = " + sum);
  }
}
class Customer extends Thread{
  public void run(){
    for(int i = 1;i <= 3;i++)
      Bank.add(100);
  }
}
public class Exercises16_8{
  public static void main(String[] args){
    Customer c1 = new Customer();
    Customer c2 = new Customer();
    c1.start();
    c2.start();
  }
}
```

16.9　某航空公司每一天出售有限的机票数量,很多售票点同时销售这些机票。利用多线程技术模拟销售机票系统。要求利用同步语句 synchronized(对象)对同步对象加锁。

【参考答案】　代码如下:

```
//FileName: Exercises16_9.java
public class Exercises16_9{
  public static void main(String[] args){
    Ticket tic = new Ticket();                          //创建票类对象 tic
    Thread t1 = new Thread(() ->{                       //创建线程 t1
      while(true){
        synchronized(tic){                              //将同步对象 tic 加锁
          int currTicketCount = tic.getTicketCount();
          if(currTicketCount > 0)                       //判断是否有票
            tic.sellTicket();
          else                                          //无票退出
            break;
        }
      }
    });
    t1.start(); //激活线程 t1
    Thread t2 = new Thread(() ->{                       //创建线程 t2
      while(true){
        synchronized(tic){                              //将同步对象 tic 加锁
          int currTicketCount = tic.getTicketCount();
          if(currTicketCount > 0)                       //判断是否有票
            tic.sellTicket();
          else                                          //无票退出
            break;
        }
      }
    });
    t2.start();                                         //激活线程 t2
  }
}
class Ticket{                                           //机票类
  private int ticketCount = 5;                          //机票的数量
  public int getTicketCount(){                          //获得当前机票数量的方法
    return ticketCount;
  }
  public void sellTicket(){                             //售票的方法
    try{                                                //等于用户付款
      Thread.sleep((int)(1000 * Math.random()));  //阻塞当前线程,模拟等待用户付款
    }
    catch(InterruptedException e){}
    System.out.println("第" + ticketCount + "号票,已经售出");
    ticketCount -- ;                                    //票数减 1
  }
}
```

第 17 章　习题解答

17.1　什么是URL? URL地址由哪几部分组成?

【参考答案】 URL是统一资源定位器(Uniform Resource Locator)的英文缩写,它表示Internet上某一资源的地址。URL的基本结构由5部分组成,其格式如下:

```
传输协议: //主机名: 端口号/文件名#引用
```

17.2　什么是Socket? 它与TCP/IP有何关系?

【参考答案】 Socket是实现客户与服务器(C/S)模式的通信方式,它首先需要建立稳定的连接,然后以流的方式传输数据,实现网络通信,Socket在TCP/IP中定义,针对一个特定的连接。

17.3　简述流式Socket的通信机制。它的最大特点是什么? 为什么可以实现无差错通信?

【参考答案】 流式Socket的通信机制是按如下步骤进行的:

(1) 在服务器端创建一个ServerSocket对象,并指定端口号;

(2) 运行ServerSocket的accept()方法,等候客户端请求;

(3) 客户端创建一个Socket对象,用指定的服务器地址和端口号,向服务器端发出连接请求;

(4) 服务器端接收到客户端请求后,创建Socket对象与客户端建立连接;

(5) 服务器端和客户端分别建立输入输出数据流,进行数据传输;

(6) 通信结束后,服务器端和客户端分别关闭相应的Socket连接;

(7) 服务器端程序运行结束后,调用ServerSocket对象的close()方法停止等候客户端请求。

用流式Socket通信的优点是所有数据都能准确、有序地发送到对方; 缺点是速度较慢。流式Socket所完成的通信是基于连接的通信,即在通信开始之前先由通信双方确认身份并建立一条专用的虚拟连接通道,然后它们通过这条通道传送数据信息进行通信,当通信结束时再将原先所建立的连接拆除,因此流式Socket可以实现无差错通信。

17.4　什么是端口号? 服务器端和客户端分别如何使用端口号?

【参考答案】 端口号是一个标记计算机逻辑通信信道的正整数,端口号不是物理实体,IP地址和端口号组成了所谓的Socket; 端口号的范围为0～65 535,其中,0～1023被系统保留,专门用于那些通用的服务(well-known service),所以这类端口又被称为熟知端口。当用户编写通信程序时,应选择一个大于1023的数作为端口号,以免发生冲突。

17.5 什么是套接字？其作用是什么？

【参考答案】 Socket 在通信领域中译为“套接字”，意思是将两个物品套在一起，在网络通信中的含义就是建立一个连接。每台机器上都有一个“套接字”，可以想象它们之间有一条虚拟的“线缆”，线缆的每一端都插入一个“套接字”或“插座”中。

17.6 编写 Java 程序，使用 InetAddress 类实现根据域名自动到 DNS（域名服务器）上查找 IP 地址的功能。

【参考答案】 代码如下：

```
//FileName: Exercises17_6.java
import java.net.*;
import java.util.*;
public class Exercises17_6{
  static String host;
  InetAddress myServer = null;
  public static void main(String args[]){
    Scanner reader = new Scanner(System.in);
    System.out.println("请输入域名: ");
    host = reader.next();
    Exercises17_6 Search = new Exercises17_6();
    System.out.println("你输入的域名和对应的 IP 地址为: " + Search.ServerIP());
  }
  public InetAddress ServerIP(){
    try{
      myServer = InetAddress.getByName(host);
    }
    catch(UnknownHostException e){}
    return(myServer);
  }
}
```

17.7 用 Java 程序实现流式 Socket 通信，需要使用哪两个类？它们是如何定义的？应怎样使用？

【参考答案】 在 Java 语言中，服务器端套接字使用的是 ServerSocket 类，客户端套接字使用的是 Socket 类，由此区分服务器端和客户端。在客户端套接字使用的 Socket 类和在服务器端使用的 ServerSocket 类均定义在 java.net 包中。在客户端用户通过创建一个 Socket 对象来建立与服务器的连接，而在服务器端的程序使用 ServerSocket 类建立接收客户套接字的服务器套接字。流式 Socket 通信过程如图 17.1 所示。

17.8 与流式 Socket 相比，数据报通信有何特点？

【参考答案】 流式 Socket 是基于 TCP 的网络套接字技术，这种通信方式可以实现准确的通信，但是占用资源较多，在某些无须实时交互的情况下，若使用无连接的数据报方式则会更恰当。数据报通信是无连接的远程通信服务，数据报是一种在网络中传输的、独立的、自身包含地址信息的数据单位，不保证传送顺序和内容的准确性。数据报 Socket 又称为 UDP 套接字，它无须建立、拆除连接，直接将信息打包传向指定的目的地，使用起来比流式 Socket 要简单一些。但由于该种通信方式不能保证所有数据传送到目的地，因此一般用于传送非关键性的数据。

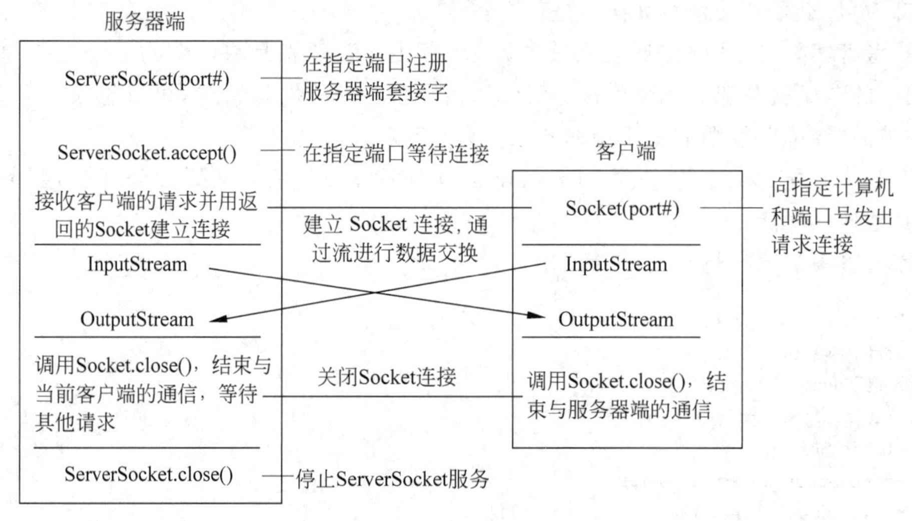

图 17.1 TCP/IP 下流式 Socket 通信

17.9 基于 TCP 的网络程序设计，利用 Socket 和 ServerSocket 实现多窗口的聊天程序设计。图 17.6 给出的是四个人聊天的图形界面(注：此处图 17.6 是主教材习题中的编号)。

图 17.6 习题 17.9 的运行界面

【参考答案】 程序运行时，必须先运行服务器端程序，然后再运行客户端程序。

服务器端代码如下：

```
//FileName: MultiChatServer.java      必须先运行服务器端程序
import java.io.BufferedReader;
import java.io.InputStreamReader;
import java.io.PrintWriter;
import java.io.IOException;
```

```
import java.net.Socket;
import java.net.ServerSocket;
import java.text.SimpleDateFormat;
import java.util.Date;
import java.util.ArrayList;
import java.util.LinkedList;
public class MultiChatServer{
  ServerSocket serSo;
  ArrayList<BufferedReader> bufR = new ArrayList<BufferedReader>();   //输入流列表集合
  ArrayList<PrintWriter> pw = new ArrayList<PrintWriter>();            //输出流列表集合
  LinkedList<String> msgList = new LinkedList<String>();              //聊天信息链表集合
  public MultiChatServer(){
    try{
      serSo = new ServerSocket(8888);     //创建服务器端套接字并在 8888 端口监听
    }
    catch(IOException e){
      e.printStackTrace();
    }
    //创建接收客户端 Socket 的线程实例并启动
    new AcceptSocketThread().start();
    //创建给客户端发送信息的线程实例并启动
    new SendMsgToClient().start();
    System.out.println("服务器已启动");
  }
  //接收客户端 Socket 套接字线程
  class AcceptSocketThread extends Thread{
    public void run(){
      while(this.isAlive()){
        try{
          Socket cs = serSo.accept();                    //接收一个客户端 Socket 对象
          if(cs!= null){                                 //建立该客户端的通信管道
            BufferedReader br = new BufferedReader(      //获取 Socket 对象的输入流
                    new InputStreamReader(cs.getInputStream()));
            bufR.add(br);                                //将输入流添加到输入流列表集合中
            //开启一个线程接收该客户端的聊天信息
            new ReceiveMsgFromClient(br).start();
            //获取 Socket 对象的输出流,并添加到输出流列表集合中
            pw.add(new PrintWriter(cs.getOutputStream()));
          }
        }
        catch(IOException e){
          System.err.println("链接失败");
          System.exit(1);
        }
      }
    }
  }
  //接收客户端聊天信息的线程
  class ReceiveMsgFromClient extends Thread{
    BufferedReader br;
    public ReceiveMsgFromClient(BufferedReader br){
```

```
      this.br = br;
    }
    public void run(){
      while(this.isAlive()){
        try{
          String sMsg = br.readLine();          //从输入流中读一行信息
          if(sMsg!= null){
            SimpleDateFormat dFormat = new SimpleDateFormat(
                                  "yyyy - MM - dd HH:mm:ss");
            //获取当前系统时间,并设置日期的格式
            String sTime = dFormat.format(new Date());
            //将时间和信息添加到信息链表集合中
            msgList.addFirst("<== " + sTime + " ==>\n" + sMsg);
          }
        }
        catch(Exception e){
          System.err.println("服务器关闭");
          System.exit(1);
        }
      }
    }
  }
  //给所有客户发信息的线程
  class SendMsgToClient extends Thread{
    public void run(){
      while(this.isAlive()){
        try{                                    //若信息链表集合不空,即还有聊天信息未发送
          if(!msgList.isEmpty()){               //获取信息链表集合中的最后一条信息并移除
            String msg = msgList.removeLast();
            //对输出流列表集合遍历,发送信息给所有客户端
            for(int i = 0;i < pw.size();i++){
              pw.get(i).println(msg);
              pw.get(i).flush();
            }
          }
        }
        catch(Exception e){
          System.err.println("链接失败");
          System.exit(1);
        }
      }
    }
  }
  public static void main(String[] args){
    new MultiChatServer();
  }
}
```

客户端代码如下：

```
//FileName: MultiChatClient.java    必须先运行服务器端程序
```

```
import javafx.application.Application;
import javafx.stage.Stage;
import javafx.scene.Scene;
import javafx.scene.layout.BorderPane;
import javafx.scene.layout.HBox;
import javafx.scene.control.Button;
import javafx.scene.control.TextArea;
import javafx.scene.control.Label;
import javafx.scene.control.TextField;
import javafx.geometry.Pos;
import java.io.BufferedReader;
import java.io.InputStreamReader;
import java.io.PrintWriter;
import java.io.IOException;
import java.net.Socket;
import java.net.UnknownHostException;
public class MultiChatClient extends Application{
  Label nc = new Label("呢称：");
  Label fy = new Label("发言：");
  TextField nct = new TextField();
  TextField fyt = new TextField();
  TextArea ta = new TextArea();
  Button fsb = new Button("发送");
  Socket so;
  PrintWriter pw;
  BufferedReader br;
  @Override
  public void start(Stage primaryStage){
    HBox hb = new HBox(3);
    hb.getChildren().addAll(nc,nct,fy,fyt,fsb);
    BorderPane bp = new BorderPane();
    ta.setEditable(false);
    bp.setCenter(ta);
    bp.setBottom(hb);
    Scene scene = new Scene(bp,400,200);
    primaryStage.setTitle("多用户聊天室");
    primaryStage.setScene(scene);
    primaryStage.show();
    ChatAction();
  }
  void ChatAction(){
    try{
      so = new Socket("127.0.0.1",8888);  //创建套接字
      //创建一个往套接字中写数据的管道,即输出流,给服务器发信息
      pw = new PrintWriter(so.getOutputStream());
      //创建一个从套接字中读数据的管道,即输入流,读服务器的返回信息
      br = new BufferedReader(new InputStreamReader(so.getInputStream()));
    }
    catch(UnknownHostException e){
      System.err.println("没有找到服务器");
      System.exit(1);
```

```
    }
    catch(IOException e){
      System.err.println("请先运行服务器程序");
      System.exit(1);
    }
    fsb.setOnAction(e->{        //用 Lambda 表达式作为事件监听都并向命令按钮注册
        String sName = nct.getText();
        String sMsg = fyt.getText();
        if(!sMsg.equals("")){
          pw.println(sName + "说: " + sMsg);           //通过输出流将数据发送给服务器
          pw.flush();
          fyt.setText("");
        }
      });
    new ReceiveMsgFromServer().start();                //创建并启动线程
  }
  class ReceiveMsgFromServer extends Thread{           //接收服务器返回信息的线程
    public void run(){
      while(this.isAlive()){
        try{
          String sMsg = br.readLine();
          if(sMsg!= null)
            ta.appendText(sMsg + "\n");                //在文本区中显示聊天内容
          Thread.sleep(50);
        }
        catch(Exception e){
          System.err.println("服务器已关闭");
          System.exit(1);
        }
      }
    }
  }
}
```

第 18 章 习题解答

18.1 写出在数据库 StudentScore 的 Student 表中查找所有年龄大于或等于 19 的同学的 SQL 语句。

【参考答案】 `SELECT * FROM Student WHERE age >= 19`

18.2 写出姓名为“刘韵”学生所学课程名称及成绩的 SQL 语句。

【参考答案】

```
SELECT Course.cName, Score.grade FROM Student, Course, Score WHERE
    Student.sName = '刘韵' and Score.sNo = Student.sNo and Score.cNo = Course.cNo
```

18.3 描述 JDBC 中 Driver、Connection、Statement 和 ResultSet 接口的功能。

【参考答案】 Driver 是驱动程序接口，不同的数据库有不同的驱动程序类，由 DriverManager 负责加载，并处理相应的请求和返回相应的数据库连接(connection)；Connection 是数据库连接接口，负责与数据库间进行通信，执行 SQL 以及进行事务处理都是在某个特定 Connection 环境中进行的，并可以产生用以执行 SQL 的 Statement 对象；Statement 接口用以执行不含参数的静态 SQL 查询和更新，并返回执行结果；ResultSet 用以获得 SQL 查询结果的接口。

18.4 使用 Statement 接口和 PreparedStatement 接口有什么区别？

【参考答案】 Statement 接口的主要功能是将 SQL 语句传送给数据库，并将 SQL 语句的执行结果返回；PreparedStatement 接口是 Statement 接口的子接口，它继承了 Statement 的所有功能。当使用 Statement 多次执行同一条 SQL 语句时，将会影响执行效率。数据库支持预编译，PreparedStatement 的对象中包含的 SQL 语句是预编译的，当需要多次执行同一条 SQL 语句时，可以直接执行预编译好的语句，其执行速度要快于 Statement 对象。

Statement 接口一般用于执行静态的 SQL 语句，在执行时不接收任何参数。PreparedStatement 可用于执行动态的 SQL 语句。也就是可以在 SQL 语句中提供参数，这可以大大提高程序的灵活性和执行效率。

18.5 归纳一下使用 JDBC 进行数据库访问的完整过程。

【参考答案】 使用 JDBC 访问数据库的基本步骤为：

- 加载驱动程序。
- 建立连接。
- 创建语句。

• 执行语句。
• 处理返回结果。
• 关闭创建的对象。

18.6 如何在结果集中求得列的数目？如何在结果集中返回字段名？

【参考答案】 首先，通过 ResultSet 对象 rs 的 getMetaData()方法获得 ResultSetMetaData 对象 rsmd，语句如下：

```
ResultSetMetaData rsmd = rs.getMetaData();
```

然后通过对象 rsmd 调用 getColumnCount()方法可以得到结果集中列的数目；通过对象 rsmd 调用 getColumnName()方法可以得到结果集中的列名。

18.7 编写一个应用程序，使其可以从 StudentScore 数据库的某个表中查询一个字段的所有信息，以 Student 表的 sName 列为例。

【参考答案】 代码如下：

```
//FileName: Exercises18_7.java            查询 Student 表的 sName 列的所有信息
import java.sql.*;
public class Exercises18_7{
  private static String driver = "com.mysql.cj.jdbc.Driver";
  private static String url = "jdbc:mysql://localhost:3306/StudentScore?" +
                  "useSSL = false&serverTimezone = UTC";
  private static String user = "root";
  private static String password = "123456";
  public static void main(String[] args){
    Connection conn = null;
    Statement stmt = null;
    ResultSet rs = null;
    try{
      Class.forName(driver);
      conn = DriverManager.getConnection(url,user,password);
      String sql = "SELECT sName FROM Student";
      stmt = conn.createStatement();
      rs = stmt.executeQuery(sql);
      while(rs.next()){
        String name = rs.getString("sName");
        System.out.println("  " + name);
      }
    }
    catch (Exception e){
      e.printStackTrace();
    }
    finally{
      try{
        if(rs!= null) rs.close();
        if(stmt!= null) stmt.close();
        if(conn!= null) conn.close();
      }
      catch(Exception e){
        e.printStackTrace();
```

```
            }
        }
    }
}
```

18.8 创建一个名为Books的数据库，并在其中建立一个名为Book的表，字段包括书名、作者、出版社、出版时间和ISBN，编写一个应用程序，运用JDBC在该数据库中实现增加、删除和修改数据的功能。

【参考答案】 首先创建数据库Books与表Book。

```
CREATE DATABASE Books;
CREATE TABLE Book(
    bno char(9) NOT NULL,
    bname char(30) NOT NULL,
    author char(12),
    press char(50),
    presstime char(20),
    isbn char(20),
    PRIMARY KEY(bno)
);
```

程序代码如下：

```
//FileName: Exercises18_8.java  实现对Book表的查询、添加、修改和删除操作
import java.sql.*;
public class Exercises18_8{
  private static String driver = "com.mysql.cj.jdbc.Driver";
  private static String url = "jdbc:mysql://localhost:3306/Books?" +
                              "useSSL = false&serverTimezone = UTC";
  private static String user = "root";
  private static String password = "123456";
  public static void main(String[] args)
       throws SQLException,ClassNotFoundException{
    ResultSet rs = null;
    String selectSql = "SELECT * FROM Book";
    String insertSql = "INSERT INTO Book(bno,bname,author,press,presstime,isbn) "
                     + "VALUES('b001','Java程序设计基础','陈国君',"
                     + " '清华大学出版社','2011.6','978-7-302-25534-5');";
    String updateSql = "UPDATE Book SET bname = 'Java程序设计' WHERE bno = 'b001'";
    String deleteSql = "DELETE FROM Book WHERE bno = 'b001'";
    Class.forName(driver);
    try(Connection conn = DriverManager.getConnection(url,user,password);
        Statement stmt = conn.createStatement();)
    {
      rs = stmt.executeQuery(selectSql);
      while(rs.next()){
        String no = rs.getString("bno");
        String name = rs.getString("bname");
        String author = rs.getString("author");
        String press = rs.getString("press");
        String presstime = rs.getString("presstime");
```

```
        String isbn = rs.getString("isbn");
        System.out.println(no + " " + name + " " + author + " " + press + " " + presstime + " " + isbn);
      }
      int count = stmt.executeUpdate(insertSql);
      System.out.println("添加一条记录到 Book 表的第" + count + "行中");
      count = stmt.executeUpdate(updateSql);
      System.out.println("修改 Book 表的第" + count + "行记录");
      count = stmt.executeUpdate(deleteSql);
      System.out.println("删除 Book 表的第" + count + "行记录");
    }
    catch (Exception e){
      e.printStackTrace();
    }
  }
}
```

18.9 假设在 StudentScore 数据库的 Student 表中存在多个姓氏相同的人,根据这种情况建立查询,要求提供一个合适的图形界面,用户可以滚动查看查询记录。

【参考答案】 代码如下:

```
//FileName: Exercises18_9.java
import java.sql.Connection;
import java.sql.DriverManager;
import java.sql.ResultSet;
import java.sql.Statement;
import java.util.List;
import java.util.ArrayList;
import javafx.application.Application;
import javafx.stage.Stage;
import javafx.scene.Scene;
import javafx.scene.control.Alert;
import javafx.scene.control.Alert.AlertType;
import javafx.scene.control.Button;
import javafx.scene.control.Label;
import javafx.scene.control.TextField;
import javafx.scene.layout.BorderPane;
import javafx.scene.layout.FlowPane;
import javafx.scene.control.ScrollPane;
import javafx.collections.ObservableList;
import javafx.scene.control.ListView;
import javafx.collections.FXCollections;
public class Exercises18_9 extends Application{
  private static String driver = "com.mysql.cj.jdbc.Driver";
  private static String url = "jdbc:mysql://localhost:3306/StudentScore? " +
                          "useSSL = false&serverTimezone = UTC";
  private static String user = "root";
  private static String password = "123456";
  private TextField tName = new TextField();
  private Button but = new Button("查看");
  private Connection conn = null;
  private Statement stmt = null;
  private ResultSet rs = null;
  @Override
```

```
    public void start(Stage Stage){
      FlowPane top = new FlowPane(5,5);
      final Label lName = new Label("姓氏:");
      tName.setPromptText("姓氏");
      top.getChildren().add(lName);
      top.getChildren().add(tName);
      top.getChildren().add(but);
      ScrollPane sp = new ScrollPane();
      BorderPane bp = new BorderPane();
      bp.setTop(top);
      bp.setCenter(sp);
      try{
        Class.forName(driver);          //加载数据库驱动程序
        Connection conn = DriverManager.getConnection(url,user,password);
        stmt = conn.createStatement(); //创建 Statement 对象
      }
      catch(Exception e){
        e.printStackTrace();
      }
      but.setOnAction(e ->{             //Lambda 表达式作为事件监听者
          List<String> result = search();
          ObservableList<String> items = FXCollections.observableList(result);
          ListView<String> lv = new ListView<>(items);
          sp.setContent(lv);
        });
      Scene scene = new Scene(bp,300,200);
      Stage.setTitle("数据库查询");
      Stage.setScene(scene);
      Stage.show();
    }
    public List<String> search(){
      List<String> result = new ArrayList<>();
      String name = tName.getText();
      String sql = "SELECT * FROM Student WHERE sName like '%" + name + "%'";
      try(ResultSet rs = stmt.executeQuery(sql);)
      {
        while(rs.next()){
          String sno = rs.getString("sNo");
          String sname = rs.getString("sName");
          String sex = rs.getString("sex");
          int age = rs.getInt("age");
          String dept = rs.getString("dept");
          result.add(sno + " " + sname + " " + sex + " " + age + " " + dept);
        }
      }
      catch(Exception ex){
        ex.printStackTrace();
      }
      return result;
    }
}
```

图书资源支持

感谢您一直以来对清华版图书的支持和爱护。为了配合本书的使用，本书提供配套的资源，有需求的读者请扫描下方的“书圈”微信公众号二维码，在图书专区下载，也可以拨打电话或发送电子邮件咨询。

如果您在使用本书的过程中遇到了什么问题，或者有相关图书出版计划，也请您发邮件告诉我们，以便我们更好地为您服务。

我们的联系方式：

地　　址：北京市海淀区双清路学研大厦 A 座 714

邮　　编：100084

电　　话：010-83470236　010-83470237

客服邮箱：2301891038@qq.com

QQ：2301891038（请写明您的单位和姓名）

资源下载：关注公众号“书圈”下载配套资源。

书圈

获取最新书目

观看课程直播